高等学校大学计算机课程系列教材

Python数据分析

和可视化基础开发教程 微课视频版

夏敏捷 宋宝卫 著

U0197715

清华大学出版社

北京

内 容 简 介

本书以 Python 3.9 为编程环境，从 Python 基础到扩展库，从编程到数据分析，逐步展开 Python 数据分析内容。本书首先简要介绍数据分析和可视化相关概念，并讲解 Python 基础知识；然后按照数据分析的主要步骤，重点介绍数据获取、数据处理、数据分析、数据可视化及机器学习建模过程相关的扩展库，包括 BeautifulSoup4、NumPy、Matplotlib、Pandas、seaborn 和 sklearn 等；最后通过销售业客户价值数据分析案例演示相关理论和 Python 应用，将 Python 数据分析知识和实战案例进行有机结合。

本书可作为高等院校数据分析等课程的教材，也可作为数据分析初学者和感兴趣读者的自学用书，并可作为相关从业人员的参考用书。

图书在版编目（CIP）数据

Python 数据分析和可视化基础开发教程：微课视频版/夏敏捷，宋宝卫著. -- 北京：清华大学出版社，2024.12.--（高等学校大学计算机课程系列教材）.-- ISBN 978-7-302-67752-9

Ⅰ. TP312.8

中国国家版本馆 CIP 数据核字第 20240FQ420 号

策划编辑：魏江江
责任编辑：葛鹏程　薛　阳
封面设计：刘　键
责任校对：刘惠林
责任印制：宋　林

出版发行：清华大学出版社
　　　　网　　　址：https://www.tup.com.cn, https://www.wqxuetang.com
　　　　地　　　址：北京清华大学学研大厦 A 座　　　邮　　编：100084
　　　　社　总　机：010-83470000　　　　　　　　邮　　购：010-62786544
　　　　投稿与读者服务：010-62776969, c-service@tup.tsinghua.edu.cn
　　　　质量反馈：010-62772015, zhiliang@tup.tsinghua.edu.cn
　　　　课件下载：https://www.tup.com.cn,010-83470236
印　装　者：三河市龙大印装有限公司
经　　　销：全国新华书店
开　　　本：185mm×260mm　　　印　　张：22.25　　　　字　　数：540 千字
版　　　次：2024 年 12 月第 1 版　　　　　　　　印　　次：2024 年 12 月第 1 次印刷
印　　　数：1～1500
定　　　价：69.80 元

产品编号：103544-01

前　言

党的二十大报告指出：教育、科技、人才是全面建设社会主义现代化国家的基础性、战略性支撑。必须坚持科技是第一生产力、人才是第一资源、创新是第一动力，深入实施科教兴国战略、人才强国战略、创新驱动发展战略，这三大战略共同服务于创新型国家的建设。高等教育与经济社会发展紧密相连，对促进就业创业、助力经济社会发展、增进人民福祉具有重要意义。

Python 语言自 20 世纪 90 年代初诞生至今，已被广泛应用于处理系统管理任务和科学计算，是较受欢迎的程序设计语言之一。

在众多编程语言中，Python 语言越来越受到数据分析人员的喜爱。Python 语言因其功能强大、扩展库丰富和开源免费、简单易学的低门槛特点，成为越来越多的公司进行数据分析领域软件开发的首要选择。目前，Python 已成为最适合进行数据分析、数据处理和数据可视化的语言之一。本书编者长期从事程序设计语言教学与数据分析开发，了解在学习的时候需要什么样的书才能提高 Python 数据分析能力，从而使读者以最少的时间投入得到最快的实际应用。

本书内容如下。

（1）简要介绍数据分析和可视化相关概念，并讲解 Python 基础知识。

（2）按照数据分析的主要步骤，重点介绍数据获取、数据处理、数据分析、数据可视化及机器学习建模过程相关的扩展库，包括 BeautifulSoup4、NumPy、Matplotlib、Pandas、seaborn 和 sklearn 等。

（3）通过销售业客户价值数据分析案例演示相关理论和 Python 应用，将 Python 数据分析知识和实战案例进行有机结合。

本书特点如下。

（1）Python 数据分析与可视化涉及的范围非常广泛，本书内容编排并不求全、求深，而是考虑零基础读者的接受能力，语言语法介绍以够用、实用和应用为原则，选择 Python 数据分析和可视化中必备、实用的知识进行讲解，强化程序思维和数据分析能力培养。

（2）所选案例贴近生活，有助于提高学习兴趣。

（3）各章案例均提供详细的设计思路、关键技术分析和具体的解决步骤方案。

需要说明的是，学习 Python 数据分析编程是一个实践的过程，而不仅仅是看书、分析资料的过程，亲自动手编写、调试程序才是至关重要的。通过实际的编程和积极的思考，读者可以快速地积累许多宝贵的编程经验，这种编程经验对开发者是不可或缺的。

为便于教学，本书提供丰富的配套资源，包括教学大纲、教学课件、程序源码、习题答案和微课视频。

资源下载提示

数据文件：扫描目录上方的二维码下载。

微课视频：扫描封底的文泉云盘防盗码，再扫描书中相应章节的视频讲解二维码，可以在线学习。

本书由夏敏捷(中原工学院)主持编写，宋宝卫(郑州轻工业大学)编写第 1～4 章，丁汉清(郑州轻工业大学)编写第 5～8 章，李素萍(郑州轻工业大学)编写第 9～12 章，其余章节由夏敏捷完成，中原工学院的张睿萍、金秋、王琳和刘姝参与微课视频制作。在本书的编写过程中，为确保内容的正确性，参阅了很多资料，并且得到了资深 Python 程序员的支持，在此谨向他们表示衷心的感谢。

由于编者水平有限，书中难免存在不足和疏漏之处，敬请广大读者批评指正，在此表示感谢。

编　者

2024 年 10 月

目 录

资源下载

第1章

数据分析概述

CHAPTER 1

　　近些年,随着网络信息技术与云计算技术的快速发展,网络数据得到了爆发性的增长,人们每天都生活在庞大的数据群体中,这一切标志着人们进入了大数据时代。在大数据环境的作用下,能够从数据里面发现并挖掘有价值的信息变得越发重要,数据分析技术应运而生。数据分析可以通过计算机工具和数学知识处理数据,并从中发现规律性的信息,以做出具有针对性的决策。由此可见,数据分析在大数据技术中扮演着不可估量的角色,接下来,就正式进入数据分析的学习吧!

视频讲解

1.1　数据与大数据

　　大数据时代,信息化、数据化、数字化、智能化等概念层出不穷,人人都在谈数据,但数据究竟是什么?什么又是大数据?数据与大数据有哪些区别?1946年,数据(Data)首次被明确表示为"可传输和可存储的计算机信息"。因此,数据的发展通常被认为是随着计算机的发展而发展的。随着计算机技术的快速发展,计算机可加工、处理、存储和传输的对象已涵盖数字、图像、文字、声音、视频等。根据维基百科,数据的含义已不再局限于计算机领域,而是泛指所有定性或者定量的描述。

　　早期数据处理与分析的对象无非是几张表格、几个字段、上百或上万条数据,因此数据处理和分析的工具也比较简单,而且能够满足人们的需求。早期微软推出的 Excel,在数据分析中最为基础,最易掌握,图形工具强大且完善,但不适宜大型统计分析。后来出现的 SPSS/SAS 则是专门为统计而开发的软件,相较于 Excel,它们集成了更多数据分析与处理的方法与功能,对于面向业务的数据分析师是一个不错的进阶选择,但它们一般用于大型统计分析,而对于图形工具不太全面,不易掌握。

　　随着计算机和互联网的广泛使用,人类所产生的数字呈爆炸式增长,我国拥有海量的数据资源和丰富的应用场景,目前已是世界上产生和积累数据体量最大、数据类型最丰富的国家之一,具备大数据发展的先天优势。依托我国庞大的数字资源与用户市场,我们对数字的应用,正渗透到生活的每个角落,中国企业在大数据的应用驱动创新方面更具优势,大量新应用和服务层出不穷并迅速普及,人们的生产和生活方式也随之发生巨大改变,中国正以前所未有的速度迎来"大数据"时代。

　　大数据(Big Data),从字面意义理解就是巨量数据的集合,此巨量数据来源于海量用户的一次次的行为数据,如企业用户的信息管理系统用户数据,电子商务系统、社交网络、社会媒体、搜索引擎等网络信息系统中所产生的用户数据,新一代物联网中通过传感技术获取外界的物理、化学和生物等数据信息,以及来源于科学实验系统中由真实实验产生的数据和通过模拟方式获取的仿真数据。

　　事实上,海量数据仅仅是大数据的特性之一,大数据真正的价值体现在数据挖掘的深度和应用的广度。麦肯锡全球研究院在其报告 *Big data:The next frontier for innovation,competition and productivity* 中,将大数据定义为:一种规模大到在获取、存储、管理、分析方面大大超出了传统数据库软件工具能力范围的数据集合。

　　百度百科对"大数据"的定义为:"大数据"(Big Data),或称巨量资料,指的是所涉及的资料量规模巨大到无法通过目前的主流软件工具,在合理时间内达到撷取、管理、处理,并整理成为帮助企业经营决策的资讯。

　　在大数据时代,任何微小的数据都可能产生不可思议的价值。大数据具有海量的数据规模、快速的数据流转、多样的数据类型和价值密度低四大特征。

　　尽管在现实世界中产生了大量数据,但是其中有价值的数据所占比例很小,挖掘大数据的价值正如大浪淘沙,"千淘万漉虽辛苦,吹尽狂沙始到金"。例如,在视频监控过程中,所采集到的连续视频信息中,有用的数据可能仅有一两秒,但是这一两秒的视频内容却有着非常重要的作用。

相比传统的小数据,大数据最大的价值在于通过从大量不相关的各种类型的数据中,挖掘出对未来趋势与模式预测分析有价值的数据,并通过机器学习方法、人工智能方法或数据挖掘方法深度复杂分析,发现新规律和新知识,并运用于农业、工业、金融、医疗等领域,从而最终达到改善社会治理、提高生产效率、推进科学研究的效果。

无论是"大数据"还是"小数据""全量数据""抽样数据",都应该用科学的方法、流程、算法和系统从多种形式的结构化、半结构化和非结构化数据中挖掘知识形成智慧,而这个过程就是数据分析的过程。

🔑 1.2　数据分析

数据分析(Data Analysis)是数学与计算机科学相结合的产物,指使用适当的统计分析方法对搜集来的大量数据进行分析,提取有用信息并形成结论,从而对数据加以详细研究和概括总结的过程。

数据分析的目的是把隐藏在一大批看起来杂乱无章的数据中的信息集中和提炼出来,从而找出所研究对象的内在规律。在实际应用中,数据分析可帮助人们做出判断,以便采取适当行动。数据分析是有组织有目的地收集数据、分析数据,使之成为信息的过程。

数据分析有狭义和广义之分。狭义的数据分析指根据分析目的,采用对比分析、分组分析、交叉分析和回归分析等分析方法,对收集的数据进行处理分析,提取有价值的信息,发挥数据的作用,并得到一个或多个特征统计量结果的过程。一般来说,数据分析就是指狭义数据分析。而广义的数据分析指针对搜集的数据运用基础探索、统计分析、深层挖掘(机器学习技术),发现数据中有用的信息和未知的规律与模式,为下一步业务决策提供理论与实践依据。

在当今时代,相信大多数人都能明白数据的重要性,数据就是信息,而数据分析就是可以让我们发挥这些信息功能的重要手段。

对于数据分析能干什么,其实可以简单地举几个例子。

(1)淘宝可以观察用户的购买记录、搜索记录以及人们在社交媒体上发布的内容,从而选择商品进行推荐。

(2)在股票市场,人们可以根据相应的数据进行分析、预测,从而做出买进还是卖出的决策。

(3)今日头条可以将数据分析应用到新闻推送排行算法中。

(4)爱奇艺可以为用户提供个性化电影推荐服务。

其实,数据分析不仅可以完成上述类似的推荐系统,在制药行业也可以运用数据分析来预测什么样的化合物更有可能制成高效药物等。

所以说,数据分析绝对是未来所有公司不可或缺的岗位,目前社会上获取数据方式繁多,面对如此巨量的数据,只有拥有相应的数据分析技能,才可以满足众多岗位的职责需求。

🔑 1.3　数据分析流程

数据分析是指用适当的统计分析方法对收集来的大量数据进行分析,提取有用信息和形成结论而对数据加以详细研究和概括总结的过程。数据分析的目的有多种,概括起来有三种:现状分析、原因分析、预测分析。现状分析简单来说就是告诉你过去发生了什么。原因分析简单来说就是告诉你某一现状为什么发生。预测分析简单来说就是预测未来会发生什么。

数据分析主要有以下 5 个阶段。

1. 需求明确

明确做数据分析的目标,为后面的分析过程做好铺垫。

在进行数据分析之前,必须要搞清楚几个问题,例如,数据对象是谁? 要解决什么业务问题? 并基于对项目的理解,整理出分析的框架和思路。例如,减少新客户的流失、优化活动效果、提高客户响应率等,不同的项目对数据的要求是不一样的,使用的分析手段也是不一样的。

2. 数据收集

数据收集是按照确定的数据分析思路和框架内容,有目的地收集、整合相关数据的一个过程,它是数据分析的基础,常常通过爬虫、商务合作的方式获取想要的数据。

3. 数据处理

对获取来的数据进行处理和清洗,把不需要的数据剔除,把需要的数据加工成我们想要的,方便后面的分析。这个过程在数据分析整个过程中是最耗时的,也在一定程度上保证了分析数据的质量。

4. 数据分析

数据分析是指通过分析手段、方法和技巧对准备好的数据进行探索、分析,从中发现因果关系、内部联系和业务规划,为商业提供决策参考。到了这个阶段,要想驾驭数据开展数据分析,就要涉及工具和方法的使用,其一是要熟悉数据分析方法及原理,其二是要熟悉专业数据分析工具的使用,如 Pandas、MATLAB 等,以便进行一些专业的数据统计、数据建模等。

5. 数据展现

俗话说:"字不如表,表不如图。"通常情况下,数据分析的结果都会通过图表方式进行展现,常用的图表包括饼图、折线图、条形图、散点图等。借助图表这种展现数据的手段,可以更加直观地让数据分析师表述想要呈现的信息、观点和建议。

1.4 Python 数据分析与可视化

1.4.1 为什么选择 Python 做数据分析

近年来,数据分析正在改变人们的工作方式,数据分析的相关工作也越来越受到人们的青睐。很多编程语言都可以做数据分析,如 Python、R、MATLAB 等。Python 凭借着自身无可比拟的优势,被广泛地应用到数据科学领域中,并逐渐衍生为主流语言。选择 Python 做数据分析,主要考虑的是 Python 具有以下优势。

1. 语法简单精练,适合初学者入门

比起其他编程语言,Python 的语法非常简单,代码的可读性很高,非常有利于初学者的学习。例如,在处理数据的时候,如果希望将用户性别数据数值化,也就是变成计算机可以运算的数字形式,这时便可以直接用一行列表推导式完成,十分简洁。

2. 拥有一个巨大且活跃的科学计算社区

Python 在数据分析、探索性计算、数据可视化等方面都有非常成熟的库和活跃的社区,使得 Python 成为数据处理的主要解决方案。在科学计算方面,Python 拥有 NumPy、Matplotlib、Scikit-learn、IPython 等一系列非常优秀的库和工具,特别是 Pandas 在处理中型数据方面可以说有着无与伦比的优势,并逐渐成为各行业数据处理任务的首选第三方库。

3. 拥有强大的通用编程能力

Python 的强大不仅体现在数据分析方面,在网络爬虫、Web 等领域也有着广泛的应用,对于公司来说,只需要使用一种开发语言就可以使完成全部业务成为可能。例如,可以使用爬虫框架 Scrapy 收集数据,然后交给 Pandas 库做数据处理,最后使用 Web 框架 Django 给用户做展示,这一系列的任务可以全部用 Python 完成,大大提高了公司的技术效率。

4. 人工智能时代的通用语言

在人工智能领域中,Python 已经成为最受欢迎的编程语言,这主要得益于其语法简洁、具有丰富的库和社区,使得大部分深度学习框架都优先支持 Python 语言编程。例如,当今最火热的深度学习框架 TensorFlow,它虽然是使用 C++ 语言编写的,但是对 Python 语言的支持最好。

5. 方便对接其他语言

Python 作为一门胶水语言,能够以多种方式与其他语言(如 C 或 Java 语言)的组件"粘连"在一起,可以轻松地操作其他语言编写的库,这就意味着用户可以根据需要给 Python 程序添加功能,或者在其他环境系统中使用 Python 语言。

1.4.2　Python 数据分析与可视化常用类库

1. NumPy

NumPy 软件包是 Python 生态系统中数据分析、机器学习和科学计算的主力军。它极大地简化了向量和矩阵的操作处理。除了能对数值数据进行切片和切块外,使用 NumPy 还能为处理和调试上述库中的高级实例带来极大便利。

NumPy 一般被很多大型金融公司使用,一些核心的科学计算组织如 Lawrence Livermore、NASA 用其处理一些本来使用 C++、FORTRAN 或 MATLAB 等所做的任务。

2. SciPy

SciPy(http://scipy.org)是基于 NumPy 开发的高级模块,依赖于 NumPy,提供了许多数学算法和函数的实现,可便捷快速地解决科学计算中的一些标准问题,例如,数值积分和微分方程求解、最优化,甚至包括信号处理等。

作为标准科学计算程序库,SciPy 是 Python 科学计算程序的核心包,包含科学计算中常见问题的各个功能模块,不同子模块适用于不同的应用。

3. Pandas

Pandas 提供了大量快速便捷处理数据的函数和方法,它是使 Python 成为强大而高效的数据分析环境的重要因素之一。

Pandas 中主要的数据结构有 Series、DataFrame 和 Panel。其中,Series 是一维数组,与 NumPy 中的一维 array 以及 Python 基本的数据结构 List 类似;DataFrame 是二维的表格型数据结构,可以将 DataFrame 理解为 Series 的容器;Panel 是三维的数组,可看作 DataFrame 的容器。

4. Matplotlib

Matplotlib 是 Python 的绘图库,是用于生成出版质量级别图形的桌面绘图包,让用户很轻松地将数据图形化,同时还提供多样化的输出格式。

5. Seaborn

Seaborn 在 Matplotlib 基础上提供了一个绘制统计图形的高级接口,为数据的可视化分析工作提供了极大的方便,使得绘图更加容易。

使用 Matplotlib 最大的困难是其默认的各种参数,而 Seaborn 则完全避免了这一问题。一般来说,Seaborn 能满足数据分析 90% 的绘图需求。

6. Scikit-learn

Scikit-learn 是专门面向机器学习的 Python 开源框架,它实现了各种成熟的算法,且容易安装和使用。

Scikit-learn 的基本功能有分类、回归、聚类、数据降维、模型选择和数据预处理 6 大部分。

1.4.3　Python 安装和开发环境

1. 安装 Python

首先,根据 Windows 版本(64 位还是 32 位)从 Python 的官方网站(www.python.org)下载 Python 3.9 对应的 64 位安装程序或 32 位安装程序。然后,运行下载的 EXE 安装包。安装界面如图 1-1 所示。

特别要注意在图 1-1 中勾选 Add Python 3.9 to PATH 复选框(勾选该复选框可自动

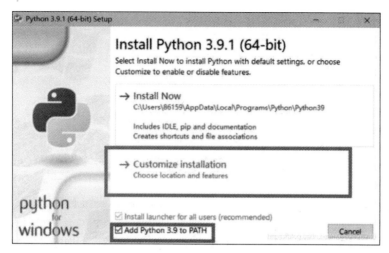

图 1-1　Windows 上安装 Python 界面

添加环境变量),然后单击 Install Now 即可完成安装。

2. Python 开发环境 IDLE 的使用

Python 开发环境 IDLE 是 Python 官方提供的交互式运行编程环境。安装 Python 后,在"开始"菜单中找到 Python 3.9 文件夹,单击打开,找到 IDLE(Python 3.9 64-bit),双击运行,启动 IDLE。IDLE 启动后的初始窗口如图 1-2 所示。

```
IDLE Shell 3.9.6                                                    —    □    ×
File  Edit  Shell  Debug  Options  Window  Help
Python 3.9.6 (tags/v3.9.6:db3ff76, Jun 28 2021, 15:26:21) [MSC v.1929 64 bit (
AMD64)] on win32
Type "help", "copyright", "credits" or "license()" for more information.
>>> |
                                                                        Ln: 3  Col: 4
```

图 1-2　IDLE 的交互式编程模式(Python Shell)

如图 1-2 所示,启动 IDLE 后首先映入眼帘的是 Python Shell,通过它可以在 IDLE 内部使用交互式编程模式来执行 Python 命令。

如果使用交互式编程模式,那么直接在 IDLE 提示符">>>"后面输入相应的命令并回车执行即可,如果执行顺利,马上就可以看到执行结果,否则会抛出异常。

例如,查看已安装版本的方法(在所启动的 IDLE 界面标题栏也可以直接看到):

```
>>> import sys
>>> sys.version
'3.9.6 (tags/v3.9.6:db3ff76, Jun 28 2021, 15:26:21) [MSC v.1929 64 bit (AMD64)]'
```

除此之外,IDLE 还带有一个编辑器,用来编辑 Python 程序文件;一个调试器,用来调试 Python 程序。

可在 IDLE 界面中使用菜单 File→New File 命令启动编辑器(如图 1-3 所示),来创建一个程序文件,输入代码并保存为文件(务必要保证扩展名为".py")。

```
*Untitled*
File  Edit  Format  Run  Options  Window  Help
#示例一
p = input("Please input your password:\n")
if p!="123":
    print("password error! ")

                                        Ln: 5  Col: 0
```

图 1-3　IDLE 的编辑器

要使用 IDLE 执行程序,可以从 Run 菜单中选择 Run Module 菜单项(或按 F5 键),该菜单项的功能是执行当前文件。

除此之外,还可以使用调试器进行调试。利用调试器,可以分析被调试程序的数据,并监视程序的执行流程。调试器的功能包括暂停程序执行、检查和修改变量、调用方法而不更改程序代码等。IDLE 也提供了一个调试器,帮助开发人员查找逻辑错误。在 Python Shell 窗口中单击 Debug 菜单中的 Debugger 菜单项,就可以启动 IDLE 的交互式调试器。这时,IDLE 会打开图 1-4 的 Debug Control 窗口,并在 Python Shell 窗口中输出"[DEBUG ON]"并后跟一个">>>"提示符。这样再使用编辑器的 Run Module 运行程序,就可以在 Debug Control 窗口通过 Step(单步运行)查看局部变量和全局变量等有关内容。

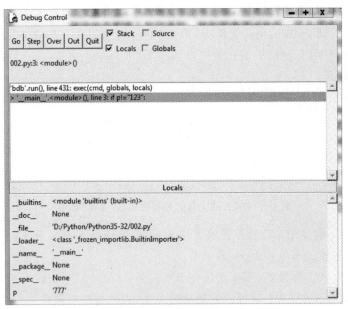

图 1-4　Debug Control 调试窗口

由于 Python 官方提供的交互式运行编程环境 IDLE 功能简单,所以下面介绍更加常用的强大集成开发环境工具 Jupyter Notebook 和 PyCharm。

1.5　Jupyter Notebook 的安装和使用

Jupyter Notebook 是以网页的形式打开,可以在网页中直接编写代码和运行代码,代码的运行结果也会直接在同一网页的代码块下显示。

Jupyter 网页应用结合了编写说明文档、数学公式、交互计算和其他富媒体形式的工具，其输入和输出都是以文档的形式体现的。这些文档是保存为扩展名为.ipynb 的 JSON 格式文件，不仅便于版本控制，也方便与他人共享。此外，文档还可以导出为 HTML、LaTeX、PDF 等格式。

1.5.1 Jupyter Notebook 的安装

安装 Jupyter Notebook 的前提是需要安装了 Python(3.3 版本及以上，目前 Python 最新版本是 3.12)。

使用命令行方式输入：

```
pip install jupyter
```

Jupyter Notebook 的安装如图 1-5 所示。

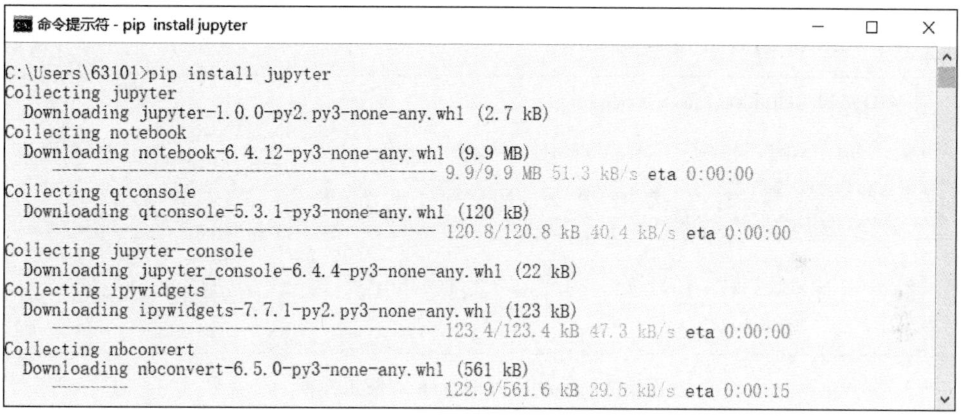

图 1-5 Jupyter Notebook 的安装

pip 安装时需要在线下载安装包，默认从国外网站下载，由于网络的原因，国内使用经常很慢。

1.5.2 Jupyter Notebook 的使用

Jupyter Notebook 在使用时一般以命令行方式输入：

```
jupyter notebook
```

执行命令之后，在终端中将会显示一系列 Notebook 的服务器信息，同时浏览器将会自动启动 Jupyter Notebook，并跳转到网页主界面。

Jupyter Notebook 的主界面如图 1-6 所示。

在图 1-6 中单击右上角的 New 下拉框，选择 Python 3(ipykernel)项，然后就会显示 Jupyter Notebook 的使用界面(见图 1-7)。

这里输入代码：

```
print("Hello World!")
```

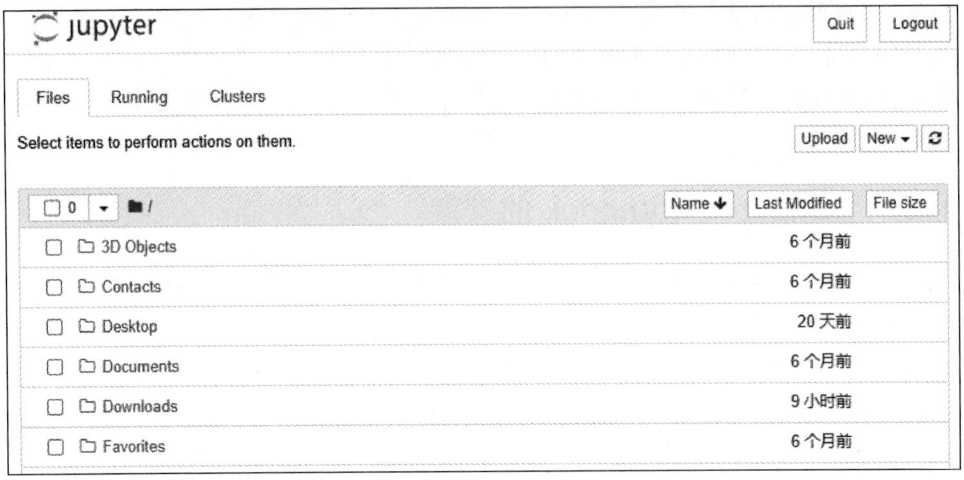

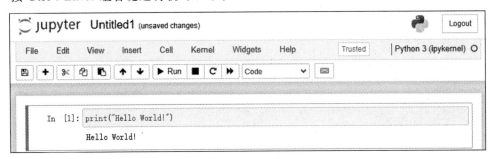

图 1-6　**Jupyter Notebook 的主界面**

按 Ctrl＋Enter 组合键运行就可以了。

图 1-7　**Jupyter Notebook 的使用界面**

　　如图 1-7 所示，Jupyter Notebook 界面从上而下由 4 个区域组成：Notebook 的名称
（Untitled 单击即可修改），提供保存、导出、重载 Notebook 以及重启内核等选项的菜单栏，
快捷工具栏（见图 1-8），Notebook 的内容单元格编辑区。

图 1-8　**快捷工具栏按钮功能**

　　图 1-7 中"In [1]："的框叫作单元格（Cell），可以单击快捷工具栏中的"＋"按钮把代码
分成一段段的单元格输入，然后逐个单元格地独立运行，十分方便。注意这个功能是非常友
好的，有时候只修改了中间的一小段代码，又不想全部代码都重新运行，这个功能就非常有

用了。另外,单元格是可以改变顺序的,这个功能非常强大。

整个 Jupyter Notebook 界面最为重要的就是单元格区域,单元格中有多种类型,包括表示代码的 Code 单元格与格式化文本的 Markdown 单元格(就像在 Word 里编写一样),它们均可运行。区别是 Code 类型结果为程序结果,Markdown 类型结果则为格式化的文本,包括正文、标题等。Markdown 类型单元格除文本外,还可嵌入公式、表格、图片、音乐、视频、网页等,这里具体不展开。

单元格(Cell)不仅可以删除、移动、剪贴,还可以进行合并,从而一次性执行大段的代码。

1.5.3 Jupyter Notebook 的保存

1. 自动保存和手动保存

Jupyter Notebook 默认启用了自动保存功能,即在编辑器中输入代码或文本时,系统会自动保存更改。当然,也可以手动保存 Notebook,使用快捷工具栏中的"保存"按钮或者通过单击菜单栏中的 File→Save and Checkpoint 进行保存。手动保存可以让用户在自己控制下,更加灵活地保存 Notebook。

2. 保存格式

Jupyter Notebook 可以保存为两种格式,分别是 .ipynb 和 .html。其中,.ipynb 是 Jupyter Notebook 的本地文件格式,保存后可以在 Jupyter Notebook 中打开;.html 则是一种通用的文件格式,任何支持 HTML 的浏览器都可以打开。如果需要与其他人共享 Notebook,可以将其保存为 .html 格式,这样其他人不需要安装 Jupyter Notebook 即可查看 Notebook 的内容。

具体保存步骤如下:单击菜单栏中的 File 菜单并选择 Download As 选项,然后选择要导出的格式(如 HTML、ipynb、PDF、LaTeX 等)。Jupyter Notebook 将生成相应的文件,并保存到计算机上。

🔑 1.6 PyCharm 的安装和使用

视频讲解

PyCharm 是一款功能强大的 Python IDE(集成开发环境),带有一整套可以帮助用户在使用 Python 语言开发时提高其效率的工具,如调试、语法高亮、Project 管理、代码跳转、智能提示、自动完成、单元测试、版本控制等。另外,PyCharm 还提供了一些很好的功能用于 Django 开发,同时支持 Google App Engine。这些功能使 PyCharm 成为 Python 专业开发人员和初学者开发工具的首选。

1. PyCharm 安装 Python 程序

进入 PyCharm 官方网站后,可以看到有 Professional(专业版)和 Community(社区版)版本,推荐安装社区版,因为是免费使用的。双击下载好的 EXE 文件进行安装,首先选择安装目录,PyCharm 需要的内存较多,建议将其安装在 D 盘或者 E 盘;安装过程中根据自己的计算机选择 32 位还是 64 位,然后单击 Install 按钮进行安装。

2. 新建 Python 程序项目

在 PyCharm 中选择 File→Create New Project,进入 Create Project 对话框,其中的 Location 是选择新建的 Python 程序存储的位置和项目名(如 D:\pythonProjects\my1),选择完成后,单击 Create 按钮。

进入图 1-9 界面,右击项目名 my1,然后选择 New→Python File,在弹出的框中填写文件名(如 first.py)。

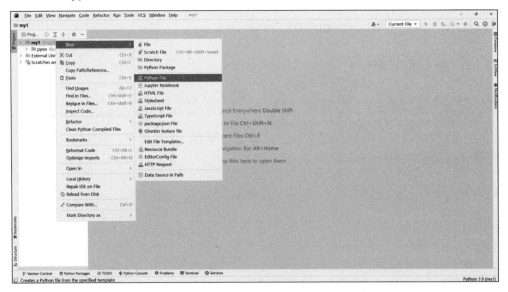

图 1-9　PyCharm 窗口

文件创建成功后便进入如图 1-10 所示的界面,在右侧编辑窗口中便可以编写自己的程序。

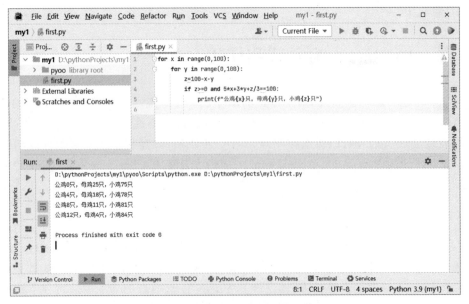

图 1-10　PyCharm 程序文件编辑窗口

3．运行和调试 Python 程序

编写好 Python 程序代码以后，在编写代码的窗口中右击，然后选择 Run first（程序的文件名），就可以运行 Python 程序。或者选择菜单 Run→Run first（程序的文件名）命令运行 Python 程序。在如图 1-10 所示界面的下端可以看到运行的结果。

需要调试 Python 程序时，步骤如下。

（1）设置断点：在需要调试的代码块的那一行行号右边，单击出现一个红色圆点标志，就是断点（图 1-11 所示第 3 行）。

（2）右击代码编辑区，选择 Debug first（程序的文件名）命令调试程序；或在工具栏选择运行的文件 first.py，单击工具栏中的 Debug 图标按钮 🐞。

（3）图 1-11 中底部显示出 Debug 控制台面板。单击 Step Over 按钮 ⤵ 开始单步调试，每单击一次执行一步，并在解释区显示变量内容。

（4）执行完最后一步，解释区会被清空。整个过程能清楚地看到代码的运行位置。

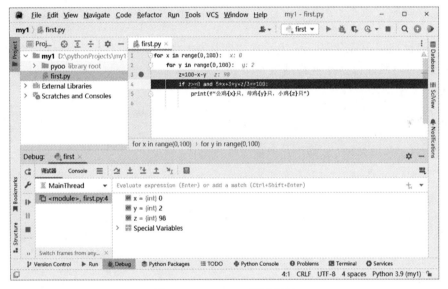

图 1-11　PyCharm 调试窗口

1.7　Python 基本输入输出

视频讲解

1.7.1　Python 基本输入

用 Python 进行程序设计，输入是通过 input()函数来实现的。input()的一般格式为

```
x = input('提示：')
```

该函数返回输入的对象。可输入数字、字符串和其他任意类型对象。

在 Python 3.x 中，无论用户输入数据时使用什么界定符，input()函数的返回结果都是字符串，需要将其转换为相应的类型再处理。例如，下面的 Python 3.x 代码：

```
>>> x = input('Please input:')
Please input:3
>>> print(type(x))
< class 'str'>
>>> x = input('Please input:')
Please input:'1'
>>> print(type(x))
< class 'str'>
>>> x = input('Please input:')
Please input:[1,2,3]
>>> print(type(x))
< class 'str'>
```

1.7.2　Python 基本输出

Python 3.x 中使用 print()函数进行输出。print()函数基本格式为

```
print([输出项 1,输出项 2,…,输出项 n][,sep = 分隔符][,end = 结束符])
```

其中,输出项之间以逗号分隔,sep 表示输出时各输出项之间的分隔符(默认以空格分隔),
end 表示结束符(默认以回车换行结束)。

如果没有输出项时输出一个空行,例如:

```
print()
```

如果没有设置分隔符,各输出项之间以空格分隔,例如:

```
x = 12
y = 45
print(x, y)                    #输出项 x 与 y 之间以逗号分隔,结果是 12, 45
print(x, y, sep = '-')         #输出项 x 与 y 之间以' -'分隔,结果是 12 - 45
```

在 Python 3.x 中,为了实现输出内容之后不换行需要使用下面的方法。

```
for i in range(10,20):
    print(i, end = '')
```

结果:

```
10 11 12 13 14 15 16 17 18 19
```

🔑 1.8　Python 代码规范

（1）缩进。

Python 程序是依靠代码块的缩进来体现代码之间的逻辑关系的,缩进结束就表示一个
代码块结束了。类定义、函数定义、选择结构、循环结构,行尾的冒号表示缩进的开始。同一
个级别的代码块的缩进量必须相同。

例如：

```
for i in range(10):              ♯循环输出 0~9 数字
    print(i, end = ' ')
```

一般而言，以 4 个空格为基本缩进单位，而不要使用制表符 tab。可以在 IDLE 中通过下面的操作进行代码块的缩进和反缩进。

```
Fortmat 菜单→Indent Region/Dedent Region 命令
```

（2）注释。

一个好的、可读性强的程序一般包含 20%以上的注释。常用的注释方式主要有以下两种。

方法一：以♯开始，表示本行♯之后的内容为注释。

```
♯循环输出 0~9 数字
for i in range(10):
    print(i, end = ' ')
```

方法二：包含在一对三引号'''...'''或"""..."""之间且不属于任何语句的内容将被解释器认为是注释。

```
'''循环输出 0~9 数字,可以多行文字'''
for i in range(10):
    print(i, end = ' ')
```

在 IDLE 中，可以通过下面的操作快速注释/解除注释大段内容。

```
Format 菜单→Comment Out Region/Uncomment Region 命令
```

（3）每个 import 只导入一个模块，不要一次导入多个模块。

```
>>> import math                  ♯导入 math 数学模块
>>> math.sin(0.5)                ♯求 0.5 的正弦
>>> import random                ♯导入 random 随机模块
>>> x = random.random()          ♯获得[0,1)内的随机小数
>>> y = random.random()
>>> n = random.randint(1,100)    ♯获得[1,100]内的随机整数
```

import math, random 可以一次导入多个模块，语法上可以但不提倡。

import 的次序：先 import Python 内置模块，再 import 第三方模块，最后 import 自己开发的项目中的其他模块。

不要使用 from module import ＊，除非是 import 常量定义模块或其他确保不会出现命名空间冲突的模块。

（4）如果一行语句太长，可以在行尾加上反斜杠"\"来换行分成多行，但是更建议使用圆括号来包含多行内容。

```
x = '这是一个非常长非常长非常长非常长 \
    非常长非常长非常长非常长非常长的字符串'     ♯"\"用来换行
x = ('这是一个非常长非常长非常长非常长 '
    '非常长非常长非常长非常长非常长的字符串')   ♯圆括号中的行会连接起来
```

又如：

```
if (width == 0 and height == 0 and
    color == 'red' and emphasis == 'strong'):          #圆括号中的行会连接起来
    y = '正确'
else:
    y = '错误'
```

(5) 必要的空格与空行。

运算符两侧、函数参数之间、逗号两侧建议使用空格分开。不同功能的代码块之间、不同的函数定义之间建议增加一个空行以增加可读性。

(6) 常量名所有字母大写，由下画线连接各个单词。类名首字母大写。

例如：

```
WHITE = 0XFFFFFF
THIS_IS_A_CONSTANT = 1
```

🔑 实验一　熟悉 Python 开发环境

一、实验目的

通过实验熟悉 Python 开发环境 PyCharm，开发和调试简单的 Python 程序。

二、实验要求

(1) 熟练使用 PyCharm 创建项目和 Python 文件。
(2) 掌握 Python 程序文件的运行和调试方法。

三、实验内容与步骤

(1) 在 D 盘新建文件夹 myproject。
(2) 启动 PyCharm 软件，新建项目，位置指向 myproject 文件夹。
(3) 在 PyCharm 的左侧控制台中，右击 myproject，选择新建 Python 文件，文件名为 test.py。
(4) 在打开的 test.py 文件中输入代码：

```
Print("hello world!")
```

(5) 运行 test.py 文件。在代码编辑区的空白处右击，选择"运行"，能观察到"hello world!"已在 PyCharm 窗口下部的运行结果区打印输出。
(6) 修改 test.py 文件，代码修改为

```
#encoding = utf-8
print("打印 10 个字母：")
for i in range(10):
    print(chr(65 + i))
```

（7）调试 test. py 文件。在代码行"print(chr(65＋i))"的左侧单击,添加"断点",然后在代码编辑区的空白处右击,选择"调试",在 PyCharm 窗口下部的调试器中观察到如图 1-12 所示内容。不断单击 Step Over 按钮逐行执行代码,能观察到变量 i 的变化过程。如果切换到控制台,能看到字母被逐个打印输出。

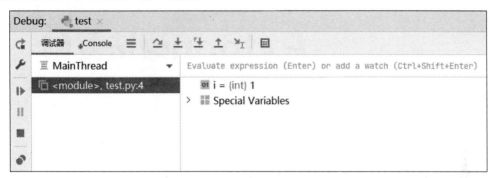

图 1-12　PyCharm 调试器界面

四、编程并上机调试

在项目 myproject 中,新建 Python 文件,文件名是"温度转换"。

（1）假设温度为 26℃,编写程序,将摄氏温度转换为华氏温度输出。

（2）如果由用户输入摄氏温度值,程序转换后输出华氏温度值,代码如何修改?

（3）用户可以多次输入温度值,程序处理后输出,当用户输入"!"后,程序结束,代码如何修改?

习题

1. 简述数据分析的概念和流程。
2. 简述数据可视化的目标、作用和优势。
3. 简述 Python 语言的特点和优缺点。

第 **2** 章

Python语法基础

CHAPTER **2**

　　数据类型是程序中最基本的概念。确定了数据类型,才能确定
变量的存储及操作。表达式是表示一个计算求值的式子。数据类型
和表达式是程序员编写程序的基础。因此,本章所介绍的这些内容
是进行 Python 程序设计的基础内容。

视频讲解

🔑 2.1　Python 数据类型

计算机程序理所当然地可以处理各种数值。计算机能处理的远不止数值,还可以处理文本、图形、音频、视频、网页等各种各样的数据,不同的数据,需要定义不同的数据类型。

2.1.1　数值类型

Python 数值类型用于存储数值。Python 支持以下数值类型。

- 整型(int):通常被称为整数,可以是正或负整数,不带小数点。在 Python 3 里只有一种整数类型 int,没有 Python 2 中的 Long。
- 浮点型(float):浮点型由整数部分与小数部分组成,也可以使用科学记数法表示(如 2.78e2 就是 $2.78 \times 10^2 = 278$)。
- 复数(complex):复数由实数部分和虚数部分构成,可以用 a+bj 或者 complex(a,b)表示,复数的虚部以字母 j 或 J 结尾,如 2+3j。

数据类型是不允许改变的,这就意味着如果改变数据类型的值,将重新分配内存空间。

2.1.2　字符串

字符串是 Python 中最常用的数据类型。可以使用引号来创建字符串。Python 不支持字符类型,单字符在 Python 中也是作为一个字符串使用。Python 使用单引号、双引号和三引号来表示字符串是一样的。

1. 创建和访问字符串

创建字符串很简单,只要为变量分配一个值即可。例如:

```
var1 = 'Hello World!'
var2 = "Python Programming"
var3 = '"Python Programming"'          #三引号(包括三单引号和三双引号)
```

Python 访问子字符串,可以使用方括号来截取字符串,例如:

```
var1 = 'Hello World!'
var2 = "Python Programming"
print("var1[0]: ", var1[0])           #取索引 0 的字符,注意索引号从 0 开始
print("var2[1:5]: ", var2[1:5])       #切片
```

以上实例执行结果:

```
var1[0]: H
var2[1:5]: ytho
```

说明:切片是字符串(或序列等)后跟一个方括号,方括号中有一对可选的数字,并用冒号分隔,如[1:5]。切片操作中的第一个数(冒号之前)表示切片开始的位置,第二个数(冒号之后)表示切片到哪里结束。

切片操作中如果不指定第一个数,Python 就从字符串(或序列等)首开始。如果没有指定第二个数,则 Python 会停止在字符串(或序列等)尾。注意返回的切片内容从开始位置开始,刚好在结束位置之前结束。例如,[1:5]取第 2 个字符到第 6 个字符之前(第 5 个字符)。

2. Python 转义字符

需要在字符中使用特殊字符时,Python 用反斜杠(\)转义字符,如表 2-1 所示。

表 2-1　转义字符

转义字符	描　　述	转义字符	描　　述
\(在行尾时)	续行符	\xyy	十六进制数,yy 代表字符,例如,\x0a 代表换行
\\	反斜杠符号		
\'	单引号	\n	换行
\"	双引号	\v	纵向制表符
\a	响铃	\t	横向制表符
\b	退格(BackSpace)	\r	回车
\oyy	八进制数,yy 代表字符,例如,\o12 代表换行	\f	换页
		\e	转义
		\000	空

3. Python 字符串运算符

Python 字符串运算符如表 2-2 所示。假设实例变量 a 为字符串"Hello",变量 b 为字符串"Python"。

表 2-2　Python 字符串运算符

操作符	描　　述	示　　例
+	字符串连接	a+b 输出结果:HelloPython
*	重复输出字符串	a * 2 输出结果:HelloHello
[]	通过索引获取字符串中字符	a[1]输出结果 e
[:]	截取字符串中的一部分	a[1:4]输出结果 ell
in	成员运算符,如果字符串中包含给定的字符返回 True	'H' in a 输出结果 True
not in	成员运算符,如果字符串中不包含给定的字符返回 True	'M' not in a 输出结果 True
r 或 R	原始字符串(所有的字符串都是直接按照字面的意思来使用,没有转义特殊或不能打印的字符)。原始字符串除在字符串的第一个引号前加上字母"r"(可以大小写)以外,与普通字符串有着几乎完全相同的语法	print(r'\n prints \n')和 print(R'\nprints \n')

4. 字符串格式化

Python 支持格式化字符串的输出。尽管这样可能会用到非常复杂的表达式,但最基本的用法是将一个值插入有字符串格式符的模板中。

在 Python 中,字符串格式化使用与 C 语言中 printf 函数一样的语法。

```
print("我的名字是 %s 年龄是 %d " % ('xmj', 41))
```

Python 用一个元组将多个值传递给模板，每个值对应一个字符串格式符。上例将 'xmj' 插到 %s 处，41 插到 %d 处，所以输出结果为

```
我的名字是 xmj 年龄是 41
```

Python 字符串格式化符如表 2-3 所示。

表 2-3　Python 字符串格式化符

符　号	描　　述	符　号	描　　述
%c	格式化字符	%f	格式化浮点数字，可指定小数点后的精度
%s	格式化字符串	%e	用科学记数法格式化浮点数
%d	格式化十进制整数	%E	作用同 %e，用科学记数法格式化浮点数
%u	格式化无符号整型		
%o	格式化八进制数	%g	%f 和 %e 的简写
%x	格式化十六进制数	%G	%f 和 %E 的简写
%X	格式化十六进制数(大写)	%p	用十六进制数格式化变量的地址

字符串格式化举例：

```
charA = 65
charB = 66
print("ASCII 码 65 代表：%c" % charA)
print("ASCII 码 66 代表：%c" % charB)
Num1 = 0xFF
Num2 = 0xAB03
print('转换成十进制分别为：%d 和 %d' % (Num1, Num2))
Num3 = 1200000
print('转换成科学记数法为：%e' % Num3)
Num4 = 65
print('转换成字符为：%c' % Num4)
```

输出结果：

```
ASCII 码 65 代表：A
ASCII 码 66 代表：B
转换成十进制分别为：255 和 43779
转换成科学记数法为：1.200000e+06
转换成字符为：A
```

2.1.3　布尔类型

Python 支持布尔类型的数据，布尔类型只有 True 和 False 两种值，但是布尔类型有以下几种运算。

and(与)运算：只有两个布尔值都为 True 时，计算结果才为 True。

```
True and True          # 结果是 True
True and False         # 结果是 False
False and True         # 结果是 False
False and False        # 结果是 False
```

or(或)运算：只要有一个布尔值为 True,计算结果就是 True。

```
True or True          # 结果是 True
True or False         # 结果是 True
False or True         # 结果是 True
False or False        # 结果是 False
```

not(非)运算：把 True 变为 False,或者把 False 变为 True。

```
not True              # 结果是 False
not False             # 结果是 True
```

布尔运算在计算机中用来作条件判断,根据计算结果为 True 或者 False,计算机可以自动执行不同的后续代码。

在 Python 中,布尔类型还可以与其他数据类型做 and、or 和 not 运算,这时下面的几种情况会被认为是 False：为 0 的数字,包括 0,0.0；空字符串'',"" ；表示空值的 None；空集合,包括空元组(),空序列[],空字典{}；其他的值都为 True。例如：

```
a = 'python'
print(a and True)     # 结果是 True
b = ''
print(b or False)     # 结果是 False
```

2.1.4　空值

空值是 Python 里一个特殊的值,用 None 表示。它不支持任何运算,也没有任何内置函数方法。None 和任何其他的数据类型比较永远返回 False。在 Python 中,未指定返回值的函数会自动返回 None。

2.1.5　Python 数字类型转换

Python 数字类型转换函数如表 2-4 所示。

表 2-4　**Python** 数字类型转换函数

操　作　符	描　　述
int(x[,base])	将 x 转换为一个整数
long(x[,base])	将 x 转换为一个长整数
float(x)	将 x 转换为一个浮点数
complex(real[,imag])	创建一个复数
str(x)	将对象 x 转换为字符串
repr(x)	将对象 x 转换为表达式字符串
eval(str)	用来计算在字符串中的有效 Python 表达式,并返回一个对象
chr(x)	将一个整数 ASCII 转换为一个字符
ord(x)	将一个字符转换为它的 ASCII 整数值
hex(x)	将一个整数转换为一个十六进制字符串
oct(x)	将一个整数转换为一个八进制字符串

例如:

```
x = 20                         ♯八进制为 24
y = 345.6
print(oct(x))                  ♯打印结果是 0o24
print(int(y))                  ♯打印结果是 345
print(float(x))                ♯打印结果是 20.0
print(chr(65))                 ♯A 的 ASCII 为 65,打印结果是 A
print(ord('B'))                ♯B 的 ASCII 为 66,打印结果是 66
```

2.2　变量和常量

2.2.1　变量

变量的概念基本上和初中代数中的方程变量是一致的,只是在计算机程序中,变量不仅可以是数字,还可以是任意数据类型。

变量在程序中就是用一个变量名表示,变量名必须是大小写英文、数字和_的组合,且不能用数字开头,例如:

```
a = 1                          ♯变量 a 是一个整数
t_007 = 'T007'                 ♯变量 t_007 是一个字符串
Answer = True                  ♯变量 Answer 是一个布尔值 True
```

在 Python 中,等号=是赋值语句,可以把任意数据类型赋值给变量,同一个变量可以反复赋值,而且可以是不同类型的变量,例如:

```
a = 123                        ♯a 是整数
a = 'ABC'                      ♯a 变为字符串
```

这种变量本身类型不固定的语言称为动态语言,与之对应的是静态语言。静态语言在定义变量时必须指定变量类型,如果赋值的时候类型不匹配,就会报错。例如,C 语言是静态语言,赋值语句如下(//表示注释)。

```
int a = 123;                   //a 是整数类型变量
a = "ABC";                     //错误:不能把字符串赋给整型变量
```

和静态语言相比,动态语言更灵活,就是这个原因。

不要把赋值语句的等号等同于数学的等号。例如下面的代码:

```
x = 10
x = x + 2
```

如果从数学上理解 x=x+2,那无论如何是不成立的。在程序中,赋值语句先计算右侧的表达式 x+2,得到结果 12,再赋给变量 x。由于 x 之前的值是 10,重新赋值后,x 的值变成 12。

理解变量在计算机内存中的表示也非常重要。

```
a = 'ABC'
```

Python 解释器做了以下两件事情。

（1）在内存中创建了一个'ABC'字符串。

（2）在内存中创建了一个名为 a 的变量,并把它指向'ABC',如图 2-1 所示。

也可以把一个变量 a 赋值给另一个变量 b,这个操作实际上是把变量 b 指向变量 a 所指向的数据,例如下面的代码:

```
a = 'ABC'
b = a
a = 'XYZ'
print(b)
```

最后一行打印出变量 b 的内容到底是'ABC'还是'XYZ'呢? 如果从数学意义上理解,就会错误地得出 b 和 a 相同,也应该是'XYZ',但实际上 b 的值是'ABC',下面一行一行地执行代码,就可以看到到底发生了什么。

执行 a='ABC',Python 解释器创建了字符串'ABC'和变量 a,并把 a 指向'ABC'。

执行 b=a,解释器创建了变量 b,并把 b 指向 a 指向的字符串'ABC',如图 2-2 所示。

执行 a='XYZ',解释器创建了字符串'XYZ',并把 a 的指向改为'XYZ',但 b 没有更改,如图 2-3 所示。

图 2-1 a 的变量指向'ABC'　　**图 2-2 a,b 变量都指向'ABC'**　　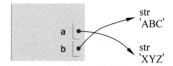

图 2-3 a 变量指向改为'XYZ'

所以,最后打印变量 b 的结果自然是'ABC'了。

内置的 type()函数可以用来查询变量的数据类型。

```
>>> a, b, c, d = 20, 5.5, True, 4 + 3j
>>> print(type(a), type(b), type(c), type(d))
<class 'int'> <class 'float'> <class 'bool'> <class 'complex'>
```

当变量不再需要时,Python 会自动回收内存空间,也可以使用 del 语句删除一些变量。del 语句的语法:

```
del var1[,var2[,var3[…,varN]]]]
```

可以通过使用 del 语句删除单个或多个变量对象,例如:

```
del a                              #删除单个变量对象
del a, b                           #删除多个变量对象
```

2.2.2　常量

常量就是不能变的变量,如常用的数学常数 π 就是一个常量。在 Python 中,通常用全

部大写的变量名表示常量:

```
PI = 3.14159265359
```

但事实上 PI 仍然是一个变量,Python 根本没有任何机制保证 PI 不会被改变,所以,用全部大写的变量名表示常量只是一个习惯上的用法,实际上是可以改变变量 PI 的值。

2.3　运算符与表达式

视频讲解

在程序中,表达式是用来计算求值的,它是由运算符(操作符)和运算数(操作数)组成的式子。运算符是表示进行某种运算的符号。运算数包含常量、变量和函数等。例如表达式 4+5,在这里 4 和 5 被称为操作数,+被称为运算符。

下面分别对 Python 中的运算符和表达式进行介绍。

2.3.1　运算符

Python 语言支持的运算符有以下几种类型。

* 算术运算符
* 比较(关系)运算符
* 逻辑运算符
* 赋值运算符
* 位运算符
* 成员运算符
* 标识运算符

1. 算术运算符

算术运算符实现数学运算,Python 语言算术运算符如表 2-5 所示。假设其中变量 a= 10,b=20。

表 2-5　Python 语言算术运算符

运算符	描　　述	示　　例
+	加法	a+b=30
−	减法	a−b=−10
*	乘法	a * b=200
/	除法	b/a=2
%	模运算符或求余运算符,返回余数	b%a=0　7%3=1
**	指数,执行对操作数幂的计算	a ** b=10^{20}(10 的 20 次方)
//	整除,其结果是将商的小数点后的数舍去	9//2=4 而 9.0//2.0=4.0

注意:

(1) Python 语言算术表达式的乘号(*)不能省略。例如,数学式 b^2-4ac 相应的表达式应该写成 b * b−4 * a * c。

(2) Python 语言表达式中只能出现字符集允许的字符。例如,数学式 πr^2 相应的表达式应该写成

```
math.pi * r * r            # 其中,math.pi 是 Python 已经定义的模块变量
```

例如:

```
>>> import math
>>> math.pi
```

结果为 3.141592653589793。

(3) Python 语言算术表达式只使用圆括号改变运算的优先顺序(不能使用{}或[])。可以使用多层圆括号,此时左右括号必须配对,运算时从内层括号开始,由内向外依次计算表达式的值。

2. 关系运算符

关系运算符用于两个值进行比较,运算结果为 True(真)或 False(假)。Python 中的关系运算符如表 2-6 所示。假设其中变量 a=10,b=20。

表 2-6　Python 语言关系运算符

运算符	描　　述	示　　例
==	检查,两个操作数的值是否相等,如果相等则结果为 True	(a==b)为 False
!=	检查两个操作数的值是否相等,如果值不相等则结果为 True	(a!=b)为 True
>	检查左操作数的值是否大于右操作数的值,如果是则结果为 True	(a>b)为 False
<	检查左操作数的值是否小于右操作数的值,如果是则结果为 True	(a<b)为 True
>=	检查左操作数的值是否大于或等于右操作数的值,如果是则结果为 True	(a>=b)为 False
<=	检查左操作数的值是否小于或等于右操作数的值,如果是则结果为 True	(a<=b)为 True

关系运算符的优先级低于算术运算符。

例如:

```
a + b > c      等价于      (a + b) > c
```

3. 逻辑运算符

Python 中提供了以下三种逻辑运算符。

```
and(逻辑与,二元运算符)
or(逻辑或,二元运算符)
not(逻辑非,一元运算符)
```

三种逻辑运算符的含义是:设 a 和 b 是两个参加运算的逻辑量,a and b 的意义是,当 a、b 均为真时,表达式的值为真,否则为假;a or b 的含义是,当 a、b 均为假时,表达式的值

为假,否则为真;not a 的含义是,当 a 为假时,表达式的值为真,否则为假。逻辑运算符如表 2-7 所示。

表 2-7　Python 语言逻辑运算符

运算符	描　述	示　例
and	逻辑与运算符。如果两个操作数都是真(非零),则结果为真	(True and True) 为 True
or	逻辑或运算符。如果两个操作数至少一个为真(非零),则结果为真	(True or False) 为 True
not	逻辑非运算符,用于反转操作数的逻辑状态。如果操作数为真,则将返回 False;否则返回 True	not(True and True)为 False

例如:

```
x = True
y = False
print("x and y = ", x and y)
print("x or y = ", x or y)
print("not x = ", not x)
print("not y = ", not y)
```

以上示例执行结果:

```
x and y = False
x or y = True
not x = False
not y = True
```

注意:

(1) x>1 and x<5 是判断某数 x 是否大于 1 且小于 5 的逻辑表达式。

(2) 如果逻辑表达式的操作数不是逻辑值 True 和 False 时,Python 则将非 0 作为真,0 作为假进行运算。

例如,当 a=0,b=4 时,a and b 结果为假(0),a or b 结果为真。

```
>>> a = 0
>>> b = 4
>>> print(a and b)              # 结果 0
```

```
0
```

```
>>> print(a or b)               # 结果 4
```

```
4
```

说明:python 中的 or 是从左到右计算表达式,返回第一个为真的值。

Python 中,逻辑值 True 作为数值则为 1,逻辑值 False 作为数值则为 0。

```
>>> True + 5                    # 结果 6
```

```
6
```

由于 True 作为数值则为 1,所以 True+5 结果为 6。

```
>>> False + 5                                    #结果 5
```

5

逻辑值 False 作为数值则为 0,所以 False+5 结果为 5。

4. 赋值运算符

赋值运算符"="的一般格式为

```
变量 = 表达式
```

表示将其右侧的表达式求出结果,赋给其左侧的变量。例如:

```
i = 3 * (4 + 5)                                  #i 的值变为 27
```

说明:

(1) 赋值运算符左边必须是变量,右边可以是常量、变量、函数调用或常量、变量、函数调用组成的表达式。例如:

```
x = 10
y = x + 10
y = func()
```

都是合法的赋值表达式。

(2) 赋值符号"="不同于数学的等号,它没有相等的含义。

例如,x=x+1 是合法的(数学上不合法),它的含义是取出变量 x 的值加 1,再存放到变量 x 中。

赋值运算符如表 2-8 所示。

表 2-8　Python 语言赋值运算符

运　算　符	描　　述	示　　例
=	直接赋值	c=a
+=	加法赋值	c+=a 相当于 c=c+a
-=	减法赋值	c-=a 相当于 c=c-a
*=	乘法赋值	c*=a 相当于 c=c*a
/=	除法赋值	c/=a 相当于 c=c/a
%=	取模赋值	c%=a 相当于 c=c%a
**=	指数幂赋值	c**=a 相当于 c=c**a
//=	整除赋值	c//=a 相当于 c=c//a

5. 位运算符

位(bit)是计算机中表示信息的最小单位,位运算符作用于位和位操作。Python 中位运算符有:按位与(&)、按位或(|)、按位异或(^)、按位求反(~)、左移(<<)、右移(>>)。位运算符是对其操作数按其二进制形式逐位进行运算,参加位运算的操作数必须为整数。下面分别进行介绍。假设 a=60,b=13,现在以二进制形式表示它们并进行运算。

```
a  =        0011 1100
b  =        0000 1101
a&b  =      0000 1100
a|b  =      0011 1101
a^b  =      0011 0001
～a  =      1100 0011
```

1) 按位与(&)

运算符"&"将其两边的操作数的对应位逐一进行逻辑与运算。每一位二进制数(包括符号位)均参加运算。例如:

```
          a = 3
          b = 18
          c = a & b

          a  0 0 0 0  0 0 1 1
    &     b  0 0 0 1  0 0 1 0
          c  0 0 0 0  0 0 1 0
```

所以,变量 c 的值为 2。

2) 按位或(|)

运算符"|"将其两边的操作数的对应位逐一进行逻辑或运算。每一位二进制数(包括符号位)均参加运算。例如:

```
          a = 3
          b = 18
          c = a | b

          a  0 0 0 0  0 0 1 1
    |     b  0 0 0 1  0 0 1 0
          c  0 0 0 1  0 0 1 1
```

所以,变量 c 的值为 19。

注意:尽管在位运算过程中,按位进行逻辑运算,但位运算表达式的值不是一个逻辑值。

3) 按位异或(^)

运算符"^"将其两边的操作数的对应位逐一进行逻辑异或运算。每一位二进制数(包括符号位)均参加运算。异或运算的定义是:若对应位相异,结果为 1;若对应位相同,结果为 0。

例如:

```
          a = 3
          b = 18
          c = a^b

          a  0 0 0 0  0 0 1 1
    ^     b  0 0 0 1  0 0 1 0
          c  0 0 0 1  0 0 0 1
```

所以,变量 c 的值为 17。

4) 按位求反(～)

运算符"～"是一元运算符,结果将操作数的对应位逐一取反。

例如:

```
          a = 3
          c = ～a
```

$$\begin{array}{ccccc} \sim & a & 0000 & 0011 \\ \hline & c & 1111 & 1100 \end{array}$$

所以,变量 c 的值为一4。因为补码形式,带符号二进制数最高位为 1,则是负数。

5) 左移(<<)

设 a、n 是整型量,左移运算一般格式为 a << n,其意义是,将 a 按二进制位向左移动 n 位,移出的高 n 位舍弃,最低位补 n 个 0。

例如,a=7,a 的二进制形式是 0000 0000 0000 0111,做 x=a<<3 运算后 x 的值是 0000 0000 0011 1000,其十进制数是 56。

左移一个二进制位,相当于乘 2 操作。左移 n 个二进制位,相当于乘以 2^n 操作。

左移运算有溢出问题,因为整数的最高位是符号位,当左移一位时,若符号位不变,则相当于乘以 2 操作,但若符号位变化时,就会发生溢出。

6) 右移(>>)

设 a、n 是整型量,右移运算一般格式为 a >> n,其意义是,将 a 按二进制位向右移动 n 位,移出的低 n 位舍弃,高 n 位补 0 或 1。若 a 是有符号的整型数,则高位补符号位,若 a 是无符号的整型数,则高位补 0。

右移一个二进制位,相当于除以 2 操作,右移 n 个二进制位相当于除以 2^n 操作。例如:

```
>>> a = 7
>>> x = a >> 1
>>> print(x)                                    # 输出结果 3
```

a=7,做 x=a>>1 运算后 x 的值是 3。

6. 成员运算符

除了前面讨论的运算符,Python 成员运算符用于判断序列中是否有某个成员。成员运算符如表 2-9 所示。

表 2-9　Python 语言成员运算符

操作符	描　　述	示　　例
in	x in y,如果 x 是序列 y 的成员,计算结果为 True,否则为 False	3 in [1,2,3,4] 计算结果为 True 5 in [1,2,3,4] 计算结果为 False
not in	x not in y,如果 x 不是序列 y 的成员,计算结果为 True,否则为 False	3 not in [1,2,3,4] 计算结果为 False 5 not in [1,2,3,4] 计算结果为 True

7. 标识运算符

标识符比较两个对象的内存位置。标识运算符如表 2-10 所示。

表 2-10　Python 语言标识运算符

运算符	描　　述	示　　例
is	如果操作符两侧的变量指向相同的对象,计算结果为 True,否则为 False	如果 id(x) 的值为 id(y),x 是 y,这里结果是 True
is not	如果两侧的变量操作符指向相同的对象,计算结果为 False,否则为 True	当 id(x) 不等于 id(y),x 不为 y,这里结果是 True

8. Python 运算符优先级

在一个表达式中出现多种运算时,将按照预先确定的顺序计算并解析各个部分,这个顺序称为运算符优先级。当表达式包含不止一种运算符时,按照表 2-11 优先级规则进行计算。表 2-11 列出了所有运算符,从最高优先级到最低优先级。

表 2-11　Python 运算符优先级

优先级	运　算　符	描　　　述
1	**	幂
2	~　+　-	求反,一元加号和减号
3	*　/　%　//	乘,除,取模和整除
4	+　-	加法和减法
5	>>　<<	左、右按位移动
6	&	按位与
7	^　|	按位异或和按位或
8	<=　<　>　>=	比较(即关系)运算符
9	==　!=	比较(即关系)运算符
10	=　%=　/=　//=　-=　+=　*=　**=	赋值运算符
11	is　is not	标识运算符
12	in　not in	成员运算符
13	not or and	逻辑运算符

2.3.2　表达式

表达式是一个或多个运算的组合。Python 语言的表达式与其他语言的表达式没有显著的区别。每个符合 Python 语言规则的表达式的计算都是一个确定的值。对于常量、变量的运算和对于函数的调用都可以构成表达式。

在本书后续章节中介绍的序列、函数、对象都可以成为表达式的一部分。

2.4　序列数据结构

数据结构是计算机存储、组织数据的方式。序列是 Python 中最基本的数据结构。序列中的每个元素都分配一个数字,即它的位置或索引,第一个索引是 0,第二个索引是 1,以此类推。也可以使用负数索引值访问元素,-1 表示最后一个元素,-2 表示倒数第二个元素。序列可以进行的操作包括索引、截取(切片)、加、乘、成员检查。此外,Python 已经内置确定序列的长度以及确定最大和最小元素的方法。Python 内置序列类型最常见的是列表、元组和字符串。另外,Python 提供了字典和集合数据结构,它们属于无顺序的数据集合体,不能通过位置索引来访问数据元素。

2.4.1　列表

列表(list)是最常用的 Python 数据类型,列表的数据项不需要具有相同的类型。列表类似其他语言的数组,但功能比数组强大得多。

创建一个列表,只要把逗号分隔的不同的数据项使用方括号括起来即可。例如:

```
list1 = ['中国', '美国', 1997, 2000]
list2 = [1, 2, 3, 4, 5 ]
list3 = ["a", "b", "c", "d"]
```

列表索引从 0 开始。列表可以进行截取(切片)、组合等。

1. 访问列表中的值

使用下标索引来访问列表中的值,同样也可以使用方括号切片的形式截取。例如:

```
list1 = ['中国', '美国', 1997, 2000]
list2 = [1, 2, 3, 4, 5, 6, 7 ]
print("list1[0]: ", list1[0] )
print("list2[1:5]: ", list2[1:5] )
print("list2[1: -2]: ", list2[1: -2] )      ♯索引号 -2,实际就是正索引号 5
print("list2[1:5:2]: ", list2[1:5:2] )      ♯步长是 2,当步长为负数时,表示反向切片
print("list2[:: -1]: ", list2[:: -1])       ♯切片实现倒序输出
```

以上示例输出结果:

```
list1[0]: 中国
list2[1:5]: [2, 3, 4, 5]
list2[1: -2]: [2, 3, 4, 5]
list2[1:5:2]: [2, 4]
list2[:: -1]: [7, 6, 5, 4, 3, 2, 1]
```

2. 更新列表

可以对列表的数据项进行修改或更新。例如:

```
list = ['中国', 'chemistry', 1997, 2000]
print( "Value available at index 2 : ")
print(list[2] )
list[2] = 2001;
print( "New value available at index 2 : ")
print(list[2] )
```

以上示例输出结果:

```
Value available at index 2 :
1997
New value available at index 2 :
2001
```

3. 删除列表元素

方法一:使用 del 语句删除列表的元素。例如:

```
list1 = ['中国', '美国', 1997, 2000]
print(list1)
```

```
del list1[2]
print("After deleting value at index 2 : ")
print(list1)
```

以上示例输出结果：

```
['中国', '美国', 1997, 2000]
After deleting value at index 2 :
['中国', '美国', 2000]
```

方法二：使用 remove()方法删除列表的元素。例如：

```
list1 = ['中国', '美国', 1997, 2000]
list1.remove(1997)
list1.remove('美国')
print(list1)
```

以上示例输出结果：

```
['中国', 2000]
```

方法三：使用 pop()方法删除列表的指定位置的元素，无参数时删除最后一个元素。例如：

```
list1 = ['中国', '美国', 1997, 2000]
list1.pop(2)                              ♯ 删除位置 2 元素 1997
list1.pop()                               ♯ 删除最后一个元素 2000
print(list1)
```

以上示例输出结果：

```
['中国', '美国']
```

4. 添加列表元素

可以使用 append()方法在列表末尾添加元素。例如：

```
list1 = ['中国', '美国', 1997, 2000]
list1.append(2003)
print(list1)
```

以上示例输出结果：

```
['中国', '美国', 1997, 2000, 2003]
```

5. 列表排序

Python 列表内置的 list.sort()排序方法可以对原列表进行排序，sorted()内置函数会从原列表构建一个新的排序列表。例如：

```
list1 =[5, 2, 3, 1, 4]
list1.sort()                              ♯ list1 是[1, 2, 3, 4, 5]
```

调用 sorted() 函数即可,它会返回一个新的已排序列表。

```
list1 = [5, 2, 3, 1, 4]
list2 = sorted([5, 2, 3, 1, 4])              # list2 是[1, 2, 3, 4, 5],list1 不变
```

list. sort()和 sorted()接受布尔值的 reverse 参数,用于标记是否降序排序。

```
list1 = [5, 2, 3, 1, 4]
list1. sort(reverse = True)        # list1 是[5, 4, 3, 2, 1],True 是降序排序,False 是升序排序
```

6. 定义多维列表

可以将多维列表视为列表的嵌套,即多维列表的元素值也是一个列表,只是维度比父列表小 1。二维列表(即其他语言的二维数组)的元素值是一维列表,三维列表的元素值是二维列表。例如,定义一个二维列表:

```
list2 = [["CPU", "内存"], ["硬盘","声卡"]]
```

二维列表比一维列表多一个索引,可以如下获取元素。

```
列表名[索引 1][索引 2]
```

例如,定义 3 行 6 列的二维列表,打印出元素值。

```
rows = 3
cols = 6
matrix = [[0 for col in range(cols)] for row in range(rows)]      # 列表生成式生成二维列表
for i in range(rows):
    for j in range(cols):
        matrix[i][j] = i * 3 + j
        print(matrix[i][j],end = ",")
    print('\n')
```

以上示例输出结果:

```
0,1,2,3,4,5,
3,4,5,6,7,8,
6,7,8,9,10,11,
```

列表生成式是 Python 内置的一类极其强大的生成 list 列表的表达式,详见 3.2.5 节。在该示例中,第 3 行生成的列表为

```
matrix = [[0,0,0,0,0,0],[0,0,0,0,0,0],[0,0,0,0,0,0]]
```

7. Python 列表的操作符

列表对 + 和 * 的操作符与字符串相似。+ 号用于组合列表,* 号用于重复列表。Python 列表的操作符如表 2-12 所示。

表 2-12　Python 列表的操作符

Python 表达式	描　　述	结　　果
len([1,2,3])	长度	3
[1,2,3]+[4,5,6]	组合	[1,2,3,4,5,6]
['Hi!'] * 4	重复	['Hi!', 'Hi!', 'Hi!', 'Hi!']
3 in[1, 2, 3]	元素是否存在于列表中	True
for x in[1,2,3]: print(x, end=" ")	迭代	1 2 3

Python 列表的内置函数和方法如表 2-13 所示,假设列表名为 list。

表 2-13　Python 列表的内置函数和方法

方　　法	功　　能
list. append(obj)	在列表末尾添加新的对象
list. count(obj)	统计某个元素在列表中出现的次数
list. extend(seq)	在列表末尾一次性追加另一个序列中的多个值(用新列表扩展原来的列表)
list. index(obj)	从列表中找出某个值第一个匹配项的索引位置
list. insert(index, obj)	将对象插入列表
list. pop(index)	移除列表中的一个元素(默认最后一个元素),并返回该元素的值
list. remove(obj)	移除列表中某个值的第一个匹配项
list. reverse()	反转列表中元素顺序
list. sort([func])	对原列表进行排序
len(list)	内置函数,列表元素个数
max(list)	内置函数,返回列表元素最大值
min(list)	内置函数,返回列表元素最小值
list(seq)	内置函数,将元组转换为列表

2.4.2　元组

视频讲解

Python 的元组(tuple)与列表类似,不同之处在于元组的元素不能修改。元组使用圆括号(),列表使用方括号[]。元组中的元素类型也可以不相同。

1. 创建元组

元组创建很简单,只需要在括号中添加元素,并使用逗号隔开即可。例如:

```
tup1 = ('中国', '美国', 1997, 2000)
tup2 = (1, 2, 3, 4, 5 )
tup3 = "a", "b", "c", "d"
```

如果创建空元组,只需写个空括号即可。

```
tup1 = ()
```

元组中只包含一个元素时,需要在第一个元素后面添加逗号。

```
tup1 = (50,)
```

元组与字符串类似,下标索引从 0 开始,可以进行截取、组合等。

2. 访问元组

可以使用下标索引来访问元组中的值。例如：

```
tup1 = ('中国', '美国', 1997, 2000)
tup2 = (1, 2, 3, 4, 5, 6, 7 )
print("tup1[0]: ", tup1[0])        #输出元组的第一个元素
print("tup2[1:5]: ", tup2[1:5])    #切片,输出从第二个元素开始到第五个元素
print(tup2[2:])                    #切片,输出从第三个元素开始的所有元素
print(tup2 * 2)                    #输出元组两次
```

以上示例输出结果：

```
tup1[0]: 中国
tup2[1:5]: (2, 3, 4, 5)
(3, 4, 5, 6, 7)
(1, 2, 3, 4, 5, 6, 7, 1, 2, 3, 4, 5, 6, 7)
```

3. 元组连接

元组中的元素值是不允许修改的,但可以对元组进行连接组合。例如：

```
tup1 = (12, 34, 56)
tup2 = (78, 90)
#tup1[0] = 100       #修改元组元素操作是非法的
tup3 = tup1 + tup2   #连接元组,创建一个新的元组
print(tup3)
```

以上示例输出结果：

```
(12, 34, 56, 78, 90)
```

4. 删除元组

元组中的元素值是不允许删除的,但可以使用 del 语句来删除整个元组。例如：

```
tup = ('中国', '美国', 1997, 2000);
print(tup)
del tup
print("After deleting tup : ")
print(tup)
```

以上示例元组被删除后,输出变量会有异常信息,输出如下。

```
('中国', '美国', 1997, 2000)
After deleting tup :
NameError: name 'tup' is not defined
```

5. 元组运算符

与字符串一样,元组之间可以使用＋号和＊号进行运算。这就意味着它们可以组合和

复制,运算后会生成一个新的元组。Python 元组的操作符如表 2-14 所示。

表 2-14　Python 元组的操作符

Python 表达式	描　　述	结　　果
len((1,2,3))	计算元素个数	3
(1,2,3)+(4,5,6)	连接	(1,2,3,4,5,6)
('a','b')＊4	复制	('a', 'b', 'a', 'b', 'a', 'b', 'a', 'b')
3 in(1,2,3)	元素是否存在	True
for x in(1,2,3)：print(x,end=" ")	遍历元组	1 2 3

Python 元组包含如表 2-15 所示内置函数。

表 2-15　Python 元组的内置函数

方　　法	描　　述	方　　法	描　　述
len(tuple)	计算元组元素个数	min(tuple)	返回元组中元素最小值
max(tuple)	返回元组中元素最大值	tuple(seq)	将列表转换为元组

例如：

```
tup1 = (12, 34, 56, 6, 77)
y = min(tup1)
print(y)                        #输出结果：6
```

注意：可以使用元组来一次性对多个变量赋值。例如：

```
>>>(x,y,z) = (1,2,3)            #或者 x,y,z = 1,2,3 也可以
>>> print(x,y,z)               #输出结果 1 2 3
```

如果想实现 x,y 的交换可以如下：

```
>>> x,y = y,x
>>> print(x,y)                  #输出结果 2 1
```

6. 元组与列表转换

因为元组数不能改变,所以可以将元组转换为列表,从而改变数据。实际上,列表、元组和字符串之间可以互相转换,需要使用三个函数 str()、tuple() 和 list()。

可以使用下面的方法将元组转换为列表。

```
列表对象 = list(元组对象)
```

```
tup = (1, 2, 3, 4, 5)
list1 = list(tup)              #元组转换为列表
print(list1)                   #返回[1, 2, 3, 4, 5]
```

可以使用下面的方法将列表转换为元组。

```
元组对象 = tuple(列表对象)
```

```
nums = [1, 3, 5, 7, 8, 13, 20]
print(tuple(nums))             #列表转换为元组,返回(1, 3, 5, 7, 8, 13, 20)
```

将列表转换成字符串。例如:

```
nums = [1, 3, 5, 7, 8, 13, 20]
str1 = str(nums)   #列表转换为字符串,返回含方括号及逗号的'[1, 3, 5, 7, 8, 13, 20]'字符串
print(str1[2])     #打印出逗号,因为字符串中索引号为2的元素是逗号
num2 = ['中国', '美国', '日本', '加拿大']
str2 = "%"
str2 = str2.join(num2)      #用百分号连接起来的字符串——'中国%美国%日本%加拿大'
str2 = ""
str2 = str2.join(num2)      #用空字符连接起来的字符串——'中国美国日本加拿大'
```

视频讲解

2.4.3　字典

Python 字典(dict)是一种可变容器模型,且可存储任意类型对象,如字符串、数字、元组等其他容器模型。字典也被称作关联数组或哈希表。

1. 创建字典

字典由键和对应值(key=> value)成对组成。字典的每个键/值对里面的键和值用冒号分隔,键/值对之间用逗号分隔,整个字典包括在花括号中。基本语法如下。

```
d = {key1 : value1, key2 : value2 }
```

注意:键必须是唯一的,但值则不必。值可以取任何数据类型,但键必须是不可变的,如字符串、数字或元组。

一个简单的字典示例:

```
dict = {'xmj': 40 , 'zhang': 91 , 'wang': 80}
```

也可如此创建字典:

```
dict1 = { 'abc': 456 };
dict2 = { 'abc': 123, 98.6: 37 };
```

字典具有如下特性。

(1) 字典值可以是任何 Python 对象,如字符串、数字、元组等。

(2) 不允许同一个键出现两次。创建时如果同一个键被赋值两次,后一个值会覆盖前面的值。

```
dict = {'Name': 'xmj', 'Age': 17, 'Name': 'Manni'};
print("dict['Name']: ", dict['Name']);
```

以上示例输出结果:

```
dict['Name']: Manni
```

(3) 键必须不可变,所以可以用数字、字符串或元组充当,但列表就不行。例如:

```
dict = {['Name']: 'Zara', 'Age': 7};
```

以上示例输出错误结果：

```
Traceback(most recent call last):
  File "<pyshell#0>", line 1, in <module>
    dict = {['Name']: 'Zara', 'Age': 7}
TypeError: unhashable type: 'list'
```

2．访问字典里的值

访问字典里的值时把相应的键放入方括号里，例如：

```
dict = {'Name': '王海', 'Age': 17, 'Class': '计算机一班'}
print("dict['Name']: ", dict['Name'])
print("dict['Age']: ", dict['Age'])
```

以上示例输出结果：

```
dict['Name']: 王海
dict['Age']: 17
```

如果用字典里没有的键访问数据，会输出错误信息。

```
dict = {'Name': '王海', 'Age': 17, 'Class': '计算机一班'}
print("dict['sex']: ", dict['sex'] )
```

由于没有 sex 键，以上示例输出错误结果：

```
Traceback(most recent call last):
  File "<pyshell#10>", line 1, in <module>
    print("dict['sex']: ", dict['sex'] )
KeyError: 'sex''
```

3．修改字典

向字典添加新内容的方法是增加新的键/值对，修改或删除已有键/值对。例如：

```
dict = {'Name': '王海', 'Age': 17, 'Class': '计算机一班'}
dict['Age'] = 18                        # 更新键/值对
dict['School'] = "中原工学院"            # 增加新的键/值对
print("dict['Age']: ", dict['Age'] )
print( "dict['School']: ", dict['School'])
```

以上示例输出结果：

```
dict['Age']: 18
dict['School']: 中原工学院
```

4．删除字典元素

del()方法允许使用键从字典中删除元素(条目)。clear()方法用于清空字典所有元素。显式删除一个字典用 del 命令，例如：

```
dict = {'Name': '王海', 'Age': 17, 'Class': '计算机一班'}
del dict['Name']                        # 删除键是'Name'的元素（条目）
dict.clear()                            # 清空词典所有元素
del dict                                # 删除词典,用 del 删除后字典不再存在
```

5. in 运算

字典里的 in 运算用于判断某键是否在字典里,对于 value 值不适用。功能与 has_key(key)方法相似。

```
dict = {'Name': '王海', 'Age': 17, 'Class': '计算机一班'}
print('Age' in dict )                   # 等价于 print(dict.has_key('Age'))
```

以上示例输出结果:

```
True
```

6. 获取字典中的所有值

dict1.values()以列表返回字典中的所有值。

```
dict = {'Name': '王海', 'Age': 17, 'Class': '计算机一班'}
print(dict.values())
```

以上示例输出结果:

```
[17, '王海', '计算机一班']
```

7. items()方法

items()方法把字典中每对 key 和 value 组成一个元组,并把这些元组放在列表中返回。

```
dict = {'Name': '王海', 'Age': 17, 'Class': '计算机一班'}
for key,value in dict.items():
    print( key,value)
```

以上示例输出结果:

```
Name 王海
Class 计算机一班
Age 17
```

注意,字典打印出来的顺序与创建之初的顺序不同,这不是错误。字典中各个元素并没有顺序之分(因为不需要通过位置查找元素),因此,存储元素时进行了优化,使字典的存储和查询效率最高。这也是字典和列表的另一个区别:列表保持元素的相对关系,即序列关系;而字典是完全无序的,也称为非序列。如果想保持一个集合中元素的顺序,需要使用列表,而不是字典。从 Python 3.6 版本开始,字典进行优化后变成有顺序的,字典输出顺序与创建之初的顺序相同,但仍不能使用位置下标索引访问。

字典内置函数和方法如表 2-16 所示,假设字典名为 dict1。

表 2-16 字典内置函数和方法

序 号	函数及描述
dict1. clear()	删除字典内所有元素
dict1. copy()	返回一个字典副本(浅复制)
dict1. fromkeys()	创建一个新字典,以序列 seq 中元素作字典的键,val 为字典所有键对应的初始值
dict1. get(key, default=None)	返回指定键的值,如果值不在字典中返回 default 值
dict1. has_key(key)	如果键在字典 dict 里返回 true,否则返回 false(Python 3.0 以后版本已经删除此方法)
dict1. items()	以列表返回可遍历的(键,值)元组数组
dict1. keys()	以列表返回一个字典所有的键
dict1. setdefault(key, default=None)	和 get() 类似,但如果键不存在于字典中,将会添加键并将值设为 default
dict1. update(dict2)	把字典 dict2 的键/值对更新到 dict1 里
dict1. values()	以列表返回字典中的所有值
cmp(dict1, dict2)	内置函数,比较两个字典元素
len(dict)	内置函数,计算字典元素个数,即键的总数
str(dict)	内置函数,输出字典可打印的字符串表示
type(variable)	内置函数,返回输入的变量类型,如果变量是字典就返回字典类型

2.4.4 集合

集合(set)是一个无序不重复元素的序列。集合的基本功能是进行成员关系测试和删除重复元素。

1. 创建集合

可以使用花括号({})或者 set() 和 frozenset() 函数创建集合,注意创建一个空集合必须用 set() 和 frozenset() 函数而不是{},因为{}是用来创建一个空字典。set() 和 frozenset() 函数分别创建可变集合和不可变集合,其参数必须是可迭代的,即一个序列、字典和迭代器等。

```
s1 = set("hello")                              #利用字符串创建字典
print(s1)                                      #输出{'l', 'h', 'o', 'e'},因为是无序的
print(type(s1))                                #输出<class 'set'>
s2 = set([3,5,9,10])                           #创建一个数值集合
student = {'Tom', 'Jim', 'Mary', 'Tom', 'Jack', 'Rose'}
print(student)                                 #输出集合,重复的元素被自动去掉
```

以上示例输出结果:

```
{'l', 'h', 'o', 'e'}
<class 'set'>
{'Jack', 'Rose', 'Mary', 'Jim', 'Tom'}
```

由于集合内数据是不重复的,因此集合常用来对列表数据进行"去重操作"。

```
student = ['Tom', 'Jim', 'Mary', 'Tom', 'Jack', 'Rose']
score = [12, 34, 11, 12, 15, 34]
s1 = set(student)                              #{'Rose', 'Jim', 'Jack', 'Tom', 'Mary'}
s2 = set(score)                                #{34, 11, 12, 15}
```

2. 成员测试

由于集合本身是无序的,所以不能对集合进行索引或切片操作,只能循环遍历,或者使用 in、not in 来判断集合元素存在/不存在。

```
if('Rose' in student) :
    print('Rose 在集合中')
else :
    print('Rose 不在集合中')
```

以上示例输出结果:

```
Rose 在集合中
```

3. 集合运算

可以使用"—""|""&""^"运算符进行集合的差集、并集、交集和对称集运算。

```
#set 可以进行集合运算
a = set('abcd')                                #a = {'a', 'b', 'c', 'd'}
b = set('cdef')                                #b = {'c', 'd', 'e', 'f'}
print(a)
print("a 和 b 的差集: ", a - b)                 #a 和 b 的差集
print("a 和 b 的并集: ", a | b)                 #a 和 b 的并集
print("a 和 b 的交集: ", a & b)                 #a 和 b 的交集
print("a 和 b 中不同时存在的元素: ", a ^ b)     #a 和 b 中不同时存在的元素(对称集)
```

以上示例输出结果:

```
{'a', 'c', 'd', 'b'}
a 和 b 的差集: {'a', 'b'}
a 和 b 的并集: {'b', 'a', 'f', 'd', 'c', 'e'}
a 和 b 的交集: {'c', 'd'}
a 和 b 中不同时存在的元素: {'a', 'e', 'f', 'b'}
```

4. 集合中添加元素

add()方法用于向集合中添加元素,如果添加的元素已经存在的话,则不执行任何操作。

```
s1 = set(("Google", "baidu", "Taobao"))
s1.add("Facebook")
print(s1)                                      #输出{'Taobao', 'Facebook', 'Google', 'baidu'}
```

update()方法也可以向集合中添加元素,且参数可以是列表、元组、字典等。若有多个

参数,用逗号分开。

```
s1 = set(("Google", "baidu", "Taobao"))
s1.update([1,2,3])
print(s1)                           #输出{1, 2, 3, 'Taobao', 'Google', 'baidu'}
```

5. 删除集合元素

remove()方法将元素从集合中移除,如果元素不存在,则会发生 KeyError 错误。

```
s1 = set(("Google", "baidu", "Taobao"))
s1.remove("baidu")
print(s1)                           #输出{'Taobao', 'Google'}
```

另外,discard()也可以删除集合元素,用法同 remove()方法。相对于 remove()方法的好处是,如果试图删除一个集合中不存在的值,系统不会返回 KeyError 错误。

```
s1 = set(("Google", "baidu", "Taobao"))
s1.discard("baidu")
print(s1)                           #输出{'Taobao', 'Google'}
```

还可以使用 pop()方法从集合中删除并且返回一个任意的值。

```
s1 = set(("Google", "baidu", "Taobao"))
a = s1.pop()                        #返回一个任意的值,如'baidu'
b = s1.pop()                        #返回一个任意的值,如'Taobao'
```

6. 删除集合所有元素

clear()方法用于删除集合中所有的元素。

```
s1 = set(("Google", "baidu", "Taobao"))
s1.clear()                          #空集合
```

7. 集合关系的子集和超集

当集合 s 中的元素包含集合 t 中的所有元素时,称集合 s 是集合 t 的超集,反过来,称 t 是 s 的子集。当两个集合中的元素相同时,两个集合等价。

表 2-17　子集和超集方法和对应运算符

方　法	运　算　符	含　　义
s.issubset(t)	s<=t	s 是 t 的子集返回 True,否则返回 False
s.issuperset(t)	s>=t	s 是 t 的超集返回 True,否则返回 False
	s==t	s 是否与 t 相等,是返回 True,否则返回 False

```
x = {1, 2, 3, 4}
x2 = {2, 6}
y = {2, 4, 5, 6}
#子集和超集
print(x.issubset(y))                #False
print(y.issuperset(x2))             #True
```

🔑 实验二 序列的创建和使用

一、实验目的

通过本实验,了解序列的基本概念,掌握列表和字典的创建和使用方法。

二、实验要求

(1) 掌握序列索引方法。
(2) 掌握列表的创建和使用方法。
(3) 掌握字典的创建和使用方法。

三、实验内容与步骤

(1) 将一整数列表的数据复制到另一个列表中。

分析:这里要求的是复制数据到一个新的列表中。Python 列表数据复制可以使用切片[:],也可以使用 copy()方法实现列表元素的复制。

```
>>> ls = [1,2,3,4]
>>> x = ls[:]                    #列表数据复制可以使用切片实现
>>> m = ls.copy()                #列表数据复制使用 copy()方法实现
```

这是修改 x,m 的第 4 个元素为 100。

```
>>> x[3] = 100
>>> m[3] = 100
>>> x                            #结果为[1, 2, 3, 100]
>>> m                            #结果为[1, 2, 3, 100]
>>> ls                           #结果为[1, 2, 3, 4]
```

通过观察,修改 x,m 列表不影响 ls 原列表。

(2) 假如 ls=[123,456,789,923,458,898],求各整数元素的和。

分析:使用内置函数 sum 求和实现。

```
ls = [123 ,456, 789,923, 458,898]
s = sum(ls)
print(s)
```

(3) 假设有一字典 cars = {'BMW':8.5, 'BENS':8.3, 'AUDI':7.9},实现遍历字典键、值的操作。

分析:items()、keys()、values()分别用于获取字典中的所有 key-value 对、所有 key、所有 value。这三个方法依次返回 dict_items、dict_keys 和 dict_values 对象。Python 不希望用户直接操作这几个对象,但可通过 list()函数把它们转换成列表。

```
cars = {'BMW': 8.5, 'BENS': 8.3, 'AUDI': 7.9}
#获取字典所有的 key - value 对,返回一个 dict_items 对象
```

```
ims = cars.items()
#将 dict_items 对象转换成列表
print(list(ims))                    #[('BMW', 8.5), ('BENS', 8.3), ('AUDI', 7.9)]
#访问第 2 个 key - value 对
print(list(ims)[1])                 #('BENS', 8.3)
#获取字典所有的 key,返回一个 dict_keys 对象
kys = cars.keys()
#将 dict_keys 对象转换成列表
print(list(kys))                    #['BMW', 'BENS', 'AUDI']
#访问第 2 个 key
print(list(kys)[1])                 #'BENS'
#获取字典所有的 value,返回一个 dict_values 对象
vals = cars.values()
#将 dict_values 对象转换成列表
print(type(vals))                   #[8.5, 8.3, 7.9]
#访问第 2 个 value
print(list(vals)[1])                #8.3
```

（4）编写程序,生成一个包含 20 个 1～100 随机整数的列表,然后对偶数下标的元素进行降序排列,奇数下标的元素不变(提示:使用切片)。

分析：对于列表 x,[::2]形式可以获取偶数下标元素的切片。

```
import random
x = [random.randint(1,100) for i in range(20)]   #生成 20 个[1:100]区间随机整数的列表
print(x)
y = x[::2]
y.sort()                            #默认为升序排列
y.reverse()                         #反转列表元素,即可以实现降序排列
x[::2] = y                          #赋值
print(x)
```

运行结果如下。

```
[87, 34, 61, 36, 98, 68, 10, 43, 74, 47, 46, 54, 25, 27, 53, 38, 5, 99, 79, 22]
[98, 34, 87, 36, 79, 68, 74, 43, 61, 47, 53, 54, 46, 27, 25, 38, 10, 99, 5, 22]
```

（5）有如下列表 li=["alex"，"eric"，"rain"],按照要求实现以下功能。

a. 计算列表长度并输出。

b. 列表中追加元素"seven",并输出添加后的列表。

c. 在列表中的第一个位置插入元素"Tony",并输出添加后的列表。

d. 修改列表中的第 2 个位置的元素为"Kelly",并输出修改后的列表。

e. 删除列表中的元素"eric",并输出删除后的列表。

f. 删除列表中的第 2 个元素,并输出删除的元素的值和删除后的列表。

g. 删除列表中的第 2～3 个元素,并输出删除元素后的列表。

h. 将列表所有的元素反转,并输出反转后的列表。

```
li = ["alex", "eric", "rain"]       #a
print(len(li))
li.append("seven")                  #b
print(li)
```

```
li.insert(0,"Tony")                    #c
print(li)
li[1] = "Kelly"                        #d
print(li)
li.remove("eric")                      #e
print(li)
new_li = li.pop(1)                     #f
print(li,new_li)
del li[1:3]                            #g
print(li)
li = ["alex", "eric", "rain"]
li.reverse()                           #h
print(li)
```

四、编程并上机调试

(1) 编写程序,生成一个包含 10 个随机整数的列表,求出最大值和最小值。

(2) 编写程序,生成一个包含 20 个随机整数的列表,删除第一个元素并将列表的所有元素和追加到列表中。

(3) 输入一个整数(1~12)来表示月份,输出该月份对应的代表花名(用字典实现)。月份对应的花名为:

"1 月":"梅花","2 月":"杏花","3 月":"桃花","4 月":"牡丹花","5 月":"石榴花","6 月":"莲花",
"7 月":"玉簪花","8 月":"桂花","9 月":"菊花","10 月":"芙蓉花","11 月":"山茶花","12 月":"水仙花"

例如,输入形式:6
输出形式:6 月是莲花

🔑 习题

1. 简述 Python 数据类型及用途。

2. 将以下数学表达式转换为等价的 Python 表达式。

(1) $\dfrac{-b+\sqrt{b^2-4ac}}{2a}$ (2) $\dfrac{x^2+y^2}{2a^2}$ (3) $\dfrac{x+y+z}{\sqrt{x^3+y^3+z^3}}$

(4) $\dfrac{(3+a)^2}{2c+4d}$ (5) $2\sin\left(\dfrac{x+y}{2}\right)\cos\left(\dfrac{x-y}{2}\right)$

分析:math.sin(x)函数返回 x 弧度的正弦值,math.cos(x)函数返回 x 弧度的余弦值,math.sqrt(x)函数返回数字 x 的平方根。函数可参考第 4 章。

3. 数学表达式 $3<x<10$ 对应的 Python 表达式为_____。

4. 以 3 为实部、4 为虚部,该复数的 Python 表达形式为_____。

5. 表达式[1,2,3] * 3 的执行结果为_____。

6. 假设列表对象 aList 的值为[3,4,5,6,7,9,11,13,15,17],那么切片 aList[3:7]得到的值是_____。

7. 语句[5 for i in range(10)]的执行结果为_____。

8. Python 内置函数_____可以返回列表、元组、字典、集合、字符串及 range 对象中的元素个数。

9. 计算以下表达式的值(可在上机时验证),设 a=7,b=−2,c=4。

(1) 3 * 4 ** 5/2　　　　　(2) a * 3%2

(3) a%3+b * b−c//5　　　(4) b ** 2−4 * a * c

10. 求列表 s=[9,7,8,3,2,1,55,6]中的元素个数、最大数和最小数。如何在列表 s 中添加元素 10? 如何从列表 s 中删除元素 55?

11. 简述元组与列表的主要区别。

12. 已知有列表 lst=[54,36,75,28,50],试完成以下操作。

(1) 在列表尾部插入元素 52。

(2) 在元素 28 前面插入 66。

(3) 删除并输出 28。

(4) 将列表按降序排序。

(5) 清空整个列表。

13. 在以下三个集合中,集合成员分别是掌握 Python、C 语言、Java 语言的员工姓名。

```
Pythonset = {'王海', '李黎明', '王铭年', '李晗'}
Cset = {'朱佳', '李黎明', '王铭年', '杨鹏'}
Javaset = {'王海', '杨鹏', '王铭年', '罗明', '李晗'}
```

(1) 通过集合运算输出只掌握 Python 而没有掌握 C 语言的员工。

(2) 通过集合运算输出三种语言都已掌握的员工。

第 3 章

Python控制语句

CHAPTER 3

对于 Python 程序中的执行语句，默认时是按照书写顺序依次执行的，这时我们说这样的语句是顺序结构的。但是，仅有顺序结构还是不够的，因为有时候需要根据特定的情况，有选择地执行某些语句，这时就需要一种选择结构的语句。另外，有时候还可以在给定条件下往复执行某些语句，这时称这些语句是循环结构的。有了这三种基本的结构，就能够构建任意复杂的程序了。

视频讲解

3.1　选择结构

三种基本程序结构中的选择结构,可用 if 语句、if…else 语句和 if…elif…else 语句实现。

3.1.1　if 语句

Python 的 if 语句的功能与其他语言的非常相似,都是用来判定给出的条件是否满足,然后根据判断的结果(即真或假)决定是否执行给出的操作。if 语句是一种单选结构,它选择的是做与不做。它由三部分组成:关键字 if 本身、测试条件真假的表达式(简称为条件表达式)和表达式结果为真(即表达式的值为非零时)要执行的代码。if 语句的语法形式如下。

```
if 表达式:
    语句 1
```

if 语句的流程示意图如图 3-1 所示。

if 语句的表达式用于判断条件,可以用>(大于)、<(小于)、==(等于)、>=(大于或等于)、<=(小于或等于)来表示其关系。

现在用一个示例程序来演示一下 if 语句的用法。程序很简单,只要用户输入一个整数,如果这个数字大于 6,那么就输出一行字符串;否则,直接退出程序。代码如下。

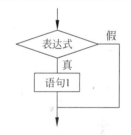

图 3-1　if 语句的流程示意图

```
#比较输入的整数是否大于 6
a = input("请输入一个整数: ")    #取得一个字符串
a = int(a)                      #将字符串转换为整数
if a > 6:
    print(a, "大于 6")
```

通常,一个程序都会有输入/输出,这样可以与用户进行交互。用户输入一些信息,计算机会对输入的内容进行一些适当的操作,然后再输出给用户想要的结果。Python 的输入/输出,可以用 input 进行输入,print 进行输出,这些都是简单的控制台输入/输出,复杂的有处理文件等。

3.1.2　if…else 语句

上面的 if 语句是一种单选结构,也就是说,如果条件为真(即表达式的值为非零),那么执行指定的操作;否则就会跳过该操作。而 if…else 语句是一种双选结构,在两种备选行动中选择一个。if…else 语句由 5 部分组成:关键字 if、测试条件真假的表达式、表达式结果为真(即表达式的值为非零)时要执行的代码,以及关键字 else 和表达式结果为假(即表达式的值为零)时要执行的代码。if…else 语句的语法形式如下。

```
if 表达式:
    语句 1
```

```
else:
    语句 2
```

if…else 语句的流程示意图如图 3-2 所示。

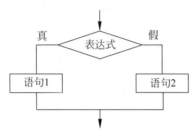

图 3-2　if…else 语句的流程示意图

下面对上面的示例程序进行修改,以演示 if…else 语句的使用方法。程序很简单,只要用户输入一个整数,如果这个数字大于 6,那么就输出一行信息,指出输入的数字大于 6;否则,输出另一行字符串,指出输入的数字小于或等于 6。代码如下。

```
a = input("请输入一个整数: ")          ♯取得一个字符串
a = int(a)                          ♯将字符串转换为整数
if a > 6:
    print(a, "大于 6")
else:
    print(a, "小于或等于 6")
```

再例如,输入一个年份,判断是否为闰年。闰年的年份必须满足以下两个条件之一。

(1) 能被 4 整除,但不能被 100 整除的年份都是闰年。

(2) 能被 400 整除的年份都是闰年。

设变量 year 表示年份,判断 year 是否满足条件。

条件(1)的逻辑表达式是:year%4==0 and year%100!=0。

条件(2)的逻辑表达式是:year%400==0。

两者取"或",即得到判断闰年的逻辑表达式为

```
(year % 4 == 0 and year % 100! = 0) or year % 400 == 0
```

程序如下。

```
year = int(input('输入年份:'))                    ♯input()获取的是字符串,所以需要转换成整型
if year % 4 == 0 and year % 100! = 0 or year % 400 == 0:   ♯注意运算符的优先级
    print(year, "是闰年")
else:
    print( year, "不是闰年")
```

【例 3-1】　任意输入三个数字,按从小到大的顺序输出。

分析:①先将 x 与 y 比较,把较小者放入 x 中,较大者放 y 中;②再将 x 与 z 比较,把较小者放入 x 中,较大者放 z 中,此时 x 为三者中的最小者;③最后将 y 与 z 比较,把较小者放入 y 中,较大者放 z 中,此时 x、y、z 已按由小到大的顺序排列。

```
x = int( input('x = ') )                    #输入 x
y = int( input('y = ') )                    #输入 y
z = int( input('z = ') )                    #输入 z
if x > y:
    x, y = y, x                             #x, y 互换
if x > z:
    x, z = z, x                             #x, z 互换
if y > z:
    y, z = z, y                             #y, z 互换
print(x, y, z)
```

假如 x,y,z 分别输入 1,4,3,以上代码执行输出结果如下。

```
x = 1 ↙   (输入 x 的值,↙表示回车)
y = 4 ↙   (输入 y 的值)
z = 3 ↙   (输入 z 的值)
1 3 4
```

其中,x,y=y,x 这种语句是同时赋值,将赋值号右侧的表达式依次赋给左侧的变量。例如,
x,y=1,4 相当于 x=1;y=4 效果,从而可见 Python 语法多么简洁。

3.1.3　if…elif…else 语句

有时候需要在多组动作中选择一组执行,这时就会用到多选结构,对于 Python 语言来
说就是 if…elif…else 语句。该语句可以利用一系列条件表达式进行检查,并在某个表达式
为真的情况下执行相应的代码。需要注意的是,虽然 if…elif…else 语句的备选动作较多,
但是有且只有一组动作被执行,该语句的语法形式如下。

```
if 表达式 1:
    语句 1
elif 表达式 2:
    语句 2
    …
elif 表达式 n:
    语句 n
else:
    语句 n+1
```

注意,最后一个 elif 子句之后的 else 子句没有进行条件判断,它实际上处理跟前面所有
条件都不匹配的情况,所以 else 子句必须放在最后。if…elif…else 语句的流程示意图如
图 3-3 所示。

下面继续对上面的示例程序进行修改,以演示 if…elif…else 语句的使用方法。还是要
用户输入一个整数,如果这个数字大于 6,那么就输出一行信息,指出输入的数字大于 6;如
果这个数字等于 6,则输出另一行字符串,指出输入的数字等于 6;否则,指出输入的数字小
于 6。具体的代码如下。

```
a = input("请输入一个整数: ")               #取得一个字符串
a = int(a)                                   #将字符串转换为整数
if a > 6:
    print(a, "大于 6")
```

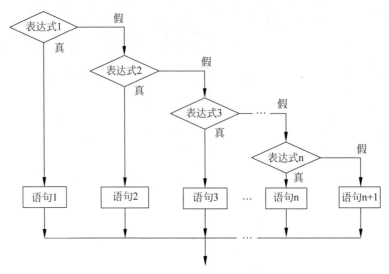

图 3-3   if…elif…else 语句的流程示意图

```
elif a == 6:
    print(a, "等于 6")
else:
    print(a, "小于 6")
```

【例 3-2】 输入学生的成绩 score,按分数输出其等级: score≥90 为优,90>score≥80 为良,80>score≥70 为中等,70>score≥60 为及格,score<60 为不及格。

```
score = int(input("请输入成绩"))          #int()转换字符串为整型
if score >= 90:
    print("优")
elif score >= 80:
    print("良")
elif score >= 70:
    print("中")
elif score >= 60:
    print("及格")
else:
    print("不及格")
```

说明:三种选择语句中,条件表达式都是必不可少的组成部分。当条件表达式的值为零时,表示条件为假;当条件表达式的值为非零时,表示条件为真。那么哪些表达式可以作为条件表达式呢? 基本上,最常用的是关系表达式和逻辑表达式,例如:

```
if  a == x  and  b == y:
    print("a = x, b = y")
```

除此之外,条件表达式可以是任何数值类型表达式,甚至字符串也可以。

```
if  'a':              #'abc':也可以
    print("a = x, b = y")
```

另外,C 语言是用花括号{}来区分语句体的,但是 Python 的语句体是用缩进形式来表示的,如果缩进不正确,会导致逻辑错误。

3.1.4　pass 语句

Python 提供了一个关键字 pass,类似于空语句,可以用在类和函数的定义中或者选择结构中。当暂时没有确定如何实现功能,或者为以后的软件升级预留空间,或者其他类型功能时,可以使用该关键字来"占位"。例如,下面的代码是合法的。

```
if a < b:
    pass                        #什么操作也不做
else:
    z = a
class A:                        #类的定义
    pass
def demo():                     #函数的定义
    pass
```

3.2　循环结构

程序在一般情况下是按顺序执行的。编程语言提供了各种控制结构,允许更复杂的执行路径。循环语句允许执行一个语句或语句组多次,Python 提供了 for 循环和 while 循环(在 Python 中没有 do…while 循环)。

视频讲解

3.2.1　while 语句

Python 中 while 语句用于循环执行程序,即在某条件下,循环执行某段程序,以处理需要重复处理的相同任务。其基本形式为

```
while 判断条件:
    执行语句
```

执行语句可以是单个语句或语句块。判断条件可以是任何表达式,任何非零或非空(null)的值均为 True。当判断条件为 false 时,循环结束。while 语句的流程示意图如图 3-4 所示。

同样需要注意冒号和缩进。另外,在 Python 中没有 do…while 循环。例如:

```
count = 0
while count < 5:
    print('The count is:', count)
    count = count + 1
print("Good bye!")
```

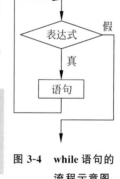

图 3-4　while 语句的
　　　　流程示意图

以上代码执行输出结果:

```
The count is: 0
The count is: 1
```

```
The count is: 2
The count is: 3
The count is: 4
Good bye!
```

此外,while 语句的"判断条件"还可以是个常值,表示循环必定成立。例如:

```
count = 0
while 1:                                    #判断条件是常值1
    print('The count is:', count)
    count = count + 1
print("Good bye!")
```

这样就形成无限循环,可以借助后面学习的 break 语句结束循环。

在 Python 中,可以在循环语句中使用 else 子句,else 中的语句会在循环正常执行完的情况下执行(不管是否执行循环体)。例如:

```
count = int(input())
while count < 5:
    print(count,"is less han 5")
    count = count + 1
else:
    print(count,"is not less than 5")
```

程序的一次运行结果如下。

```
8 ↙
8 is not less than 5
```

【例 3-3】 输入两个正整数,求它们的最大公约数。

分析:求最大公约数可以用"辗转相除法",方法如下。

(1) 比较两个数,并使 m 大于 n。

(2) 将 m 作被除数,n 作除数,相除后余数为 r。

(3) 循环判断 r,若 r=0,则 n 为最大公约数,结束循环。若 r≠0,执行步骤 m←n,n←r;将 m 作被除数,n 作除数,相除后余数为 r。

```
num1 = int(input("输入第一个数字:"))        #用户输入两个数字
num2 = int(input("输入第二个数字:"))
m = num1
n = num2
if m < n:                                    #m,n 交换值
    t = m
    m = n
    n = t
r = m % n;
while  r != 0:
    m = n;
    n = r
    r = m % n
print( num1,"和", num2,"的最大公约数为", n)
```

以上代码执行输出结果:

```
输入第一个数字: 36
输入第二个数字: 48
36 和 48 的最大公约数为 12
```

3.2.2　for 语句

for 语句可以遍历任何序列的项目,如一个列表、元组或者一个字符串。

1. for 循环的语法

for 循环的语法格式如下。

```
for 迭代变量 in 序列:
    循环体
```

for 语句的执行过程是:每次循环从序列中依次取出一个元素,存放于迭代变量,该元素值提供给循环体内的语句使用;直到所有元素取完为止,则结束循环。

例如,使用 for 循环把字符串中字符遍历出来:

```
for letter in 'Python':              ＃第一个示例
    print( '当前字母 :', letter )
```

以上示例输出结果:

```
当前字母 : P
当前字母 : y
当前字母 : t
当前字母 : h
当前字母 : o
当前字母 : n
```

再如,使用 for 循环把列表中元素遍历出来。

```
fruits = ['banana', 'apple',  'mango']
for fruit in fruits:                 ＃第二个示例
    print( '元素 :', fruit)
print( "Good bye!" )
```

依次打印 fruits 的每一个元素,以上示例输出结果:

```
元素 : banana
元素 : apple
元素 : mango
Good bye!
```

【例 3-4】　计算 1~10 的整数之和,可以用一个 sum 变量做累加。

```
sum = 0
for x in [1, 2, 3, 4, 5, 6, 7, 8, 9, 10]:
    sum = sum + x
print(sum)
```

如果要计算 1~100 的整数之和,从 1 写到 100 有点困难,幸好 Python 提供了一个 range()内置函数,可以生成一个整数序列,再通过 list()函数可以转换为 list。

例如,range(0,5)或 range(5)生成的序列是从 0 开始小于 5 的整数,不包括 5。

```
>>> list(range(5))
```

```
[0, 1, 2, 3, 4]
```

range(1,101)就可以生成 1~100 的整数序列,计算 1~100 的整数之和如下。

```
sum = 0
for x in range(1,101):
    sum = sum + x
print(sum)
```

请自行运行上述代码,看看结果是不是当年高斯心算出的 5050。

2. 通过索引循环

对于列表,另外一种执行循环的遍历方式是通过索引(元素下标)。例如:

```
fruits = ['banana', 'apple', 'mango']
for i in range(len(fruits)):
    print( '当前水果 :', fruits[i] )
print("Good bye!")
```

以上示例输出结果:

```
当前水果 : banana
当前水果 : apple
当前水果 : mango
Good bye!
```

以上示例使用了内置函数 len()和 range(),函数 len()返回列表的长度,即元素的个数。通过索引 i 访问每个元素 fruits[i]。

3.2.3 continue 和 break 语句

break 语句在 while 循环和 for 循环中都可以使用,一般放在 if 选择结构中,一旦 break 语句被执行,将使得整个循环提前结束。

continue 语句的作用是终止当前循环,并忽略 continue 之后的语句,然后回到循环的顶端,提前进入下一次循环。

除非 break 语句让代码更简单或更清晰,否则不要轻易使用。

【例 3-5】 continue 和 break 用法示例。

```
# continue 和 break 用法示例
i = 1
while i < 10:
    i += 1
    if i % 2 > 0:                        # 非偶数时跳过输出
        continue
```

```
        print(i)                              #输出偶数 2、4、6、8、10

    i = 1
    while 1:                                  #循环条件为 1 必定成立
        print(i)                              #输出 1～10
        i += 1
        if i > 10:                            #当 i 大于 10 时跳出循环
            break
```

3.2.4　循环嵌套

Python 语言允许在一个循环体里面嵌入另一个循环。可以在循环体内嵌入其他的循环体,如在 while 循环中可以嵌入 for 循环;也可以在 for 循环中嵌入 while 循环。嵌套层次一般不超过三层,以保证可读性。

注意:

(1) 循环嵌套时,外层循环和内层循环之间是包含关系,即内层循环必须被完全包含在外层循环中。

(2) 当程序中出现循环嵌套时,程序每执行一次外层循环,其内层循环必须循环所有的次数(即内层循环结束)后,才能进入外层循环的下一次循环。

【**例 3-6**】　打印九九乘法表。

```
for i in range(1,10):
    for j in range(1,i+1):
        print(i,'*',j,'=',i*j,'\t',end = "")    #end = ""的作用是不换行
    print("")                                    #仅换行
```

以上代码执行输出结果如图 3-5 所示。

```
1 * 1 = 1
2 * 1 = 2     2 * 2 = 4
3 * 1 = 3     3 * 2 = 6     3 * 3 = 9
4 * 1 = 4     4 * 2 = 8     4 * 3 = 12    4 * 4 = 16
5 * 1 = 5     5 * 2 = 10    5 * 3 = 15    5 * 4 = 20    5 * 5 = 25
6 * 1 = 6     6 * 2 = 12    6 * 3 = 18    6 * 4 = 24    6 * 5 = 30    6 * 6 = 36
7 * 1 = 7     7 * 2 = 14    7 * 3 = 21    7 * 4 = 28    7 * 5 = 35    7 * 6 = 42    7 * 7 = 49
8 * 1 = 8     8 * 2 = 16    8 * 3 = 24    8 * 4 = 32    8 * 5 = 40    8 * 6 = 48    8 * 7 = 56    8 * 8 = 64
9 * 1 = 9     9 * 2 = 18    9 * 3 = 27    9 * 4 = 36    9 * 5 = 45    9 * 6 = 54    9 * 7 = 63    9 * 8 = 72    9 * 9 = 81
```

图 3-5　九九乘法表

【**例 3-7**】　使用嵌套循环输出 2～100 中的素数。

素数是除 1 和本身,不能被其他任何整数整除的整数。判断一个数 m 是否为素数,只要依次用 2,3,4,…,m−1 作除数去除 m,只要有一个能被整除,m 就不是素数。

```
m = int(input("请输入一个整数"))
j = 2
while j <= m−1 :
    if m % j == 0: break                       #退出循环
    j = j + 1
if(j > m−1) :
    print(m, "是素数")
else:
    print(m, "不是素数")
```

应用上述代码,对于一个非素数而言,判断过程往往很快可以结束。例如,判断 30009 时,因为该数能被 3 整除,所以只需判断 j=2,3 两种情况。而判断一个素数尤其是当该数较大时,例如判断 30011,就要从 j=2,3,4,…,一直判断到 30010 都不能被整除,才能得出其为素数的结论。实际上,只要从 2 判断到 $\sqrt{m}$,若 m 不能被其中任何一个数整除,则 m 即为素数。

```python
# 找出 100 以内的所有素数
import math                          # 导入 math 数学模块
m = 2
while m < 100 :                      # 外层循环
    j = 2
    while j <= math.sqrt(m) :        # 内层循环, math.sqrt()是求平方根
        if m % j == 0: break         # 退出内层循环
        j = j + 1
    if(j > math.sqrt(m)) :
        print(m, "是素数")
    m = m + 1
print("Good bye!")
```

【例 3-8】　使用嵌套循环输出如图 3-6 所示的金字塔图案。

分析:观察图形包含 8 行,因此外层循环执行 8 次;每行内容由两部分组成:空格和星号。假设第 1 行星号在第 10 列,则第 i 行空格的数量为 10-i,星号数量为 2i-1。

```python
for i in range(1,9):                 # 外层循环
    for j in range(0,10 - i):        # 循环输出每行空格
        print(" ", end = "")
    for j in range(0,2 * i-1):       # 循环输出每行星号
        print(" * ", end = "")
    print("")                        # 仅换行
```

```
        *
       ***
      *****
     *******
    *********
   ***********
  *************
 ***************
```

图 3-6　金字塔图案

也可以通过以下代码实现。

```python
for i in range(1,9):
    print(" " * (10 - i), " * " * (2 * i - 1))    # 使用重复运算符输出每行空格、星号
```

3.2.5　列表生成式

列表生成式是 Python 内置的一类极其强大的生成 list 列表的表达式。如果要生成一个 list[1,2,3,4,5,6,7,8,9],可以用 range(1,10)。

```python
>>> L = list(range(1, 10))           # L 是[1, 2, 3, 4, 5, 6, 7, 8, 9]
```

可是,如果要生成[1 * 1,2 * 2,3 * 3,…,10 * 10],可以使用循环。

```python
>>> L = []
>>> for x in range(1 , 10):
        L.append(x * x)
>>> L
[1, 4, 9, 16, 25, 36, 49, 64, 81]
```

而列表生成式,可以只用一句代替以上的烦琐循环来完成上面的操作。

```
>>> [x * x for x in range(1 , 11)]
[1, 4, 9, 16, 25, 36, 49, 64, 81, 100]
```

列表生成式的书写格式:把要生成的元素 x * x 放到前面,后面跟上 for 循环。这样就可以把 list 创建出来。for 循环后面还可以加上 if 判断,例如,筛选出偶数的平方:

```
>>> [x * x for x in range(1 , 11) if x % 2 == 0]
[4, 16, 36, 64, 100]
```

再如,把一个 list 列表中所有的字符串变成小写形式。

```
>>> L = ['Hello', 'World', 'IBM', 'Apple']
>>> [s.lower() for s in L]
['hello', 'world', 'ibm', 'apple']
```

当然,列表生成式也可以使用两层循环,例如,生成'ABC'和'XYZ'中字母的全部组合。

```
>>> print( [m + n for m in 'ABC' for n in 'XYZ'] )
['AX', 'AY', 'AZ', 'BX', 'BY', 'BZ', 'CX', 'CY', 'CZ']
```

再例如,生成所有的扑克牌的列表。

```
>>> color = ["草花","方块","红桃","黑桃"]
>>> rank = ["A","1","2","3","4","5","6","7","8","9","10","J","Q","K"]
>>> print( [m + n for m in color for n in rank])
['草花 A', '草花 1', '草花 2', '草花 3', '草花 4', '草花 5', '草花 6', '草花 7', '草花 8', '草花 9', '草花 10', '草花 J', '草花 Q', '草花 K', '方块 A', '方块 1', '方块 2', '方块 3', '方块 4', '方块 5', '方块 6', '方块 7', '方块 8', '方块 9', '方块 10', '方块 J', '方块 Q', '方块 K', '红桃 A', '红桃 1', '红桃 2', '红桃 3', '红桃 4', '红桃 5', '红桃 6', '红桃 7', '红桃 8', '红桃 9', '红桃 10', '红桃 J', '红桃 Q', '红桃 K', '黑桃 A', '黑桃 1', '黑桃 2', '黑桃 3', '黑桃 4', '黑桃 5', '黑桃 6', '黑桃 7', '黑桃 8', '黑桃 9', '黑桃 10', '黑桃 J', '黑桃 Q', '黑桃 K']
```

for 循环其实可以同时使用两个甚至多个变量,如字典(dict)的 items()可以同时迭代 key 和 value。

```
>>> d = {'x': 'A', 'y': 'B', 'z': 'C' }          #字典(dict)
>>> for  k, v  in d.items():
        print(k, '键 = ', v, endl = ';')
```

输出结果:

```
y 键 = B; x 键 = A; z 键 = C;
```

因此,列表生成式也可以使用两个变量来生成列表。

```
>>> d = {'x': 'A', 'y': 'B', 'z': 'C' }
>>> [ k + ' = ' + v  for k, v in d.items()]
['y = B', 'x = A', 'z = C']
```

3.3　应用案例——猜单词游戏

【案例】　应用案例——猜单词游戏。计算机随机产生一个单词,打乱字母顺序,供玩家去猜。

分析：游戏中需要随机产生单词以及随机数字,所以引入 random 模块随机数函数,其中,random.choice()可以从序列中随机选取元素。例如：

```python
# 创建单词序列
WORDS = ("python", "jumble", "easy", "difficult", "answer", "continue"
         , "phone", "position", "position", "game")
# 从序列中随机挑出一个单词
word = random.choice(WORDS)
```

word 就是从单词序列中随机挑出一个单词。

游戏中随机挑出一个单词 word 后,如何把单词 word 的字母顺序打乱？方法是随机从单词字符串中选择一个位置 position,把 position 位置那个字母加入乱序后单词,同时将原单词中 position 位置那个字母删去(通过连接 position 位置前字符串和其后字符串实现)。通过多次循环就可以产生新的乱序后单词。

```python
while word:  # word 不是空串循环
    # 根据 word 长度,产生 word 的随机位置
    position = random.randrange(len(word))
    # 将 position 位置字母组合到乱序后单词
    jumble += word[position]
    # 通过切片,将 position 位置字母从原单词中删除
    word = word[:position] + word[(position + 1):]
print("乱序后单词:", jumble)
```

猜单词游戏程序代码如下。

```python
# Word Jumble 猜单词游戏
import random
# 创建单词序列
WORDS = ("python", "jumble", "easy", "difficult", "answer", "continue"
         , "phone", "position", "position", "game")
# 开始游戏
print(
"""
    欢迎参加猜单词游戏
  把字母组合成一个正确的单词.
"""
)
iscontinue = "y"
while iscontinue == "y" or iscontinue == "Y":
    # 从序列中随机挑出一个单词
    word = random.choice(WORDS)
    # 一个用于判断玩家是否猜对的变量
    correct = word
    # 创建乱序后单词
```

```
jumble = ""
while word:                              #word 不是空串时循环
    #根据 word 长度,产生 word 的随机位置
    position = random.randrange(len(word))
    #将 position 位置字母组合到乱序后单词
    jumble += word[position]
    #通过切片,将 position 位置字母从原单词中删除
    word = word[:position] + word[(position + 1):]
print("乱序后单词:", jumble)

guess = input("\n 请你猜: ")
while guess != correct and guess != "":
    print("对不起不正确.")
    guess = input("继续猜: ")

if guess == correct:
    print("真棒,你猜对了!\n")
iscontinue = input("\n\n 是否继续(Y/N): ")
```

运行结果:

```
    欢迎参加猜单词游戏
   把字母组合成一个正确的单词.
乱序后单词: yaes
请你猜: easy
真棒,你猜对了!
是否继续(Y/N): y
乱序后单词: diufctlfi
请你猜: difficutl
对不起不正确.
继续猜: difficult
真棒,你猜对了!
是否继续(Y/N): n
>>>
```

🔑 实验三　控制语句的使用

一、实验目的

通过本实验,了解程序控制的基本概念,学会使用 Python 的流程控制语句,掌握循环结构及循环嵌套结构的程序设计。

二、实验要求

(1) 掌握循环结构及循环嵌套结构的程序设计。

(2) 掌握 while 语句和 for 语句的使用方法。

三、实验内容与步骤

(1) 编写程序,求级数 $1 \times 2 + 2 \times 3 + 3 \times 4 + 4 \times 5 + \cdots + n \times (n+1) + \cdots$ 前 n 项的和。

分析：这是一个计数循环，每一个加数可以由数列的通项公式求得。

```
n = int(input("请输入一个正整数"))
sum = 0
for i in range(1,n+1):
    a = i * (1 + i)
    sum = sum + a
print(sum)
```

(2) 编写程序。一个小球从 n 米高度落下，每次落地后反弹为原来高度的一半，再落下，球在 10 次落地后，未再弹起时，共经过了多少米？（要求 n 为偶数。）

分析：这是一个 9 次的计数循环求和，其中的加数（小球弹起高度）又应用了迭代算法（提示：需要将和初始化为 n）。

```
n = int(input("请输入一个正整数"))
s = n
for i in range(1,10):
    n = n/2
    s += 2 * n
print(s)
```

(3) 斐波那契数列因著名意大利数学家 Fibonacci 以兔子繁殖为例子而引入，故又称为"兔子数列"，其数值为 1、1、2、3、5、8、13、21、34、…。在数学上，这一数列以如下递推的方法定义：F(0)=1,F(1)=1,F(n)=F(n−1)+F(n−2)(n⩾2)。

设计输出斐波那契数列的 Python 程序。

分析：首先调用 input 输入要打印的斐波那契数列的长度，然后把斐波那契数列存储于一个序列中，并逐个打印序列的元素。

```
#输入斐波那契数列的长度
FibonacciUptoNumer = int(input('Please input a Number : '))
n = FibonacciUptoNumer
fibs = [1, 1]
for number in range(n-2):
    fibs.append(fibs[-2] + fibs[-1])
print(fibs)
```

(4) 设计删除一个列表里面的重复元素程序。

分析：首先调用 List.sort() 对序列进行排序，然后调用 last=List[−1]语句从后向前找出重复的元素，最后逐个打印非重复的元素。

此实验实现代码如下。

```
#List = eval(input("请输入列表"))    #键盘输入列表形式如[34,67,67,45,67,33,44,34,68,23]
List = [34,67,67,45,67,33,44,34,68,23]
List.sort()
last = List[-1]                        #最后一个元素
print(List)
print(range(len(List)-2, -1, -1))
for i in range(len(List)-2, -1, -1):   #从倒数第二个元素开始
    if last == List[i]:
```

```
        del List[i]
    else:
        last = List[i]
print(List)
```

运行结果如下。

```
[23, 33, 34, 34, 44, 45, 67, 67, 67, 68]
range(8, -1, -1)
[23, 33, 34, 44, 45, 67, 68]
```

四、编程并上机调试

(1) 输入一个数 n,判断 1~n 范围里的所有完数。完数是指一个数恰好等于它的因子之和,如 6=1+2+3,6 就是完数。

(2) 键盘上输入一个两位整数,求该数以内所有能被 3 整除的奇数个数。

(3) 输入一个成绩序列,输出各个成绩等级的人数。

数据：score=[45,98,65,87,43,83,68,74,20,75,85,67,79,99]

等级：A(90~100),B(80~89),C(70~79),D(60~69),E(60 以下)

(4) 数字重复统计。

① 随机生成 1000 个整数,数字的范围为[20,100]。

② 升序输出所有不同的数字及其每个数字重复的次数。

习题

1. 输入一个整数 n,判断其能否同时被 5 和 7 整除,如能则输出"xx 能同时被 5 和 7 整除",否则输出"xx 不能同时被 5 和 7 整除"。其中,"xx"为输入的具体数据。

2. 输入一个百分制的成绩,经判断后输出该成绩的对应等级。其中,90 分以上为"A",80~89 分为"B",70~79 分为"C",60~69 分为"D",60 分以下为"E"。

3. 某百货公司为了促销,采用购物打折的办法。消费 1000 元以上者,按九五折优惠；消费 2000 元以上者,按九折优惠；消费 3000 元以上者,按八五折优惠；消费 5000 元以上者,按八折优惠。编写程序,输入购物款数,计算并输出优惠价。

4. 编写一个求整数 n 阶乘(n!)的程序。

5. 编写程序,求 1!+3!+5!+7!+9!。

6. 编写程序,计算下列公式中 s 的值(n 是运行程序时输入的一个正整数)。

s=1+(1+2)+(1+2+3)+…+(1+2+3+…+n)

s=12+22+32+…+(10×n+2)

s=1×2-2×3+3×4-4×5+…+(-1)$^{(n-1)}$×n×(n+1)

7. 分析"百马百瓦问题"。有 100 匹马驮 100 块瓦,大马驮 3 块,小马驮 2 块,两个马驹驮 1 块。在该问题中,大马、小马、马驹各有多少匹?

8. 有一个数列,其前 3 项分别为 1、2、3,从第 4 项开始,每项均为其相邻的前 3 项之和的 1/2。在该数列中,从第几项开始会超过 1200?

9. 编写程序,找出 1 与 100 之间的全部"同构数"。"同构数"是指出现在其平方数右端的数。例如,5 的平方是 25,5 是 25 右端的数,则 5 就是同构数;25 也是一个同构数,因其平方是 625。

10. 分析猴子吃桃问题。猴子第一天摘下若干桃子,吃了一半后又多吃了一个,第二天早上将剩下的桃子吃了一半后又多吃了一个,以此类推,每天早上都吃前一天剩下的一半再加一个。猴子到第 10 天早上再吃时,发现只剩下一个桃子了。求猴子第一天共摘了多少个桃子?

11. 开发猜数字小游戏。计算机随机生成 100 以内的数字,如果玩家所猜数字过大或过小都会给出提示,直到猜中该数则显示"恭喜! 你猜对了",同时统计玩家猜的次数。

12. 编写程序,求解数字重复统计问题,要求如下。

(1) 随机生成 1000 个整数,数字的范围为[20,100]。

(2) 升序输出所有的不同数字及其每个数字重复的次数。

13. 求每个学生的平均成绩,结果保留两位小数。

学生成绩:s = {"Teddy":[100,90,90],"Sandy":[100,90,80],"Elmo":[90,90,80]}

输出结果:{'Teddy': 93.3, 'Sandy': 90, 'Elmo': 86.7}

14. 现有一个字典存放学生学号和三门课程成绩:

```
dictScore = {"101":[67,88,45],"102":[97,68,85],"103":[98,97,95],"104":[67,48,45],"105":[82,58,75],"106":[96,49,65]}
```

编写程序,要求返回每个学生的学号及其最高分。

第 **4** 章

Python函数与模块

CHAPTER **4**

    到目前为止所编写的代码都是以一个代码块的形式出现的。当某些任务,例如求一个数的阶乘,需要在一个程序中不同位置重复执行时,会造成代码的重复率高,应用程序代码烦琐。解决这个问题的方法就是使用函数。无论在哪门编程语言中,函数(当然在类中称作方法,意义是相同的)都扮演着至关重要的角色。模块是 Pyhon 的代码组织单元,它将函数、类和数据封装起来以便重用,模块往往对应 Python 程序文件,Python 标准库和第三方提供了大量的模块。

4.1　函数的定义和使用

在 Python 程序开发过程中,将完成某一特定功能并经常使用的代码编写成函数,放在函数库(模块)中供大家在需要使用时直接调用,这就是程序中的函数。开发人员要善于使用函数,以提高编码效率,减少编写程序段的工作量。

4.1.1　函数的定义

在某些编程语言中,函数声明和函数定义是区分开的(在这些编程语言中函数声明和函数定义可以出现在不同的文件中,如 C 语言),但是在 Python 中,函数声明和函数定义是视为一体的。在 Python 中,函数定义的基本形式如下。

```
def   函数名(函数参数):
    函数体
    return 表达式或者值
```

在这里说明几点:

(1) 在 Python 中采用 def 关键字进行函数的定义,不用指定返回值的类型。

(2) 函数参数可以是零个、一个或者多个,同样,函数参数也不用指定参数类型,因为在 Python 中变量都是弱类型的,Python 会自动根据值来维护其类型。

(3) Python 函数的定义中缩进部分是函数体。

(4) 函数的返回值是通过函数中的 return 语句获得的。return 语句是可选的,它可以在函数体内任何地方出现,表示函数调用执行到此结束;如果没有 return 语句,会自动返回 None (空值),如果有 return 语句,但是 return 后面没有接表达式或者值的话也是返回 None(空值)。

下面定义三个函数:

```
def printHello():                    #打印'hello'字符串
    print('hello')

def printNum():                      #输出 0~9 数字
    for i in range(0,10):
        print(i)
    return

def add(a,b):                        #实现两个数的和
    return a + b
```

4.1.2　函数的使用

在定义了函数之后,就可以使用该函数了,但是在 Python 中要注意一个问题,就是在 Python 中不允许前向引用,即在函数定义之前,不允许调用该函数。例如:

```
print(add(1,2))
def add(a,b):
    return a + b
```

这段程序运行给出错误提示。

```
Traceback(most recent call last):
  File "C:/Users/xmj/4 - 1.py", line 1, in < module>
    print(add(1,2))
NameError: name 'add' is not defined
```

从提示信息可以知道,名为"add"的函数未进行定义。所以在任何时候调用某个函数,必须确保其定义在调用之前。

【例 4-1】 编写函数实现最大公约数算法,通过函数调用代码实现求最大公约数。

分析:这里求两个数 x,y 最大公约数算法是遍历法。循环变量 i 从 1 到最小那个数,用 x,y 同时去除以 i,如果能整除则赋值给 hcf;最后返回最大的 hcf(当然最后一次赋值最大)。

```
♯Filename : 4 - 1.py
♯定义一个函数
def hcf(x, y):
    """该函数返回两个数的最大公约数"""
    ♯获取最小值
    if x > y:
        smaller = y
    else:
        smaller = x
    for i in range(1,smaller + 1):
        if((x % i == 0) and (y % i == 0)):           ♯x,y同时整除i,则i是最大公约数
            hcf = i
    return hcf
♯用户输入两个数字
num1 = int(input("输入第一个数字: "))
num2 = int(input("输入第二个数字: "))
print( num1,"和", num2,"的最大公约数为", hcf(num1, num2))    ♯hcf(num1, num2)函数调用
```

程序运行结果为

```
输入第一个数字: 54
输入第二个数字: 24
54 和 24 的最大公约数为 6
```

4.1.3 Lambda 表达式

Lambda 表达式可以用来声明匿名函数,即没有函数名字的临时使用的小函数,只可以包含一个表达式,且该表达式的计算结果为函数的返回值,不允许包含其他复杂的语句,但在表达式中可以调用其他函数。

例如:

```
f = lambda x,y,z:x + y + z
print(f(1,2,3))
```

执行以上代码,输出结果为

```
6
```

代码等价于:

```
def f(x,y,z):
    return x + y + z
print(f(1,2,3))
```

可以将 Lambda 表达式作为列表的元素,从而实现跳转表的功能,也就是函数的列表。Lambda 表达式列表的定义方法如下。

列表名 = [(Lambda 表达式 1), (Lambda 表达式 2), …]

调用列表中 Lambda 表达式的方法如下。

列表名[索引](Lambda 表达式的参数列表)

例如:

```
L = [(lambda x:x ** 2),(lambda x:x ** 3),(lambda x:x ** 4)]
print(L[0](2),L[1](2),L[2](2))
```

程序分别计算并打印 2 的平方、立方和四次方。执行以上代码,输出结果为

```
4 8 16
```

4.1.4　函数的返回值

函数使用 return 返回值,也可以将 Lambda 表达式作为函数的返回值。

【**例 4-2**】　定义一个函数 math。当参数 k 等于 1 时返回计算加法的 Lambda 表达式;当参数 k 等于 2 时返回计算减法的 Lambda 表达式;当参数 k 等于 3 时返回计算乘法的 Lambda 表达式;当参数 k 等于 4 时返回计算除法的 Lambda 表达式。代码如下。

```
def math(k):
    if(k == 1):
        return lambda x,y : x + y
    if(k == 2):
        return lambda x,y : x - y
    if(k == 3):
        return lambda x,y : x * y
    if(k == 4):
        return lambda x,y : x/y
# 调用函数
action = math(1)                    # 返回加法 Lambda 表达式
print("10 + 2 = ",action(10,2))
action = math(2)                    # 返回减法 Lambda 表达式
print("10 - 2 = ",action(10,2))
action = math(3)                    # 返回乘法 Lambda 表达式
print("10 * 2 = ",action(10,2))
action = math(4)                    # 返回除法 Lambda 表达式
print("10/2 = ",action(10,2))
```

程序运行结果为

```
10 + 2 =  12
10 - 2 =  8
10 * 2 =  20
10/2 =  5.0
```

最后需要补充一点：Python 中函数是可以返回多个值的，如果返回多个值，会将多个值放在一个元组或者其他类型的集合中返回。

```
def function():
    x = 2
    y = [3,4]
    return(x,y)
print(function())
```

程序运行结果为

```
(2, [3, 4])
```

【例 4-3】　编写函数实现求字符串中大、小写字母的个数。

分析：需要返回大写、小写字母的个数，返回两个数，所以使用列表返回。

```
def demo(s):
    result = [0,0]
    for ch in s:
        if 'a'<= ch <= 'z':
            result[1] += 1
        elif 'A'<= ch <= 'Z':
            result[0] += 1
    return result                    #返回列表
print(demo('aaaabbbbC'))
```

程序运行结果为

```
[1, 8]
```

4.2　函数参数

视频讲解

在学习 Python 语言函数时，遇到的问题主要有形参和实参的区别、参数的传递和改变、变量的作用域。下面来逐一讲解。

4.2.1　函数形参和实参的区别

形参全称是形式参数，在用 def 关键字定义函数时函数名后面括号里的变量称作形式参数。实参全称为实际参数，在调用函数时提供的值或者变量称作实际参数。例如：

```
#这里的 a 和 b 就是形参
def add(a,b):
    return a + b
```

```
#下面是调用函数
add(1,2)                              #这里的 1 和 2 是实参
x = 2
y = 3
add(x,y)                              #这里的 x 和 y 是实参
```

4.2.2   参数的传递

在大多数高级语言中，对参数的传递方式这个问题的理解一直是一个难点和重点，因为它理解起来并不是那么直观明了，但是不理解的话在编写程序的时候又极其容易出错。下面来探讨一下 Python 中的函数参数的传递问题。

首先在讨论这个问题之前，需要明确的一点就是在 Python 中一切皆对象，变量中存放的是对象的引用。这个确实有点难以理解，一切皆对象？ 在 Python 中确实是这样，包括之前经常用到的字符串常量、整型常量都是对象。不信的话可以验证一下。

```
x = 2
y = 2
print(id(2))
print(id(x))
print(id(y))
z = 'hello'
print(id('hello'))
print(id(z))
```

运行结果为

```
1353830160
1353830160
1353830160
51231464
51231464
```

先解释一下函数 id() 的作用。id(object) 函数是返回对象 object 的 id 标识（在内存中的地址），id 函数的参数类型是一个对象，因此对于这个语句 id(2) 没有报错，就可以知道 2 在这里是一个对象。

从结果可以看出，id(x)、id(y) 和 id(2) 的值是一样的，id(z) 和 id('hello') 的值也是一样的。

在 Python 中一切皆对象，像 2、'hello' 这样的值都是对象，只不过 2 是一个整型对象，而 'hello' 是一个字符串对象。上面的 x=2，在 Python 中实际的处理过程是这样的：首先申请一段内存分配给一个整型对象来存储整型值 2，然后让变量 x 指向这个对象，实际上就是指向这段内存（这里有点儿和 C 语言中的指针类似）。而 id(2) 和 id(x) 的结果一样，说明 id 函数在作用于变量时，其返回的是变量指向的对象的地址。在这里可以将 x 看成对象 2 的一个引用。同理 y=2，所以变量 y 也指向这个整型对象 2，如图 4-1 所示。

下面就来讨论一下函数的参数传递这个问题。

在 Python 中参数传递采用的是值传递，这和 C 语言有点类似。绝大多数情况下，在函数内部直接修改形参的值不会影响实参。例如下面的示例。

图 4-1　两个变量引用同一个对象示意图

```
def addOne(a):
    a += 1
    print(a)                        #输出 4
a = 3
addOne(a)
print(a)                            #输出 3
```

在有些情况下,可以通过特殊的方式在函数内部修改实参的值,例如下面的代码。

```
def modify1(m,K):
    m = 2
    K = [4,5,6]
    return

def modify2(m,K):
    m = 2
    K[0] = 0                        #同时修改了实参的内容
    return
#主程序
n = 100
L = [1,2,3]
modify1(n,L)
print(n)
print(L)
modify2(n,L)
print(n)
print(L)
```

程序运行结果为

```
100
[1, 2, 3]
100
[0, 2, 3]
```

从结果可以看出,执行 modify1()之后,n 和 L 都没有发生任何改变;执行 modify2()后,n 还是没有改变,L 发生了改变。因为在 Python 中参数传递采用的是值传递方式,在执行函数 modify1()时,先获取 n 和 L 的 id()值,然后为形参 m 和 K 分配空间,让 m 和 K 分别指向对象 100 和对象[1,2,3]。m=2 让 m 重新指向对象 2,而 K=[4,5,6]让 K 重新指向对象[4,5,6]。这种改变并不会影响到实参 n 和 L,所以在执行 modify1()之后,n 和 L 没有发生任何改变。

在执行函数 modify2()时,同理,让 m 和 K 分别指向对象 2 和对象[1,2,3],然而 K[0]=0 让 K[0]重新指向了对象 0(注意,这里 K 和 L 指向的是同一段内存),所以对 K 指向的内存数据进行的任何改变也会影响到 L,因此在执行 modify2()后,L 发生了改变。执行 modify2()前后示意图如图 4-2 所示。

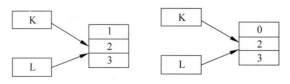

图 4-2　执行 modify2()前后示意图

下面两个例子也是函数内部修改实参的值。

```
def modify(v, item):                        #为列表增加元素
    v.append(item)
#主程序
a = [2]
modify(a,3)
print(a)                                    #输出为[2, 3]
```

程序运行结果为

```
[2, 3]
```

再如，修改字典元素值：

```
def modify(d):                              #修改字典元素值或为字典增加元素
    d['age'] = 38
#主程序
a = {'name':'Dong', 'age':37, 'sex':'Male'}
print(a)                                    #输出为{'age': 37, 'name': 'Dong', 'sex': 'Male'}
modify(a)
print(a)                                    #输出为{'age': 38, 'name': 'Dong', 'sex': 'Male'}
```

程序运行结果为

```
{'sex': 'Male', 'age': 37, 'name': 'Dong'}
{'sex': 'Male', 'age': 38, 'name': 'Dong'}
```

4.2.3　函数参数的类型

在 C 语言中，调用函数时必须依照函数定义时的参数个数以及类型来传递参数，否则将会发生错误，这是严格进行规定的。然而在 Python 中函数参数定义和传递的方式相比而言就灵活多了。

1. 默认值参数

默认值参数给函数参数提供默认值。例如：

```
def display(a = 'hello',b = 'world'):
    print(a + b)
#主程序
display()
display(b = 'world')
display(a = 'hello')
display('world')
```

程序运行结果为

```
helloworld
helloworld
helloworld
worldworld
```

在上面的代码中,分别给 a 和 b 指定了默认参数,即如果不给 a 或者 b 传递参数时,它们就分别采用默认值。在给参数指定了默认值后,如果传参时不指定参数名,则会从左到右依次进行传参,如 display('world')没有指定'world'是传递给 a 还是 b,则默认从左向右匹配,即传递给 a。

默认值参数如果使用不当,会导致很难发现的逻辑错误。

2. 关键字参数

前面接触到的那种函数参数定义和传递方式叫作位置参数,即参数是通过位置进行匹配的,从左到右依次进行匹配,这对参数的位置和个数都有严格的要求。而在 Python 中还有一种是通过参数名字来匹配的,不需要严格按照参数定义时的位置来传递参数,这种参数叫作关键字参数,避免了用户需要牢记位置参数顺序的麻烦。下面举两个例子。

```
def display(a,b):
    print(a)
    print(b)
#主程序
display('hello','world')
```

这段程序是想输出'hello world',可以正常运行。如果像下面这样写的话,结果可能就不是预期的样子了。

```
def display(a,b):
    print(a)
    print(b)
#主程序
display('hello')               #这样会报错,参数不足
display('world','hello')       #这样会输出'world hello'
```

可以看出,在 Python 中默认的是采用位置参数来传参。这样调用函数必须严格按照函数定义时的参数个数和位置来传参,否则将会出现预想不到的结果。下面这段代码采用的就是关键字参数。

```
def display(a,b):
    print(a)
    print(b)
```

下面代码达到的效果是相同的。

```
display(a = 'world',b = 'hello')
display(b = 'hello',a = 'world')
```

可以看到,通过指定参数名字传递参数的时候,参数位置对结果是没有影响的。

3. 任意个数参数

在定义函数时,一般情况下函数参数的个数是确定的,然而某些情况下是不能确定参数的个数的,如要存储某个人的名字和他的小名,某些人可能有两个或者更多个小名,此时无法确定参数的个数,只需在参数前面加上'＊'或者'＊＊'。

```
def storename(name, * nickName):
    print('real name is % s' % name)
    for nickname in nickName:
        print('小名',nickname)
#主程序
storename('张海')
storename('张海','小海')
storename('张海','小海','小豆豆')
```

程序运行结果为

```
real name is 张海
real name is 张海
小名 小海
real name is 张海
小名 小海
小名 小豆豆
```

'＊'和'＊＊'表示能够接受 0 到任意多个参数,'＊'表示将没有匹配的值都放在同一个元组中,'＊＊'表示将没有匹配的值都放在一个字典中。

假如使用'＊＊':

```
def demo( ** p):
    for item in p. items( ):
        print(item)
demo(x = 1,y = 2,z = 3)
```

程序运行结果为

```
('x', 1)
('y', 2)
('z', 3)
```

假如使用'＊':

```
def demo( * p):
    for item in p:
        print(item,end = " ")
demo(1,2,3)
```

程序运行结果为

```
1 2 3
```

4.2.4　变量的作用域

当引入函数的概念之后,就出现了变量作用域的问题。变量起作用的范围称为变量的作用域。一个变量在函数外部定义和在函数内部定义,其作用域是不同的。如果用特殊的关键字定义一个变量,也会改变其作用域。本节讨论变量的作用域规则。

1. 局部变量

在函数内定义的变量只在该函数内起作用,称为局部变量。它们与函数外具有相同名的其他变量没有任何关系,即变量名称对于函数来说是局部的。所有局部变量的作用域是它们被定义的块,从它们的名称被定义处开始。函数结束时,其局部变量被自动删除。下面通过一个例子说明局部变量的使用。

```
def fun():
    x = 3
    count = 2
    while count > 0:
        print(x)
        count = count − 1
fun()
print(x)        ♯错误: NameError: name 'x' is not defined
```

在函数 fun()中定义变量 x,在函数内部定义的变量作用域都仅限于函数内部,在函数外部是不能够调用的,所以在函数外 print(x)会出现错误提示。

2. 全局变量

还有一种变量叫作全局变量,它是在函数外部定义的,作用域是整个程序。全局变量可以直接在函数里面使用,但是如果要在函数内部改变全局变量值,必须使用 global 关键字进行声明。

```
x = 2                           ♯全局变量
def fun1():
    print(x, end = " ")
def fun2():
    global x                    ♯在函数内部改变全局变量值必须使用 global 关键字
    x = x + 1
    print(x, end = " ")
fun1()
fun2()
print(x, end = " ")
```

程序运行结果为

```
2 3 3
```

fun2()函数中如果没有 global x 声明的话,则编译器认为 x 是局部变量,而局部变量 x 又没有创建,从而出错。

在函数内部直接将一个变量声明为全局变量,而在函数外没有定义,在调用这个函数之后,将变量增加为新的全局变量。

如果一个局部变量和一个全局变量重名,则局部变量会"屏蔽"全局变量,也就是局部变量起作用。

视频讲解

🔑 4.3　闭包和函数的递归调用

4.3.1　闭包

在 Python 中,闭包(closure)指函数的嵌套。可以在函数内部定义一个嵌套函数,将嵌套函数视为一个对象,所以可以将嵌套函数作为定义它的函数的返回结果。

【例 4-4】　使用闭包的示例。

```
def func_lib():
    def add(x, y):
        return x + y
    return add                          ♯返回函数对象

fadd = func_lib()
print(fadd(1, 2))
```

在函数 func_lib()中定义了一个嵌套函数 add(x,y),并作为函数 func_lib()的返回值。外部的 func_lib()函数称为外函数,内部的 add()函数称为内函数。

程序运行结果为

```
3
```

4.3.2　函数的递归调用

1. 递归调用

函数在执行的过程中直接或间接调用自己本身,称为递归调用。Python 语言允许递归调用。

【例 4-5】　求 1～5 的平方和。

```
def f(x):
    if x == 1:                          ♯递归调用结束的条件
        return 1
    else:
        return(f(x - 1) + x * x)        ♯调用 f 函数本身
print(f(5))
```

在调用 f 函数的过程中,又调用了 f 函数,这是直接调用本函数。如果在调用 f1 函数过程中要调用 f2 函数,而在调用 f2 函数过程中又要调用 f1 函数,这是间接调用本函数,如图 4-3 所示。

从图 4-3 可以看到,递归调用都是无终止地调用自己。程序中不应该出现这种无止境的递归调用,而应该出现有限次数、有终止的递归调用。这可以使用 if 语句来控制,当满足某一条件时递归调用结束。例如,求 1～5 的平方和中递归调用结束的条件是 x=1。

【例 4-6】　键盘输入一个整数,求该数的阶乘。

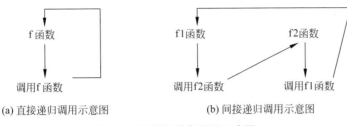

(a) 直接递归调用示意图　　　　　(b) 间接递归调用示意图

图 4-3　函数的递归调用示意图

根据求一个数 n 的阶乘的定义 n! ＝ n(n−1)!,可写成如下形式。

```
fac(n) = 1              n = 1
fac(n) = n * fac(n−1)      (n > 1)
```

程序如下。

```
def fac(n):
    if n == 1:                    # 递归调用结束的条件
        p = 1
    else:
        p = (fac(n−1) * n)        # 调用 fac 函数本身
    return p
x = int(input("输入一个正整数:"))
print(fac(x))
```

执行以上代码,输出结果为

```
输入一个正整数: 4 ↙
24
```

思考:根据递归的处理过程,若 fac() 函数中没有语句 if n == 1:p = 1;,程序的运行结果将如何?

2. 递归调用的执行过程

递归调用的执行过程分为递推过程和回归过程两部分。这两个过程由递归终止条件控制,即逐层递推,直至递归终止条件,然后逐层回归。递归调用同普通的函数调用一样利用了先进后出的栈结构来实现。每次调用时,在栈中分配内存单元保存返回地址以及参数和局部变量;而与普通的函数调用不同的是,由于递推的过程是一个逐层调用的过程,因此存在一个逐层连续的参数入栈过程,调用过程每调用一次自身,把当前参数压栈,每次调用时都首先判断递归终止条件,直到达到递归终止条件为止;接着回归过程不断从栈中弹出当前的参数,直到栈空返回到初始调用处为止。

图 4-4 显示了例 4-6 的递归调用过程。

注意:无论是直接递归还是间接递归都必须保证在有限次调用之后能够结束,即递归必须有结束条件并且递归能向结束条件发展。例如,fac() 函数中的参数 n 在递归调用中每次减 1,总可达到 n == 1 的状态而结束。

函数递归调用解决的问题,也可用非递归函数实现,例如例 4-6 中,可用循环实现求 n!。但在许多情形下如果不用递归方法,程序算法将十分复杂,很难编写。

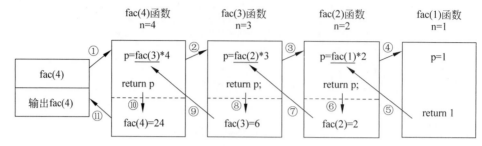

图 4-4　递归调用 n! 的执行过程

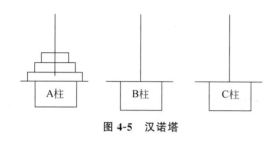

图 4-5　汉诺塔

下面的示例显示了递归设计技术的效果。

【例 4-7】　汉诺塔(Hanoi)问题。汉诺塔源自古印度,是非常著名的智力趣题,在很多算法书籍和智力竞赛中都有涉及。有 A、B、C 三根柱子(见图 4-5),A 柱上有 n 个大小不等的盘子,大盘在下,小盘在上。要求将所有盘子由 A 柱搬动到 C 柱上,每次只能搬动一个盘子,搬动过程中可以借助任何一根柱子,但必须满足大盘在下,小盘在上。

编程求解汉诺塔问题并打印出搬动的步骤。

分析:

① A 柱只有一个盘子的情况:A 柱→C 柱。

② A 柱有两个盘子的情况:小盘 A 柱→B 柱,大盘 A 柱→C 柱,小盘 B 柱→C 柱。

③ A 柱有 n 个盘子的情况:将此问题看成上面 n-1 个盘子和最下面第 n 个盘子的情况。n-1 个盘子 A 柱→B 柱,第 n 个盘子 A 柱→C 柱,n-1 个盘子 B 柱→C 柱。问题转换成搬动 n-1 个盘子的问题。同样,将 n-1 个盘子看成上面 n-2 个盘子和下面第 n-1 个盘子的情况,进一步转换为搬动 n-2 个盘子的问题,……,以此类推,一直到最后成为搬动一个盘子的问题。

这是一个典型的递归问题,递归结束于只搬动一个盘子。

算法可以描述如下。

① n-1 个盘子 A 柱→B 柱,借助于 C 柱。

② 第 n 个盘子 A 柱→C 柱。

③ n-1 个盘子 B 柱→C 柱,借助于 A 柱。

其中,步骤①和步骤③继续递归下去,直至搬动一个盘子为止。由此可以定义两个函数,一个是递归函数,命名为 hanoi(n, source, temp, target),实现将 n 个盘子从源柱 source 借助中间柱 temp 搬到目标柱 target;另一个命名为 move(source, target),用来输出搬动一个盘子的提示信息。

```python
def move(source, target):
    print(source, "==>", target)
def hanoi(n, source, temp, target):
    if(n == 1):
        move(source, target)
    else:
```

```
        hanoi(n-1,source,target,temp)      ♯将 n-1 个盘子搬到中间柱
        move(source,target)                 ♯将最后一个盘子搬到目标柱
        hanoi(n-1,temp,source,target)      ♯将 n-1 个盘子搬到目标柱
♯主程序
n = int(input("输入盘子数: "))
print(" 移动 ",n ," 个盘子的步骤是: ")
hanoi(n,'A','B','C')
```

执行以上代码,输出结果为

```
输入盘子数: 3 ↙
移动 3 个盘子的步骤是:
A = = > C
A = = > B
C = = > B
A = = > C
B = = > A
B = = > C
A = = > C
```

注意：计算一个数的阶乘的问题可以利用递归函数和非递归函数解决,对于汉诺塔问题,为其设计一个非递归程序却不是一件简单的事情。

🔑 4.4　内置函数

视频讲解

内置函数又称系统函数,或内建函数,是指 Python 本身所提供的函数,任何时候都可以使用。Python 常用的内置函数有数学运算函数、集合操作函数和字符串函数等。

4.4.1　数学运算函数

数学运算函数用于完成算术运算,如表 4-1 所示。

表 4-1　数学运算函数

函　数	具 体 说 明
abs(x)	求绝对值。参数可以是整型,也可以是复数；若参数是复数,则返回复数的模
complex([real[, imag]])	创建一个复数
divmod(a, b)	分别取商和余数。注意：整型、浮点型都可以
float(x)	将一个字符串或数转换为浮点数。如果无参数将返回 0.0
int([x[, base]])	将一个字符转换为 int 类型,base 表示进制
long([x[, base]])	将一个字符转换为 long 类型
pow(x, y)	返回 x 的 y 次幂
range([start], stop[, step])	产生一个序列,默认从 0 开始
round(x[, n])	四舍五入
sum(iterable[, start])	对集合求和
oct(x)	将一个数字转换为八进制
hex(x)	将整数 x 转换为十六进制字符串
chr(i)	返回整数 i 对应的 ASCII 字符

续表

函　　数	具 体 说 明
bin(x)	将整数 x 转换为二进制字符串
bool(x)	将 x 转换为 Boolean 类型
sin(x)	返回 x 弧度的正弦值
cos(x)	返回 x 弧度的余弦值
sqrt(x)	返回数字 x 的平方根

4.4.2　集合操作函数

集合操作函数用于完成对集合的操作，如表 4-2 所示。

表 4-2　集合操作函数

函　　数	具 体 说 明
enumerate(sequence[,start = 0])	返回一个可枚举的对象，该对象的 next()方法将返回一个 tuple
max(iterable[，args…][key])	返回集合中的最大值
min(iterable[，args…][key])	返回集合中的最小值
dict([arg])	创建数据字典
list([iterable])	将一个集合类转换为另外一个集合类
set()	set 对象实例化
frozenset([iterable])	产生一个不可变的 set
str([object])	转换为 string 类型
sorted(iterable)	集合排序
tuple([iterable])	生成一个 tuple 类型
len(s)	返回集合长度

4.4.3　字符串函数

常用的 Python 字符串操作如字符串的替换、删除、截取、复制、连接、比较、查找、分隔，具体字符串函数如表 4-3 所示。

表 4-3　字符串函数

方　　法	具 体 说 明
string. capitalize()	把字符串的第一个字符大写
string. count(str,beg＝0,end＝len(string))	返回 str 在 string 里面出现的次数，如果 beg 或者 end 指定则返回指定范围内 str 出现的次数
string. decode(encoding＝'UTF-8')	以 encoding 指定的编码格式解码 string
string. endswith(obj,beg＝0,end＝len(string))	检查字符串是否以 obj 结束，如果 beg 或者 end 指定则检查指定的范围内是否以 obj 结束，如果是返回 True，否则返回 False
string. find(str,beg＝0,end＝len(string))	检测 str 是否包含在 string 中，如果 beg 和 end 指定范围，则检查是否包含在指定范围内，如果是返回开始的索引值，否则返回—1
string. index(str,beg＝0,end＝len(string))	与 find()方法一样，只不过如果 str 不在 string 中会报一个异常

续表

方　　法	具　体　说　明
string.isalnum()	如果 string 至少有一个字符并且所有字符都是字母或数字则返回 True,否则返回 False
string.isalpha()	如果 string 至少有一个字符并且所有字符都是字母则返回 True,否则返回 False
string.isdecimal()	如果 string 只包含十进制数字则返回 True,否则返回 False
string.isdigit()	如果 string 只包含数字则返回 True,否则返回 False
string.islower()	如果 string 中包含至少一个区分大小写的字符,并且所有这些(区分大小写的)字符都是小写则返回 True,否则返回 False
string.isnumeric()	如果 string 中只包含数字字符则返回 True,否则返回 False
string.isspace()	如果 string 中只包含空格则返回 True,否则返回 False
string.istitle()	如果 string 是标题化的(见 title())则返回 True,否则返回 False
string.isupper()	如果 string 中包含至少一个区分大小写的字符,并且所有这些(区分大小写的)字符都是大写则返回 True,否则返回 False
string.join(seq)	以 string 作为分隔符,将 seq 中所有的元素(的字符串表示)合并为一个新的字符串
string.ljust(width)	返回一个原字符串左对齐,并使用空格填充至长度 width 的新字符串
string.lower()	转换 string 中所有大写字符为小写
string.lstrip()	截掉 string 左边的空格
max(str)	返回字符串 str 中最大的字母
min(str)	返回字符串 str 中最小的字母
string.replace(str1,str2,num)	把 string 中 str1 替换成 str2,如果 num 指定则替换不超过 num 次
string.rfind(str,beg=0,end=len(string))	类似于 find()函数,不过是从右边开始查找
string.rindex(str,beg=0,end=len(string))	类似于 index(),不过是从右边开始
string.rstrip()	删除 string 字符串末尾的空格
string.split(str="",num=string.count(str))	以 str 为分隔符切片 string,如果 num 有指定值,则仅分隔 num 个子字符串
string.startswith(obj,beg=0,end=len(string))	检查字符串是否是以 obj 开头,是则返回 True,否则返回 False。如果 beg 和 end 指定值,则在指定范围内检查
string.upper()	转换 string 中的小写字母为大写

例如,分隔和组合字符串函数应用示例。

```
str1 = "hello world Python";
list1 = str1.split(" ");          #按空格分隔字符串 str1,形成列表 list1
print(list1);                     #结果是['hello', 'world', 'Python']
str1 = "hello world\nPython";
list1 = str1.splitlines();        #按换行符分隔字符串 str1,形成列表 list1
print(list1);
list1 = ["hello", "world", "Python"]
str1 = "#"
print(str1.join(list1))           #用#连接列表元素形成字符串 str1
```

结果是：

```
['hello', 'world', 'Python']
['hello world', 'Python']
hello♯world♯Python
```

4.4.4　反射函数

反射函数主要用于获取对象的类型、标识、基类等操作，如表 4-4 所示。

表 4-4　反射函数

函　　数	具　体　说　明
getattr(object,name[,defalut])	获取一个类的属性
globals()	返回一个描述当前全局符号表的字典
hasattr(object,name)	判断对象 object 是否包含名为 name 的特性
hash(object)	如果对象 object 为哈希表类型，返回对象 object 的哈希值
id(object)	返回对象的唯一标识
isinstance(object,classinfo)	判断 object 是否是 class 的实例
issubclass(class,classinfo)	判断是否是子类
locals()	返回当前的变量列表
map(function,iterable,…)	遍历每个元素，执行 function 操作
memoryview(obj)	返回一个内存镜像类型的对象
next(iterator[,default])	类似于 iterator. next()
object()	基类
setattr(object,name,value)	设置属性值
repr(object)	将一个对象变换为可打印的格式
staticmethod	声明静态方法，是个注解
super(type[,object-or-type])	引用父类
type(object)	返回 object 的类型

4.4.5　IO 函数

IO 函数主要用于输入输出等操作，如表 4-5 所示。

表 4-5　IO 函数

函　　数	具　体　说　明
file(filename[,mode[,bufsize]])	file 类型的构造函数，作用为打开一个文件，如果文件不存在且 mode 为写或追加时，文件将被创建。添加'b'到 mode 参数中，将对文件以二进制形式操作。添加'＋'到 mode 参数中，将允许对文件同时进行读写操作。 (1) filename：文件名称。 (2) mode：'r'(读)、'w'(写)、'a'(追加)。 (3) bufsize：如果为 0 表示不进行缓冲，如果为 1 表示进行缓冲，如果是一个大于 1 的数表示缓冲区的大小
input([prompt])	获取用户输入，输入都作为字符串处理
open(name[,mode[,buffering]])	打开文件，推荐使用 open
print()	打印函数

🔑 4.5　模块和包

模块(module)能够有逻辑地组织 Python 代码段。把相关的代码分配到一个模块里能让代码更好用、更易懂。简单地说,模块就是一个保存了 Python 代码的文件。模块里能定义函数、类和变量。

在 Python 中模块和 C 语言中的头文件以及 Java 中的包很类似,比如在 Python 中要调用 sqrt 函数,必须用 import 关键字引入 math 这个模块。下面就来学习 Python 中的模块。

4.5.1　import 导入模块

1. 导入模块方式

在 Python 中用关键字 import 来导入某个模块。方式如下。

```
import 模块名                          ♯导入模块
```

例如,要引用模块 math,就可以在文件最开始的地方用 import math 来导入。
在调用模块中的函数时,必须这样调用:

```
模块名.函数名
```

例如:

```
import math                          ♯导入 math 模块
print("50 的平方根: ", math.sqrt(50))
y = math.pow(5,3)
print("5 的 3 次方: ",y)              ♯5 的 3 次方
```

为什么必须加上模块名这样调用呢？因为可能存在这样一种情况:在多个模块中含有相同名称的函数,此时如果只是通过函数名来调用,解释器无法知道到底要调用哪个函数。所以如果像上述这样导入模块的时候,调用函数必须加上模块名。

有时候只需要用到模块中的某个函数,则只需要引入该函数即可,此时可以通过语句:

```
from 模块名 import 函数名 1,函数名 2,…
```

通过这种方式引入的时候,调用函数时只能给出函数名,不能给出模块名,但是当两个模块中含有相同名称函数的时候,后面一次引入会覆盖前一次引入。

也就是说,假如模块 A 中有函数 fun,在模块 B 中也有函数 fun,如果引入 A 中的 fun 在先、B 中的 fun 在后,那么当调用 fun 函数的时候,会去执行模块 B 中的 fun 函数。

如果想一次性导入 math 中所有项目,可以通过:

```
from math import *
```

这提供了一个简单的方式来导入模块中的所有项目,然而不建议过多地使用这种方式。

2. 模块位置的搜索顺序

导入一个模块时,Python解析器对模块位置的搜索顺序如下。

(1) 当前目录。

(2) 如果不在当前目录,Python则搜索在Python PATH环境变量下的每个目录。

(3) 如果都找不到,Python会查看由安装过程决定的默认目录。

模块搜索路径存储在system模块的sys.path变量中。变量里包含当前目录、Python PATH和由安装过程决定的默认目录。

例如:

```
>>> import sys
>>> print(sys.path)
```

输出结果:

```
['','D:\\Python\\Python35 - 32\\Lib\\idlelib', 'D:\\Python\\Python35 - 32\\python35.zip', 'D:
\\Python\\Python35 - 32\\DLLs', 'D:\\Python\\Python35 - 32\\lib', 'D:\\Python\\Python35 - 32',
'D:\\Python\\Python35 - 32\\lib\\site - packages']
```

3. 列举模块内容

dir(模块名)函数返回一个排好序的字符串列表,内容是模块里定义的变量和函数。

例如,如下一个简单的实例:

```
import math                                ＃导入 math 模块
content = dir(math)
print(content)
```

输出结果:

```
['__doc__', '__loader__', '__name__', '__package__', '__spec__', 'acos', 'acosh', 'asin', 'asinh',
'atan', 'atan2', 'atanh', 'ceil', 'copysign', 'cos', 'cosh', 'degrees', 'e', 'erf', 'erfc', 'exp',
'expm1', 'fabs', 'factorial', 'floor', 'fmod', 'frexp', 'fsum', 'gamma', 'gcd', 'hypot', 'inf',
'isclose', 'isfinite', 'isinf', 'isnan', 'ldexp', 'lgamma', 'log', 'log10', 'log1p', 'log2', 'modf',
'nan', 'pi', 'pow', 'radians', 'sin', 'sinh', 'sqrt', 'tan', 'tanh', 'trunc']
```

在这里,特殊字符串变量__name__指模块的名字,__file__指该模块所在文件名,__doc__指该模块的文档字符串。

4.5.2　定义自己的模块

在Python中,每个Python文件都可以作为一个模块,模块的名字就是文件的名字。

例如有这样一个文件fibo.py,在fibo.py中定义了三个函数add()、fib()、fib2():

```
＃fibo.py
＃斐波那契(fibonacci)数列模块
def fib(n):                                ＃定义 n 的斐波那契数列
    a, b = 0, 1
```

```
    while b < n:
        print(b, end = ' ')
        a, b = b, a + b
    print()
def fib2(n):                        #返回 n 的斐波那契数列
    result = []
    a, b = 0, 1
    while b < n:
        result.append(b)
        a, b = b, a + b
    return result
def add(a,b):
    return a + b
```

那么,在其他文件(如 test.py)中就可以如下使用:

```
#test.py
import fibo
```

加上模块名称来调用函数:

```
fibo.fib(1000)          #结果是 1 1 2 3 5 8 13 21 34 55 89 144 233 377 610 987
fibo.fib2(100)          #结果是[1, 1, 2, 3, 5, 8, 13, 21, 34, 55, 89]
fibo.add(2,3)           #结果是 5
```

当然,也可以通过 from fibo import add,fib,fib2 来引入。

直接使用函数名来调用函数:

```
fib(500)                #结果是 1 1 2 3 5 8 13 21 34 55 89 144 233 377
```

列举 fibo 模块中定义的属性列表:

```
import fibo
dir(fibo)               #得到自定义模块 fibo 中定义的变量和函数
```

输出结果:

```
['__name__', 'fib', 'fib2', 'add']
```

下面学习一些常用标准模块。

4.5.3　time 模块

在 Python 中,通常用以下两种方式来表示时间。

(1) 时间戳,是从 1970 年 1 月 1 日 00:00:00 开始到现在的秒数。

(2) 时间元组 struct_time,其中共有 9 个元素:tm_year(年,如 2011),tm_mon(月),tm_mday(日),tm_hour(小时,0~23),tm_min(分,0~59),tm_sec(秒,0~59),tm_wday(星期,0~6,0 表示周日),tm_yday(一年中的第几天,1~366),tm_isdst(是否是夏令时,默认为 1,即夏令时)。

time 模块中既有时间处理的函数,也有转换时间格式的函数,如表 4-6 所示。

表 4-6   time 模块中的函数

函　　数	具　体　说　明
time. asctime([tupletime])	接收时间元组并返回一个可读的形式为" Tue Dec 11 18：07：14 2008"（2008 年 12 月 11 日 周二 18 时 07 分 14 秒）的 24 个字符的字符串
time. clock()	以浮点数计算的秒数，返回当前的 CPU 时间。用来衡量不同程序的耗时，比 time. time()更有用
time. ctime([secs])	作用相当于 asctime(localtime(secs))，获取当前时间字符串
time. gmtime([secs])	接收时间戳（1970 纪元后经过的浮点秒数）并返回时间元组 t
time. localtime([secs])	接收时间戳（1970 纪元后经过的浮点秒数）并返回当地时间的时间元组 t
time. mktime(tupletime)	接收时间元组并返回时间戳（1970 纪元后经过的浮点秒数）
time. sleep(secs)	推迟调用线程的运行，secs 指秒数
time. strftime(fmt[,tupletime])	接收时间元组，并返回以可读字符串表示的当地时间，格式由 fmt 决定
time. strptime(str,fmt＝'%a %b %d %H:%M:%S %Y')	根据 fmt 的格式把一个时间字符串解析为时间元组
time. time()	返回当前时间的时间戳（1970 纪元后经过的浮点秒数）

例如：

```
>>> import time
>>> time.localtime()                        #将当前时间转换为 struct_time 时间元组
    time.struct_time(tm_year = 2016, tm_mon = 7, tm_mday = 30, tm_hour = 10, tm_min = 52, tm_
sec = 45, tm_wday = 5, tm_yday = 212, tm_isdst = 0)
>>> time.localtime(1469847200.2749472)      #将时间戳转换为 struct_time 时间元组
    time.struct_time(tm_year = 2016, tm_mon = 7, tm_mday = 30, tm_hour = 10, tm_min = 53, tm_
sec = 20, tm_wday = 5, tm_yday = 212, tm_isdst = 0)
>>> time.time()                             #返回当前时间的时间戳,是一个浮点数
    1469847200.2749472
>>> time.mktime(time.localtime())           #将一个 struct_time 转换为时间戳
    1469847200.2749472
>>> time.strptime('2016 - 05 - 05 16:37:06', '%Y - %m - %d %X')
                                            #把一个格式化时间字符串转换为 struct_time
    time.struct_time(tm_year = 2016, tm_mon = 5, tm_mday = 5, tm_hour = 16, tm_min = 37, tm_sec = 6,
tm_wday = 3, tm_yday = 126, tm_isdst = - 1)
#把一个时间元组 struct_time(如由 time.localtime()和 time.gmtime()返回)转换为格式化的时间
字符串
>>> time.strftime("%Y - %m - %d %X", time.localtime())
    '2016 - 07 - 30 10:58:01'
```

4.5.4   calendar 模块

此模块的函数都是日历相关的，例如，打印某月的字符月历。星期一是默认的每周第一天，星期天是默认的最后一天。更改设置需调用 calendar. setfirstweekday()函数。模块包

含的函数如表 4-7 所示。

表 4-7 calendar 模块的函数

函 数	具 体 说 明
calendar(year,w=2,l=1,c=6)	返回一个多行字符串格式的年历,三个月一行,间隔距离为 c。每日宽度间隔为 w 字符。每行长度为 21w+18+2c。l 是每星期的行数
firstweekday()	返回当前每周起始日期的设置。默认情况下,首次载入 calendar 模块时返回 0,即星期一
isleap(year)	是闰年返回 True,否则为 False
leapdays(y1,y2)	返回在 y1,y2 之间的闰年总数
month(year,month,w=2,l=1)	返回一个多行字符串格式的年月日历,两行标题,一周一行。每日宽度间隔为 w 字符。每行的长度为 7w+6。l 是每星期的行数
monthcalendar(year,month)	返回一个整数的单层嵌套列表。每个子列表装载代表一个星期的整数。year 年 month 月外的日期都设为 0;范围内的日子都由该月第几日表示,从 1 开始
monthrange(year,month)	返回两个整数。第一个是该月的星期几的日期码,第二个是该月的日期码。日从 0(星期一)到 6(星期日);月从 1 到 12
setfirstweekday(weekday)	设置每周的起始日期码:0(星期一)~6(星期日)
timegm(tupletime)	和 time.gmtime 相反;接收一个时间元组形式,返回该时刻的时间戳(1970 纪元后经过的浮点秒数)
weekday(year,month,day)	返回给定日期的日期码:0(星期一)~6(星期日)。月份为 1(1 月)~12(12 月)

4.5.5 random 模块

随机数可以用于数学、游戏等领域中,还经常被嵌入算法中,用以提高算法效率,并提高程序的安全性。随机数函数在 random 模块中,常用随机数函数如表 4-8 所示。

表 4-8 Python 随机数函数

函 数	具 体 说 明
random. choice(seq)	从序列的元素中随机挑选一个元素,如 random. choice(range(10)),从 0 到 9 中随机挑选一个整数
random. randrange ([start,] stop [,step])	从指定范围内按指定 step 递增的集合中获取一个随机数,step 默认值为 1,如 random. randrange(6),从 0 到 5 中随机挑选一个整数
random. random()	随机生成一个实数,范围为[0,1)
random. seed([x])	改变随机数生成器的种子 seed。如果不了解其原理,不必特别去设定 seed,Python 会帮你选择 seed
random. shuffle(list)	将序列的所有元素随机排序
random. uniform(x, y)	随机生成一个实数,范围为[x,y]

4.5.6 math 模块和 cmath 模块

math 模块实现了许多对浮点数的数学运算函数,这些函数一般是对 C 语言库中同名函数的简单封装。math 模块的数学运算函数如表 4-9 所示。

表 4-9   math 模块的数学运算函数

函　　数	具　体　说　明
math. e	自然常数 e
math. pi	圆周率 pi
math. degrees(x)	弧度转度
math. radians(x)	度转弧度
math. exp(x)	返回 e 的 x 次方
math. expml(x)	返回 e 的 x 次方减 1
math. log(x[,base])	返回 x 的以 base 为底的对数,base 默认为 e
math. log10(x)	返回 x 的以 10 为底的对数
math. pow(x,y)	返回 x 的 y 次方
math. sqrt(x)	返回 x 的平方根
math. ceil(x)	返回不小于 x 的整数
math. floor(x)	返回不大于 x 的整数
math. trunc(x)	返回 x 的整数部分
math. modf(x)	返回 x 的小数和整数
math. fabs(x)	返回 x 的绝对值
math. fmod(x,y)	返回 x%y(取余)
math. factorial(x)	返回 x 的阶乘
math. hypot(x,y)	返回以 x 和 y 为直角边的斜边长
math. copysign(x,y)	若 y<0,返回-1 乘以 x 的绝对值;否则,返回 x 的绝对值
math. ldexp(m,i)	返回 m 乘以 2 的 i 次方
math. sin(x)	返回 x(弧度)的三角正弦值
math. asin(x)	返回 x 的反三角正弦值
math. cos(x)	返回 x(弧度)的三角余弦值
math. acos(x)	返回 x 的反三角余弦值
math. tan(x)	返回 x(弧度)的三角正切值
math. atan(x)	返回 x 的反三角正切值
math. atan2(x,y)	返回 x/y 的反三角正切值

例如:

```
>>> import math
>>> math.pow(5,3)              # 结果 125.0
>>> math.sqrt(3)               # 结果 1.7320508075688772
>>> math.ceil(5.2)             # 结果 6.0
>>> math.floor(5.8)            # 结果 5.0
>>> math.trunc(5.8)            # 结果 5
```

另外,在 Python 中 cmath 模块包含一些用于复数运算的函数。cmath 模块的函数与 math 模块函数基本一致,区别是 cmath 模块运算的是复数,math 模块运算的是数学运算。

```
>>> import cmath
>>> cmath.sqrt(-1)             # 结果 1j
>>> cmath.sqrt(9)             # 结果(3+0j)
>>> cmath.sin(1)             # 结果(0.8414709848078965+0j)
>>> cmath.log10(100)          # 结果(2+0j)
```

4.5.7　包

在创建许多模块后,可能希望将某些功能相近的模块文件组织在同一文件夹下,这里就需要运用包的概念。通常包是一个文件夹,需要注意的是,该文件夹必须存在__init__.py文件,否则 Python 就把这个文件夹当成普通文件夹,而不是一个包。

包里是一些模块文件和子文件夹,假如子文件夹中也有 __init__.py,那么它就是这个包的子包。__init__.py(文件内容可以为空)一般用来进行包的某些初始化工作或者设置__all__列表变量,__all__是在 from 包名 import * 这个语句中使用的,__all__列表变量包含的模块名字的列表将作为被导入的模块列表。

从包中导入模块时使用"包名.模块名"方式即可。例如,pg1 文件夹下有 3 个文件,分别是__init__.py、ModuleA.py 和 fibo.py。结构如下。

```
pg1
| -- __init__.py
| -- ModuleA.py
| -- fibo.py
```

如果要导入 pg1 包下的 ModuleA、fibo 模块,那么在其他文件(如 test.py)中就可以如下使用。

```
# test.py
import pg1.ModuleA
import pg1.fibo
```

使用时必须使用全路径名加上模块名称来调用函数。

```
pg1.fibo.fib(1000)          # 结果是 1 1 2 3 5 8 13 21 34 55 89 144 233 377 610 987
pg1.fibo.fib2(100)          # 结果是[1, 1, 2, 3, 5, 8, 13, 21, 34, 55, 89]
```

也可以直接导入模块中的函数,使用方式如下。

```
from 包名.子包名.模块名 import 函数名
from 包名.子包名.模块名 import *
```

例如,文件(如 test.py)中:

```
from pg1.fibo import fib
from pg1.fibo import *
fib(1000)                   # 直接使用函数名来调用函数
```

注意:使用 from packge import * 时,如果包的__init__.py 定义了一个名为__all__的列表变量,它包含的模块名字的列表将作为被导入的模块列表。如果没有定义__all__,这条语句不会导入所有的 package 子模块,它只保证包 package 被导入,然后导入定义在包中的所有变量。

🔑 4.6　函数和字典综合应用案例——通讯录程序

用字典存储数据,实现一个具有基本功能的通讯录,即具有查询、更新、删除联系人信息功能。具体功能要求如下。

(1) 查询全部联系人信息：显示所有联系人电话信息。

(2) 查询联系人：输入姓名，可以查询当前通讯录中的联系人信息。若联系人存在，则输出联系人信息；若不存在，则输出"联系人不存在"。

(3) 插入联系人：可以向通讯录中新建联系人，若联系人已经存在，则询问是否修改联系人信息；若不存在，则新建联系人。

(4) 删除联系人：可以删除联系人，若联系人不存在，则告知。

案例代码如下。

```python
print("| --- 欢迎进入通讯录程序 --- |")
print("| --- 1: 查询全部联系人 --- |")
print("| --- 2: 查询特定联系人 --- |")
print("| --- 3: 更新联系人信息 --- |")
print("| --- 4: 插入新的联系人 --- |")
print("| --- 5: 删除已有联系人 --- |")
print("| --- 6: 清除全部联系人 --- |")
print("| --- 7: 退出通讯录程序 --- |")
print("")
#构建字典,存储联系人信息
dict = {'潘明': '13988887777', '张海虹': '13866668888', '吕京': '13143211234',
        '赵雪': '13000112222', '刘飞': '13344556655'}
#定义各功能函数
#查询所有联系人信息
def queryAll():
    if dict == {}:
        print('通讯录无任何联系人信息')
    else:
        i = 1
        for key, value in dict.items():
            print("{0} 姓名: {1},电话号码: {2}".format(i,key,value))
            i = i + 1
#查询一个联系人信息
def queryOne():
    name = input('请输入要查询的联系人姓名: ')
    print(name + ":" + dict.get(name, '联系人不存在'))
def update():
    name = input('请输入要修改的联系人姓名: ')
    if(name in dict):
        value = input("请输入电话号码: ")
        dict[name] = value
    else:
        print("联系人不存在")
#插入一个新联系人
def insertOne():
    name = input('请输入要插入的联系人姓名: ')
    if(name in dict):
        print("您输入的姓名在通讯录中已存在" + "-->>" + name + ":" + dict[name])
        iis = input("输入'Y'修改用户资料,输入其他字符结束插入联系人")
        if iis in ['YES','yes','Y','y','Yes']:
            value = input("请输入电话号码: ")
            dict[name] = value
    else:
        value = input("请输入电话号码: ")
        dict[name] = value
```

```
#删除一个联系人
def deleteOne():
    name = input("请输入联系人姓名")
    value = dict.pop(name,'联系人不存在')
    if value == '联系人不存在':
        print("联系人不存在")
    else:
        print("联系人" + name +"已删除" )
#清空通讯录
def  clearAll():
    cis = input("提示:确认清空通讯录吗?确认操作输入'Y',输入其他字符退出")
    if cis in ['YES', 'yes', 'Y', 'y', 'Yes']:
        dict.clear()
#构建无限循环,实现重复操作
while True:
    n = input("请根据菜单输入操作序号: ")
    if(n == '1'):
        queryAll()
    elif(n == '2'):
        queryOne()
    elif(n == '3'):
        update()
    elif(n == '4'):
        insertOne()
    elif(n == '5'):
        deleteOne()
    elif(n == '6'):
        clearAll()
    elif(n == '7'):
        print("|--- 感谢使用通讯录程序 ---|")
        print("")
        break                          #结束循环,退出程序
```

🔑 实验四　函数的定义和使用

一、实验目的

通过本实验,学习在程序设计中运用函数解决实际问题,体会使用函数在提高代码可读性以及程序开发效率方面的重要性。

二、实验要求

(1)掌握定义函数和调用函数的方法。

(2)掌握函数实参与形参的对应关系,以及传递的方法。

(3)理解函数的嵌套调用,局部变量和全局变量区别。

三、实验内容与步骤

(1)编写程序,输出所有两位数中的素数。

分析：本实验要求用函数实现。要找出 10～99 的所有素数，需要对这个范围内的每一个数都进行是否为素数的判断。定义一个函数 prime()，判断一个数 x 是否为素数，在主函数 main() 中调用 prime() 函数，实现输出所有两位素数。

```python
def prime(x):                    # 判断 x 是否为素数,函数返回值为布尔型
    flag = True                  # flag 初始化为 True,假设 x 是素数
    for i in range(2,x):
        if x % i == 0:
            flag = False
            break
    return flag                  # 循环后,flag 的值决定 x 是否素数,返回 flag
# 主程序
for n in range(10,100):
    if prime(n) == True:
        print(n,end = ",")       # 在条件中调用 prime 函数
```

思考问题：函数调用 prime(n)==True 出现在 if 条件中，该条件还可以怎样表示？

在程序的自定义函数 prime() 中，通过变量 flag 的取值为 True 或 False 决定形参 x 是否为素数，并将 flag 作为函数值返回。在实际应用中，也可以采用程序 2 的方法，prime() 函数不返回值，当 flag 为 True 时，直接输出素数 x。

程序 2：

```python
def prime(x):                    # 判断 x 是否为素数,函数返回值为布尔型
    flag = True                  # flag 初始化为 True,假设 x 是素数
    for i in range(2,x):
        if x % i == 0:
            flag = False
            break
    if flag:
        print(x,end = ",")       # 循环后,flag 的值决定 x 是否为素数
# 主程序
for n in range(10,100):
    prime(n)
```

（2）输入两个非负整数 m 和 n，编写函数计算组合数 C_n^m。

分析：求组合数的公式为 $C_n^m = \dfrac{n!}{m!(n-m)!}$。把求阶乘与求组合数分别定义为函数 fact 和函数 comb。在求组合数函数 comb 中多次调用求阶乘函数 fact，这就是函数的嵌套调用。

程序如下。

```python
def fact(n):                     # 定义 fact 函数,求 n!
    p = 1
    for i in range(2,n + 1):
        p = p * i
    return p
def comb(m,n):                   # 定义 comb 函数,求组合数
    return fact(n)/(fact(m) * fact(n - m));   # 嵌套调用 fact 函数
# 主程序
m = int(input("请输入 m:"))
n = int(input("请输入 n:"))
print(" % d" % comb(m,n))
```

思考问题：程序中哪个语句体现了函数的嵌套调用？

（3）查找列表和元组中以 a 或 A 开头并且以 c 结尾的所有元素。

分析：使用字符串相关函数 startswith() 判断以 a 或 A 开头，endswith() 判断以 c 结尾。

```python
li = ["alec", "aric", "Alex", "Tony", "rain"]
tu = ("alec", "aric", "Alex", "Tony", "rain")
dic = {'k1': "alex", 'k2': 'aric', "k3": "Alex", "k4": "Tony"}
list1 = list(tu)
list2 = list(dic.values())
newlist = li + list1 + list2
for i in newlist:
    ret = i.strip()                        #i.strip():删除字符串当前行首尾的空格
    if(ret.startswith('a') or ret.startswith('A')) and ret.endswith('c'):
        print(ret)
```

输出结果：

```
alec
aric
alec
aric
aric
```

注意：列表可以直接相加，变成另一个全新的列表。

（4）输入一个正整数 n(n≥2)，用递归方法对 n 分解质因数。例如，输入 50，输出 50＝2 * 5 * 5。

分析：对 n 分解质因数，可以按如下步骤进行。

（1）从最小的质因数 k＝2 开始。

（2）如果 n 能整除 k，则打印出 k，并且把 n/k 的值作为新的 n，重复此步骤。

（3）如果 n 不能整除 k，则 k＋1，重复执行步骤（2）；直到 k＝n 结束。

```python
n = int(input("输入任意一个正整数:"))
print(n, end = ' = ')
for k in range(2, n + 1):
    while n % k == 0:
        if n != k:
            n = n/k
            print("%d * " % k, end = "")
        else:                              #最后一个因子,其后不输出 *
            n = n/k
            print("%d" % k)
```

四、编程并上机调试

（1）编写程序，输入一个正整数 n，统计 n 以内有多少对孪生素数。孪生素数指两个素数相差为 2，例如，3 和 5、5 和 7、11 和 13 等都是孪生素数。

（2）定义一个函数，判断一个数是否为玫瑰花数（玫瑰花数是一个 4 位数，该 4 位数各位数字的 4 次方和恰好等于该数本身，如 $1634 = 1^4 + 6^4 + 3^4 + 4^4$）。在主函数中调用该函数,输出所有的玫瑰花数并统计个数。

　　(3) 编写函数,实现统计字符串中单词的个数并返回。

　　(4) 编写函数,获取斐波那契数列第 n 项的值。

　　(5) 编写函数,计算传入的字符串中数字和字母的个数并返回。

🔑 习题

　　1. 编写一个函数,将华氏温度转换为摄氏温度,温度转换公式为 $C=(F-32)\times5/9$。

　　2. 编写一个函数,判断一个数是否为素数,并通过调用该函数求出所有三位数的素数。

　　3. 编写一个函数,求满足以下条件的最大的 n 值。

$$1^2 + 2^2 + 3^2 + 4^2 + \cdots + n^2 < 1000$$

　　4. 编写函数 multi(),参数个数不限,返回所有参数的乘积。

　　5. 编写一个函数,求两个正整数 m 和 n 的最大公约数。

　　6. 编写一个函数,求方程 $ax^2+bx+c=0$ 的根,用三个函数分别求当 b^2-4ac 大于 0、等于 0 和小于 0 时的根,并输出结果。其中,要求从主函数输入 a,b,c 的值。

　　7. 编写一个函数,调用该函数能够打印一个由指定字符组成的 n 行金字塔。其中,要求打印的字符和行数 n 分别由两个形参表示。

　　8. 编写一个判断完数的函数。完数是指一个数恰好等于它的因子之和,如 $6=1+2+3$,6 就是完数。

　　9. 编写一个将十进制数转换为二进制数的函数。

第5章

Python文件的使用

CHAPTER

在程序运行时，数据保存在内存的变量里。内存中的数据在程序结束或关机后就会消失。如果想要在下次开机运行程序时还使用同样的数据，就需要把数据存储在不易失的存储介质中，如硬盘、光盘或 U 盘。不易失存储介质上的数据保存在以存储路径命名的文件中。通过读/写文件，程序就可以在运行时保存数据。在本章中，要学习使用 Python 在磁盘上创建、读写以及关闭文件。本章只讲述基本的文件操作函数，更多函数请参考 Python 标准文档。

视频讲解

🔑 5.1 文件

简单地说,文件是由字节组成的信息,在逻辑上具有完整意义,通常在磁盘上永久保存。Windows 系统的数据文件按照编码方式分为两大类:文本文件和二进制文件。文本文件可以处理各种语言所需的字符,只包含基本文本字符,不包括诸如字体、字号、颜色等信息。它可以在文本编辑器和浏览器中显示,即在任何情况下,文本文件都是可读的。

使用其他编码方式的文件即二进制文件,如 Word 文档、PDF、图像和可执行程序等。如果用文本编辑器打开一个 JPG 文件或 Word 文档,会看到一堆乱码,如图 5-1 所示。也就是说,每种二进制文件都需要自己的处理程序才能打开并操作。

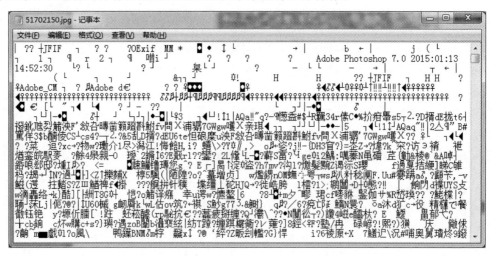

图 5-1   文本编辑器 Notepad 打开 JPG 文件的显示效果

在本章中,重点学习文本文件的操作。当然,二进制文件也可以使用 Python 提供的模块进行处理。

视频讲解

🔑 5.2 文件的访问

对文件的访问是指对文件进行读/写操作。使用文件与人们平时生活中使用记事本很相似。使用记事本时,需要先打开本子,使用后要合上它。打开记事本后,既可以读取信息,也可以向本子里写入信息。不管哪种情况,都需要知道在哪里进行读/写。在记事本中,既可以一页页从头到尾地读,也可以直接跳转到需要的地方。

在 Python 中,对文件的操作通常按照以下三个步骤进行。

(1) 使用 open()函数打开(或建立)文件,返回一个 file 对象。

(2) 使用 file 对象的读/写方法对文件进行读/写的操作。其中,将数据从外存传输到内存的过程称为读操作,将数据从内存传输到外存的过程称为写操作。

(3) 使用 file 对象的 close()方法关闭文件。

5.2.1　打开(建立)文件

在 Python 中要访问文件,必须打开 Python Shell 与磁盘上文件之间的连接。当使用 open()函数打开或建立文件时,会建立文件和使用它的程序之间的连接,并返回代表连接的文件对象。通过文件对象,就可以在文件所在磁盘和程序之间传递文件内容,执行文件上所有后续操作。文件对象有时也称为文件描述符或文件流。

当建立了 Python 程序和文件之间的连接后,就创建了"流"数据,如图 5-2 所示。通常程序使用输入流读出数据,使用输出流写入数据,就好像数据流入程序并从程序中流出。打开文件后,才能读或写(或读并且写)文件内容。

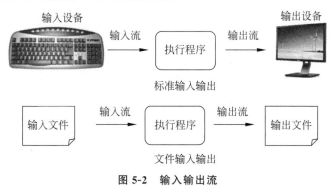

图 5-2　输入输出流

open()函数用来打开文件。open()函数需要一个字符串路径,表明希望打开文件,并返回一个文件对象。语法如下。

```
fileobj = open(filename[,mode[,buffering]])
```

其中,fileobj 是 open()函数返回的文件对象;参数 filename 文件名是必选参数,它既可以是绝对路径,也可以是相对路径;mode(模式)和 buffering(缓冲)是可选参数。

mode 是指明文件类型和操作的字符串,可以使用的值如表 5-1 所示。

表 5-1　open 函数中 mode 参数常用值

值	描　　述
'r'	读模式,如果文件不存在,则发生异常
'w'	写模式,如果文件不存在,则创建文件再打开;如果文件存在,则清空文件内容再打开
'a'	追加模式,如果文件不存在,则创建文件再打开;如果文件存在,则打开文件后将新内容追加至原内容之后
'b'	二进制模式,可添加到其他模式中使用
'+'	读/写模式,可添加到其他模式中使用

说明:

(1) 当 mode 参数省略时,可以获得能读取文件内容的文件对象,即'r'是 mode 参数的默认值。

(2) '+'参数指明读和写都是允许的,可以用到其他任何模式中。例如,'r+'可以打开一个文本文件并读写。

(3) 'b'参数改变处理文件的方法。通常,Python 处理的是文本文件。当处理二进制文件时(如声音文件或图像文件),应该在模式参数中增加'b'。例如,可以用'rb'来读取一个二进制文件。

open 函数的第三个参数 buffering 控制缓冲。当参数取 0 或 False 时,输入输出 I/O 是无缓冲的,所有读写操作直接针对硬盘。当参数取 1 或 True 时,I/O 有缓冲,此时 Python 使用内存代替硬盘,使程序运行速度更快,只有使用 flush 或 close 时才会将数据写入硬盘。当参数大于 1 时,表示缓冲区的大小,以字节为单位;负数表示使用默认缓冲区大小。

下面举例说明 open 函数的使用。

先用记事本创建一个文本文件,取名为 hello.txt。输入以下内容并保存在文件夹 d:\python 中。

```
Hello!
Henan   Zhengzhou
```

在交互式环境中输入以下代码。

```
>>> helloFile = open("d:\\python\\hello.txt")
```

这条命令将以读取文本文件的方式打开 D 盘 Python 文件夹下的 hello 文件。"读模式"是 Python 打开文件的默认模式。当文件以读模式打开时,只能从文件中读取数据而不能向文件写入或修改数据。

当调用 open()函数时将返回一个文件对象,在本例中文件对象保存在 helloFile 变量中。

```
>>> print(helloFile)
<_io.TextIOWrapper name = 'd:\\python\\hello.txt' mode = 'r' encoding = 'cp936'>
```

打印文件对象时可以看到文件名、读/写模式和编码格式。cp936 就是指 Windows 系统里第 936 号编码格式,即 GB2312 的编码。接下来就可以调用 helloFile 文件对象的方法读取文件中的数据了。

5.2.2　读取文本文件

可以调用文件 file 对象的多种方法读取文件内容。

1. read()方法

不设置参数的 read()方法将整个文件的内容读取为一个字符串。read()方法一次读取文件的全部内容,性能根据文件大小而变化,如 1GB 的文件读取时需要使用同样大小的内存。

【例 5-1】　调用 read()方法读取 hello 文件中的内容。

```
helloFile = open("d:\\python\\hello.txt")
fileContent = helloFile.read()
helloFile.close()
print(fileContent)
```

输出结果：

```
Hello!
Henan    Zhengzhou
```

也可以设置最大读入字符数来限制 read() 函数一次返回的大小。

【例 5-2】　设置参数一次读取三个字符读取文件。

```
helloFile = open("d:\\python\\hello.txt")
fileContent = ""
while True:
    fragment = helloFile.read(3)
    if fragment == "":                      #或者 if not fragment
        break
    fileContent += fragment
helloFile.close()
print(fileContent)
```

当读到文件结尾之后，read() 方法会返回空字符串，此时 fragment == "" 成立退出循环。

2. readline() 方法

readline() 方法从文件中获取一个字符串，每个字符串就是文件中的一行。

【例 5-3】　调用 readline() 方法读取 hello 文件的内容。

```
helloFile = open("d:\\python\\hello.txt")
fileContent = ""
while True:
    line = helloFile.readline()
    if line == "":                          #或者 if not line
        break
    fileContent += line
helloFile.close()
print(fileContent)
```

当读取到文件结尾之后，readline() 方法同样返回空字符串，使得 line == "" 成立退出循环。

3. readlines() 方法

readlines() 方法返回一个字符串列表，其中的每一项是文件中每一行的字符串。

【例 5-4】　使用 readlines() 方法读取文件内容。

```
helloFile = open("d:\\python\\hello.txt")
fileContent = helloFile.readlines()
helloFile.close()
print(fileContent)
for line in fileContent:                    #输出列表
    print(line)
```

readlines() 方法也可以设置参数，指定一次读取的字符数。

5.2.3 写文本文件

写文件与读文件相似,都需要先创建文件对象连接。所不同的是,打开文件时是以"写"模式或"添加"模式打开。如果文件不存在,则创建该文件。

与读文件时不能添加或修改数据类似,写文件时也不允许读取数据。"w"写模式打开已有文件时,会覆盖文件原有内容,从头开始,就像用一个新值覆写一个变量的值。

例如:

```
>>> helloFile = open("d:\\python\\hello.txt","w")   #"w"写模式打开已有文件时会覆盖文件原有内容
>>> fileContent = helloFile.read()
Traceback(most recent call last):
  File "< pyshell #1>", line 1, in < module >
    fileContent = helloFile.read()
IOError: File not open for reading
>>> helloFile.close()
>>> helloFile = open("d:\\python\\hello.txt")
>>> fileContent = helloFile.read()
>>> len(fileContent)
0
>>> helloFile.close()
```

由于"w"写模式打开已有文件,文件原有内容会被清空,所以再次读取内容时长度为0。

1. write()方法

write()方法将字符串参数写入文件。

【例 5-5】 用 write()方法写文件。

```
helloFile = open("d:\\python\\hello.txt","w")
helloFile.write("First line.\nSecond line.\n")
helloFile.close()
helloFile = open("d:\\python\\hello.txt","a")
helloFile.write("third line. ")
helloFile.close()
helloFile = open("d:\\python\\hello.txt")
fileContent = helloFile.read()
helloFile.close()
print(fileContent)
```

运行结果:

```
First line.
Second line.
third line.
```

以写模式打开文件 hello.txt 时,文件原有内容被覆盖。调用 write()方法将字符串参数写入文件,这里"\n"代表换行符。关闭文件之后再次以添加模式打开文件 hello.txt,调用 write()方法写入的字符串"third line."被添加到了文件末尾。最终以读模式打开文件后读取到的内容共有三行字符串。

注意,write()方法不能自动在字符串末尾添加换行符,需要自己添加"\n"。

【例 5-6】　完成一个自定义函数 copy_file,实现文件的复制功能。

copy_file 函数需要两个参数,指定需要复制的文件 oldfile 和文件的备份 newfile。分别以读模式和写模式打开两个文件,从 oldfile 一次读入 50 个字符并写入 newfile。当读到文件末尾时 fileContent=="" 成立,退出循环并关闭两个文件。

```
def copy_file(oldfile,newfile):
    oldFile = open(oldfile,"r")
    newFile = open(newfile,"w")
    while True:
        fileContent = oldFile.read(50)
        if fileContent == "":                   #读到文件末尾时
            break
        newFile.write(fileContent)
    oldFile.close()
    newFile.close()
    return
copy_file("d:\\python\\hello.txt","d:\\python\\hello2.txt")
```

2. writelines()方法

writelines(sequence)方法向文件写入一个序列字符串列表,如果需要换行则要自己加入每行的换行符。

```
obj = open("log.py","w")
list02 = ["11","test","hello","44","55"]
obj.writelines(list02)
obj.close()
```

运行结果是生成一个 log. py 文件,内容是"11testhello4455",可见没有换行。另外注意 writelines()方法写入的序列必须是字符串序列,整数序列会产生错误。

5.2.4　文件内移动

无论是读或写文件,Python 都会跟踪文件中的读写位置。在默认情况下,文件的读/写都从文件的开始位置进行。Python 提供了控制文件读写起始位置的方法,使得我们可以改变文件读/写操作发生的位置。

当使用 open 函数打开文件时,open 函数在内存中创建缓冲区,将磁盘上的文件内容复制到缓冲区。文件内容复制到文件对象缓冲区后,文件对象将缓冲区视为一个大的列表,其中的每一个元素都有自己的索引,文件对象按字节对缓冲区索引计数。同时,文件对象对文件当前位置,即当前读/写操作发生的位置进行维护,如图 5-3 所示。许多方法隐式使用当前位置。例如,调用 readline()方法后,文件当前位置移动到下一个回车处。

Python 使用一些函数跟踪文件当前位置。tell()函数可以计算文件当前位置和开始位置之间的字节偏移量。

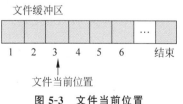

图 5-3　文件当前位置

```
>>> exampleFile = open("d:\\python\\example.txt","w")
>>> exampleFile.write("0123456789")
>>> exampleFile.close()
>>> exampleFile = open("d:\\python\\example.txt")
>>> exampleFile.read(2)
'01'
>>> exampleFile.read(2)
'23'
>>> exampleFile.tell()
4
>>> exampleFile.close()
```

这里 exampleFile.tell()函数返回的是一个整数 4,表示文件当前位置和开始位置之间有 4B 偏移量。因为已经从文件中读取 4 个字符了,所以有 4B 的偏移量。

seek()函数设置新的文件当前位置,允许在文件中跳转,实现对文件的随机访问。

seek()函数有两个参数,第一个参数是字节数,第二个参数是引用点。seek()函数将文件当前指针由引用点移动指定的字节数到指定的位置。语法如下。

```
seek(offset[,whence])
```

说明:offset 是一个字节数,表示偏移量。引用点 whence 有以下三个取值。

- 文件开始处为 0,也是默认取值。意味着使用该文件的开始处作为基准位置,此时字节偏移量必须非负。
- 当前文件位置为 1,则是使用当前位置作为基准位置。此时偏移量可以取负值。
- 文件结尾处为 2,则该文件的末尾将被作为基准位置。

【例 5-7】　用 seek()函数在指定位置写文件。

```
exampleFile = open("d:\\python\\example.txt","w")
exampleFile.write("0123456789")
exampleFile.seek(3)
exampleFile.write("ZUT")
exampleFile.close()
exampleFile = open("d:\\python\\example.txt")
s = exampleFile.read()
print(s)
exampleFile.close()
```

运行结果是:

```
'012ZUT6789'
```

注意,在追加模式下打开文件,不能使用 seek()函数进行定位追加。

5.2.5　文件的关闭

应该牢记使用 close()方法关闭文件。关闭文件是取消程序和文件之间连接的过程,内存缓冲区的所有内容将写入磁盘,因此必须在使用文件后关闭文件确保信息不会丢失。

要确保文件关闭,可以使用 try/finally 语句,在 finally 子句中调用 close()方法。

```
helloFile = open("d:\\python\\hello.txt","w")
try :
    helloFile.write("Hello,Sunny Day!")
finally:
    helloFile.close()
```

也可以使用 with 语句自动关闭文件。

```
with open("d:\\python\\hello.txt") as helloFile:
    s = helloFile.read()
print(s)
```

with 语句可以打开文件并赋值给文件对象,之后就可以对文件进行操作。文件会在语句结束后自动关闭,即使是由于异常引起的结束也是如此。

5.3 文件夹的操作

视频讲解

文件有两个关键属性:路径和文件名。路径指明了文件在磁盘上的位置。例如,编者的 Python 安装在路径 D:\Python35,在这个文件夹下可以找到 python.exe 文件,运行可以打开 Python 的交互界面。文件名句点的后面部分称为扩展名(或后缀),它指明了文件的类型。

路径中的 D:\称为"根文件夹",它包含本分区内所有其他文件和文件夹。文件夹可以包含文件和其他子文件夹。Python35 是 D 盘下的一个子文件夹,它包含 python.exe 文件。

5.3.1 当前工作目录

每个运行在计算机上的程序,都有一个"当前工作目录"。所有没有从根文件夹开始的文件名或路径,都假定工作在当前工作目录下。在交互式环境中输入以下代码:

```
>>> import os
>>> os.getcwd()
```

运行结果为

```
'D:\\Python35'
```

在 Python 的 GUI 环境中运行时,当前工作目录是 D:\Python35。路径中多出的一个反斜杠是 Python 的转义字符。

5.3.2 目录操作

在大多数操作系统中,文件被存储在多级目录(文件夹)中。这些文件和目录(文件夹)被称为文件系统。Python 的标准 os 模块可以处理它们。

1. 创建新目录

程序可以用 os.makedirs()函数创建新目录。在交互式环境中输入以下代码。

```
>>> import os
>>> os.makedirs("e:\\python1\\ch5files")
```

os.makedirs()在 E 盘下分别创建了 python1 文件夹及其子文件夹 ch5files,也就是说,路径中所有必需的文件夹都会被创建。

2. 删除目录

当目录不再使用时,可以将它删除。使用 rmdir()函数删除目录:

```
>>> import os
>>> os.rmdir("e:\\python1")
```

这时出现错误:

```
WindowsError: [Error 145] : 'e:\\python1'
```

因为 rmdir()函数删除文件夹时要保证文件夹内不包含文件及子文件夹,也就是说,os.rmdir()函数只能删除空文件夹。

```
>>> os.rmdir("e:\\python1\\ch5files")
>>> os.rmdir("e:\\python1")
>>> os.path.exists("e:\\python1")          #运行结果为 False
```

Python 的 os.path 模块包含许多与文件名及文件路径相关的函数。上面的例子里使用了 os.path.exists()函数判断文件夹是否存在。os.path 是 os 模块中的模块,所以只要执行 import os 就可以导入它。

3. 列出目录内容

使用 os.listdir()函数可以返回给出路径中文件名及文件夹名的字符串列表。

```
>>> os.mkdir("e:\\python1")
>>> os.listdir("e:\\python1")
[]
>>> os.mkdir("e:\\python1\\ch5files")
>>> os.listdir("e:\\python1")
['ch5files']
>>> dataFile = open("e:\\python1\\ data1.txt","w")
>>> for n in range(26):
    dataFile.write(chr(n + 65))
>>> dataFile.close()
>>> os.listdir("e:\\python1")
['ch5files', 'data1.txt']
```

在刚创建 python1 文件夹时,这是个空文件夹,所以返回的是一个空列表。后续在文件夹下分别创建了一个子文件夹 ch5files 和一个文件 data1.txt,列表里返回的是子文件夹名和文件名。

4. 修改当前目录

使用 os.chdir()函数可以更改当前工作目录。

```
>>> os.chdir("e:\\python1")
>>> os.listdir(".")                        #.代表当前工作目录
['ch5files', 'data1.txt']
```

5. 查找匹配文件或文件夹

使用 glob()函数可以查找匹配文件或文件夹(目录)。glob()函数使用 UNIX Shell 的规则来查找。

　　＊：匹配任意个任意字符。

　　?：匹配单个任意字符。

　　[字符列表]：匹配字符列表中的任意字符。

　　[!字符列表]：匹配除列表外的其他字符。

```
import glob
glob.glob("d * ")                          #查找以 d 开头的文件或文件夹
glob.glob("d????")                         #查找以 d 开头并且全长为 5 个字符的文件/文件夹
glob.glob("[abcd] * ")                     #查找以 abcd 中任意字符开头的文件或文件夹
glob.glob("[!abd] * ")                     #查找不以 abd 中任意字符开头的文件或文件夹
```

5.3.3　文件操作

os. path 模块主要用于文件的属性获取,在编程中经常用到。

1. 获取路径和文件名

- os. path. dirname(path)：返回 path 参数中的路径名称字符串。
- os. path. basename(path)：返回 path 参数中的文件名。
- os. path. split(path)：返回参数的路径名称和文件名组成的字符串元组。

```
>>> helloFilePath = "e:\\python\\ch5files\\hello.txt"
>>> os. path. dirname(helloFilePath)
'e:\\python\\ch5files'
>>> os. path. basename(helloFilePath)
'hello.txt'
>>> os. path. split(helloFilePath)
('e:\\python\\ch5files', 'hello.txt')
>>> helloFilePath. split(os. path. sep)
['e:', 'python', 'ch5files', 'hello.txt']
```

如果想要得到路径中每一个文件夹的名字,可以使用字符串方法 split(),通过 os. path. sep 对路径进行正确的分隔。

2. 检查路径有效性

如果提供的路径不存在,许多 Python 函数就会崩溃报错。os. path 模块提供了一些函数帮助我们判断路径是否存在。

- os. path. exists(path)：判断参数 path 的文件或文件夹是否存在。存在返回 true,否则返回 false。

- os. path. isfile(path)：判断参数 path 是否存在且是一个文件,是则返回 true,否则返回 false。
- os. path. isdir(path)：判断参数 path 是否存在且是一个文件夹,是则返回 true,否则返回 false。

3. 查看文件大小

os. path 模块中的 os. path. getsize()函数可以查看文件大小。此函数与前面介绍的 os. path. listdir()函数配合可以帮助统计文件夹大小。

【例 5-8】　统计 d:\\python 文件夹下所有文件的大小。

```
import os
totalSize = 0
os.chdir("d:\\python")
for fileName in os.listdir(os.getcwd()):
    totalSize += os.path.getsize(fileName)
print( totalSize)
```

4. 重命名文件

os. rename()函数可以帮助重命名文件。

```
os.rename("d:\\python\\hello.txt","d:\\python\\helloworld.txt")
```

5. 复制文件和文件夹

shutil 模块中提供一些函数,帮助复制、移动、改名和删除文件夹,也可以实现文件的备份。

- shutil. copy(source,destination)：复制文件。
- shutil. copytree(source,destination)：复制整个文件夹,包括其中的文件及子文件夹。

例如,将 e:\\python 文件夹复制为新的 e:\\python-backup 文件夹：

```
import shutil
shutil.copytree("e:\\python","e:\\python - backup")
for fileName in os.listdir("e:\\python - backup"):
    print(fileName)
```

使用这些函数前先导入 shutil 模块。shutil. copytree()函数复制包括子文件夹在内的所有文件夹内容。

```
shutil.copy("e:\\python1\\data1.txt","e:\\python - backup")
shutil.copy("e:\\python1\\data1.txt","e:\\python - backup\\data - backup.txt")
```

shutil. copy()函数的第二个参数 destination 可以是文件夹,表示将文件复制到新文件夹里。也可以是包含新文件名的路径,表示复制的同时将文件重命名。

6. 文件和文件夹的移动和改名

shutil. move(source,destination)：shutil. move()函数与 shutil. copy()函数用法相似，参数 destination 既可以是一个包含新文件名的路径,也可以仅包含文件夹。

```
shutil.move("e:\\python1\\data1.txt","e:\\python1\\ch5files")
shutil.move("e:\\python1\\data1.txt","e:\\python1\\ch5files\\data2.txt")
```

但要注意的是,不管是 shutil. copy()函数还是 shutil. move()函数,函数参数中的路径必须存在,否则 Python 会报错。

如果参数 destination 中指定的新文件名与文件夹中已有文件重名,则文件夹中的已有文件会被覆盖。因此使用 shutil. move()函数应当小心。

7. 删除文件和文件夹

os 模块和 shutil 模块都有函数可以删除文件或文件夹。

os. remove(path)/os. unlink(path)：删除参数 path 指定的文件。

```
os.remove("e:\\python - backup\\data - backup.txt")
os.path.exists("e:\\python - backup\\data - backup.txt")   #False
```

os. rmdir(path)：如前所述,os. rmdir()函数只能删除空文件夹。

shutil. rmtree(path)：shutil. rmtree()函数删除整个文件夹,包含所有文件及子文件夹。

```
shutil.rmtree("e:\\python1")
os.path.exists("e:\\python1")              #False
```

这些函数都是从硬盘中彻底删除文件或文件夹,不可恢复,因此使用时应特别谨慎。

8. 遍历目录树

想要处理文件夹中包括子文件夹内的所有文件即遍历目录树,可以使用 os. walk()函数。os. walk()函数将返回该路径下所有文件及子目录信息元组。

【例 5-9】　显示"d:\档案科技表格"文件夹下所有文件及子目录。

```
import os
list_dirs = os.walk("d:\档案科技表格")              #返回一个元组
print(list(list_dirs))
for folderName,subFolders,fileNames in list_dirs:
    print("当前目录: " + folderName)
    for subFolder in subFolders:
        print(folderName +"的子目录" + " 是 -- " + subFolder)
        for fileName in fileNames:
            print(subFolder + "的文件 " + " 是 -- " + fileName)
```

5.4　常用格式文件操作

5.4.1　操作 CSV 格式文件

CSV(Comma-Separated Values,逗号分隔值)文件以纯文本形式存储表格数据。CSV

文件由任意数量的记录组成,记录间以换行符分隔;每条记录由字段组成,字段间的分隔符常见的是逗号或制表符。例如,CSV 格式文件 test2.CSV:

```
序号,姓名,年龄
 3,张海峰,25
 4,伟,  38
 5,赵大强,36
 …
```

1. 直接读写 CSV 文件

CSV 文件是一种特殊的文本文件,且格式简单,可以根据文本文件的读写方法实现操作 CSV 文件。

【例 5-10】 直接读取 CSV 格式文件到二维列表。

```
myfile = open('test2.csv', 'r')
ls = []
for line in myfile:
    line = line.replace('\n','')           #换行符去掉
    ls.append(line.split(','))             #将一行中以','分隔的多个数据转换成数据元素的列表
print(ls)
myfile.close()                            #close 文件
```

以上代码将一行转换成一个列表,多行数据就组成一个每个元素都是列表的列表,即二维列表。

运行结果类似如下。

```
[['序号', '姓名', '年龄'], ['3', '张海峰', '25'], ['4', '李伟', '38'], ['5', '赵大强', '36']]
```

【例 5-11】 直接将二维列表写入 CSV 格式文件。

```
myfile = open('test2new.csv', 'w')              #新建 CSV 文件并以写模式打开
ls = [['序号', '姓名', '年龄'], ['3', '张海峰', '25'], ['4', '李伟', '38'],
    ['5', '赵大强', '36'], ['6', '程海鹏', '28']]
for line in ls:
    myfile.write(','.join(line) + "\n")        #在同一行的数据元素之间加上逗号间隔
myfile.close()
```

在写入过程中,与读取数据时的处理相反,需要借助字符串的 join()方法,在同一行的数据元素之间加上逗号间隔。同时行尾加上换行符"\n"。

2. 使用 csv 模块读写 CSV 文件

Python 自带的 csv 模块可以处理 CSV 文件,与读写 Excel 文件相比,CSV 文件的读写是相当方便的。

读取 CSV 文件使用 reader 对象,格式如下。

```
reader(csvfile[, dialect = 'excel'][, fmtparam])
```

- csvfile:通常的文件(file)对象或者列表(list)对象都是适用的。

- dialect：编码风格，默认为 Excel 方式，也就是逗号(,)分隔。另外，csv 模块也支持 excel-tab 风格，也就是制表符(tab)分隔。
- fmtparam：格式化参数，用来覆盖之前 dialect 对象指定的编码风格。

reader 对象是可以迭代的，line_num 属性表示当前行数；reader 对象还提供一些 dialect、next()方法。

写入 CSV 文件使用 writer 对象，格式如下。

```
writer(csvfile, dialect = 'excel', fmtparams)
```

参数的意义同上，不再赘述。这个对象有两个函数 writerow()和 writerows()实现写入 CSV 文件。例如：

```
with open('1.csv','w',newline = '') as f:
    head = ['标题列 1','标题列 2']
    rows = [ ['张三',80],['李四',90] ]
    writer = csv.writer(f)
    writer.writerow(head)                    #写入一行数据
    writer.writerows(rows)                   #写入多行数据
```

【例 5-12】　将人员信息写入 CSV 文件并读取出来。

```
import csv
#写入一个文件
myfile = open('test2.csv', 'w', newline = '')              #'a'追加,'w'写方式
mywriter = csv.writer(myfile)                              #返回一个 Writer 对象
mywriter.writerow(['序号', '姓名', '年龄'])                 #加入标题行
mywriter.writerow([3, '张海峰', 25])                        #加入一行
mywriter.writerow([4, '李伟', 38])
mywriter.writerows([[5, '赵大强', 36],[6, '程海鹏', 28]])    #加入多行
myfile.close()
#读取一个 CSV 文件
myfilepath = 'test2.csv'
#这里用到的 open()都要加上 newline = '',否则会多一个换行符(参见标准库文档)
myfile = open(myfilepath, 'r', newline = '')
myreader = csv.reader(myfile)                              #返回一个 reader 对象
for row in myreader:
    if myreader.line_num == 1 :                           #line_num 是从 1 开始计数的
        continue                                          #第一行不输出
    for i in row :                                        #row 是一个列表
        print(i, end = ' ')
    print()
myfile.close()                                            #close 文件
```

这个程序涉及下面的函数：writer.writerow(list)是将 list 列表以一行形式添加；writer.writerows(list)可写入多行。

程序运行结果如下。

```
3 张海峰 25
4 李伟 38
5 赵大强 36
6 程海鹏 28
```

并生成与显示同样内容的 test2.csv 文件，不过还有序号、姓名、年龄这样的标题行信息。

5.4.2　操作 Excel 文档

Excel 是电子表格，包含文本、数值、公式和格式。第三方的 xlrd 和 xlwt 两个模块分别用来读和写 Excel，只支持 .xls 和 .xlsx 格式，Python 不默认包含这两个模块。这两个模块之间相互独立，没有依赖关系，也就是说，可以根据需要只安装其中一个。xlrd 和 xlwt 模块安装可以在命令行下使用 pip install <模块名>：

```
pip install xlrd
pip install xlwt
```

当看到类似 Successfully 的字样时，表明已经安装成功了。

1. 使用 xlrd 模块读取 Excel

xlrd 提供的接口比较多，常用的如下。
open_workbook()打开指定的 Excel 文件，返回一个 Book 工作簿对象。

```
data = xlrd.open_workbook('excelFile.xls')        ♯打开 Excel 文件
```

1）Book 工作簿对象

通过 Book 工作簿对象可以得到各个 Sheet 工作表对象（一个 Excel 文件可以有多个 Sheet，每个 Sheet 就是一张表格）。Book 工作簿对象的属性和方法如下。
Book.nsheets 返回 Sheet 的数目。
Book.sheets()返回所有 Sheet 对象的 list。
Book.sheet_by_index(index)返回指定索引处的 Sheet，相当于 Book.sheets()[index]。
Book.sheet_names()返回所有 Sheet 对象名字的 list。
Book.sheet_by_name(name)根据指定 Sheet 对象名字返回 Sheet。
例如：

```
table = data.sheets()[0]             ♯通过索引获取 Sheet
table = data.sheet_by_index(0)       ♯通过索引获取 Sheet
table = data.sheet_by_name('Sheet1') ♯通过名称获取 Sheet
```

2）Sheet 工作表对象

通过 Sheet 对象可以获取各个单元格，每个单元格是一个 Cell 对象。Sheet 对象的属性和方法如下。
Sheet.name 返回表格的名称。
Sheet.nrows 返回表格的行数。
Sheet.ncols 返回表格的列数。
Sheet.row(r)获取指定行，返回 Cell 对象的 list。
Sheet.row_values(r)获取指定行的值，返回 list。
Sheet.col(c)获取指定列，返回 Cell 对象的 list。
Sheet.col_values(c)获取指定列的值，返回 list。
Sheet.cell(r, c)根据位置获取 Cell 对象。

Sheet.cell_value(r，c)根据位置获取 Cell 对象的值。例如：

```
cell_A1 = table.cell(0,0).value          # 获取 A1 单元格的值
cell_C4 = table.cell(2,3).value          # 获取 C4 单元格的值
```

例如，循环输出表数据：

```
nrows = table.nrows                      # 表格的行数
ncols = table.ncols                      # 表格的列数
for i in range(nrows):
    print(table.row_values(i))
```

3) Cell 对象

Cell 对象的 Cell.value 返回单元格的值。

【例 5-13】　读取如图 5-4 所示的 Excel 文件 test.xls 示例。

```
import xlrd
wb = xlrd.open_workbook('test.xls')      # 打开文件
sheetNames = wb.sheet_names()            # 查看包含的工作表
print(sheetNames)                        # 输出所有工作表的名称,['sheet_test']
# 获得工作表的两种方法
sh = wb.sheet_by_index(0)
sh = wb.sheet_by_name('sheet_test')      # 通过名称'sheet_test'获取对应的 Sheet
# 单元格的值
cellA1 = sh.cell(0,0)
cellA1Value = cellA1.value
print(cellA1Value)                       # 王海
# 第一列的值
columnValueList = sh.col_values(0)
print(columnValueList)                   # ['王海', '程海鹏']
```

程序运行结果如下。

```
['sheet_test']
王海
['王海', '程海鹏']
```

2. 使用 xlwt 模块写 Excel

相对来说，xlwt 提供的接口就没有 xlrd 那么多了，主要有以下几个。

Workbook()是构造函数，返回一个工作簿的对象。

Workbook.add_sheet(name)添加了一个名为 name 的表，类型为 Worksheet。

Workbook.get_sheet(index)可以根据索引返回 Worksheet。

Worksheet.write(r，c，vlaue)是将 vlaue 填充到指定位置。

Worksheet.row(n)返回指定的行。

Row.write(c，value)在某一行的指定列写入 value。

Worksheet.col(n)返回指定的列。

通过对 Row.height 或 Column.width 赋值可以改变行或列默认的高度或宽度（单位：0.05pt，即 1/20pt）。

Workbook.save(filename)保存文件。

表的**单元格默认是不可重复写**的,如果有需要,在调用 add_sheet()的时候指定参数 cell_overwrite_ok=True 即可。

【例 5-14】 写入 Excel 示例代码。

```
import xlwt
book = xlwt.Workbook(encoding = 'utf - 8')
sheet = book.add_sheet('sheet_test', cell_overwrite_ok = True)   #单元格可重复写
sheet.write(0, 0, '王海')
sheet.row(0).write(1, '男')
sheet.write(0, 2, 23)
sheet.write(1, 0, '程海鹏')
sheet.row(1).write(1, '男')
sheet.write(1, 2, 41)
sheet.col(2).width = 4000                                          #单位 1/20 pt
book.save('test.xls')
```

程序运行生成如图 5-4 所示 test.xls 文件。

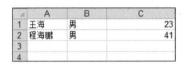

图 5-4 test.xls 文件

5.4.3 操作 JSON 格式文件

JSON(JavaScript Object Notation)是一种轻量级的数据交换格式,比 XML 更小、更快、更易解析,易于读写且占用带宽小,网络传输速度快,适用于数据量大、不要求保留原有类型的情况。它是 JavaScript 的子集,易于人阅读和编写。

前端和后端进行数据交互,其实往往就是通过 JSON 进行的。因为 JSON 易于被识别的特性,常被作为网络请求的返回数据格式。在爬取动态网页时,会经常遇到 JSON 格式的数据,Python 中可以使用 json 模块来对 JSON 数据进行解析。

1. JSON 的结构

常见形式为"名称/值"对的集合。

例如:

```
{"firstName": "Brett", "lastName": "McLaughlin"}
```

JSON 允许使用数组,采用方括号[]实现。

例如,用 JSON 表示中国部分省市数据如下,其中省份采用的是数组。

```
{
    "name": "中国",
    "province": [{
        "name": "黑龙江",
        "cities": {
            "city": ["哈尔滨", "大庆"]
```

```
                }
        }, {
            "name": "广东",
            "cities": {
                "city": ["广州", "深圳", "珠海"]
            }
        } ]
}
```

2. json 模块中常用的方法

在使用 json 这个模块前,首先要导入 json 库: import json。

它主要提供了 4 个方法 dumps、dump、loads、load,如表 5-2 所示。

表 5-2　json 模块中常用的方法

方　　　法	功　能　描　述
json. dumps()	将 Python 对象转换成 JSON 字符串
json. loads()	将 JSON 字符串转换成 Python 对象
json. dump()	将 Python 类型数据序列化为 JSON 对象后写入文件
json. load()	读取文件中 JSON 形式的字符串并转换为 Python 类型数据

下面通过例子说明这 4 个方法的使用。

1) json. dumps()

其作用是将 Python 对象转换成 JSON 字符串。

```
import json
data = {'name':'nanbei','age':18}
s = json.dumps(data)                    #将 Python 对象编码成 JSON 字符串
print(s)
```

运行结果:

```
{"name": "nanbei", "age": 18}
```

JSON 注意事项:

· 名称必须用双引号(即"name")来包括。

· 值可以是字符串、数字、true、false、null、数组或子对象。

从运行结果可见,原先的'name','age'单引号已经变成双引号"name","age"。

2) json. loads()

其作用是将 JSON 字符串转换成 Python 对象。

```
import json
data = "{'name':'nanbei','age':18}"
a = json.dumps(data)
print(json.loads(a))                    #将 JSON 字符串编码成 Python 对象——dict 字典
```

运行结果:

```
{'name': 'nanbei', 'age': 18}
```

如果是一个 JSON 文件则要先读文件,然后才能转换成 Python 对象。

```
import json
f = open('stus.json',encoding = 'utf - 8')      # 'stus.json'是一个 JSON 文件
content = f.read()                               # 使用 loads()方法,需要先读文件成字符串
user_dic = json.loads(content)                   # 转换成 Python 的字典对象
print(user_dic)
```

3) json.load()方法

该方法的作用是读取文件中 JSON 形式的字符串并转换为 Python 类型数据。

```
import json
f = open('stus.json',encoding = 'utf - 8')
user_dic = json.load(f)                          # f 是文件对象
print(user_dic)
```

可见,loads()传入的是字符串,而 load()传入的是文件对象。使用 loads()时需要先读文件成字符串再使用,而 load()则不用先读文件成字符串而是直接传入文件对象。

4) json.dump()

该方法的作用是将 Python 类型数据序列转换为 JSON 对象后写入文件。

```
stus = { 'xiaojun':88,  'xiaohei':90,  'lrx':100}
f = open('stus2.json','w',encoding = 'utf - 8')   # 以写方式打开 stus2.json 文件
json.dump(stus,f)                                 # 写入 stus2.json 文件
f.close()                                         # 文件关闭
```

🔑 实验五　文件操作

一、实验目的

通过本实验,掌握 Python 语言文件的读写方法以及打开和关闭等基本操作,理解并应用文件操作相关知识。

二、实验要求

(1)掌握文件的打开(或建立)和关闭方法。
(2)掌握文件的读写方法。
(3)掌握文件和文件夹(目录)的操作方法。

三、实验内容与步骤

(1)编程实现文件读写操作,完成以下功能。

① 随机生成 100 个 100~500 的整数,每 10 个整数占一行,写入 test.txt 文件。

```
import random
f = open("test.txt", 'w')
for i in range(1,101):
    if i % 10 == 0:
```

```
            f.write(str(random.randrange(100,500)) + '\n')
        else:
            f.write(str(random.randrange(100,500)) + ' ')
    f.close()
```

② 读取 test.txt 文件,显示每行数据并计算出每行最大值。

```
f2 = open("test.txt", 'r')
s = f2.readlines()                          #读取文件
f2.close()
for m in s:
    m = m.strip()
    ls = m.split(' ')
    print(ls)
    print(max(int(c) for c in ls))
```

③ 统计偶数的个数并写入 test.txt 文件中。

```
f3 = open("test.txt", 'r + ')
s = f3.readlines()                          #读取文件
n = 0
for m in s:
    m = m.strip()
    ls = m.split(' ')
    ls2 = [int(c) for c in ls]
    for x in ls2:
        if x % 2 == 0:
            n = n + 1
f3.write("偶数的个数是: " + str(n))
f3.close()
```

(2) 假设有一个英文文本文件 demo.txt,要求完成如下操作。

① 读取 demo.txt 文件内容并显示。

② 编写程序对读取内容进行加密,并把加密后内容保存到另一个文件 cipher.txt 中。按照以下加密规则对其加密后输出其密文形式(加密规则:字母 a→z,b→y,c→x,…,x→c,y→b,z→a,其他字符保持不变)。

③ 编程实现对密文的解密。

分析:根据加密规则,很容易得到如下转换公式。

```
newc = 122 - ord(c) + 97
```

其中,122 是 ord('z'),即'z'字符的 ASCII 码; 97 是 ord('a')即'a'字符的 ASCII 码。ord 函数将字符转换为其 ASCII 码,chr 函数则相反,即把一个 ASCII 码整数转换成字符。

同时可以看出加密和解密公式一致。

```
def inv(c):                                 #加密和解密公式实现
    if 'a' <= c <= 'z':
        return chr(122 - ord(c) + 97)       # 'z' - c + 'a'
    if 'A' <= c <= 'Z':
        return chr(90 - ord(c) + 65)        # 'Z' - c + 'A'
    return c
```

```
def jiami(ls):                          #将字符串转换成加密后的字符串
    ls2 = []
    for i in range(len(ls)):
        c = ls[i]
        if 'a'<= c <= 'z':
            ls2.append(inv(c))
        else:
            ls2.append(c)
    return ''.join(ls2)                 #将列表列连接字符串
```

实际上,以上加密函数如下实现。

```
def jiami(ls):                          #将字符串转换成加密后的字符串
    ls2 = [inv(c) for c in ls]          #列表生成式
    return ''.join(ls2)
```

以下是主程序读取文件 demo. txt 内容,并把加密后的列表 r 写入文件 cipher. txt,最后读取文件 cipher. txt,采用与加密一样的函数进行解密并打印出来。

```
f = open('demo.txt','r')
s = f.readlines()               #读取文件
f.close()
r = [jiami(ls) for ls in s]
#写入文件 cipher.txt
f = open('cipher.txt','w + ')   #可读写模式
f.writelines(r)
f.seek(0)
result = f.readlines()
print('转换结果为: ')
for s in result:
    print(s.strip())            #strip()法用于移除字符串头尾指定的字符(默认为空格或换行符)
f.close()
#解密方法和加密一致
r = [jiami(ls) for ls in result]
print('原文为: ')
for s in r:
    print(s.strip())
```

运行结果如下。

```
转换结果为:
zyxwvut
cba
原文为:
abcdefg
xyz
```

四、编程并上机调试

(1) 编写程序,将 100 以内所有素数写入文件 result1. txt 中。

(2) 编写程序,将 100 以内孪生素数写入文件 result2. txt 中。(孪生素数指两个素数相差为 2,例如,3 和 5、5 和 7、11 和 13 等都是孪生素数。)

(3) 编写程序,统计一篇英文文章中单词的个数,并输出其中出现最多的前 5 个单词。

(4) 编写程序实现,在文件"data.txt"的第一行中写入自己的学号和姓名,然后随机生成 20 个[100,200]的整数,统计出最大值,并将这些整数写入文件"data.txt"中,每行一个数字,以换行符分开。

(5) 文件 file.txt 存储的是一篇英文文章,编写程序,将其中所有小写字母转换成大写字母输出。

习题

1. 编写程序,打开任意文本文件,读出其中内容,判断该文件中某些给定关键字(如"中国")的出现次数。

2. 编写程序,打开任意文本文件,在指定的位置产生一个相同文件的副本,即实现文件的复制功能。

3. 用 Windows"记事本"创建一个文本文件,其中每行包含一段英文。试读出文件的全部内容,并判断:

(1) 该文本文件共有多少行?

(2) 文件中以大写字母 P 开头的有多少行?

(3) 包含字符最多和最少的行分别在第几行?

4. 统计 test.txt 文件中大写字母、小写字母和数字的出现次数。

5. 编写程序统计调查问卷各评语出现的次数,并将最终统计结果放入字典。

调查问卷结果:

不满意,一般,满意,一般,很满意,满意,一般,一般,不满意,满意,满意,满意,满意,一般,很满意,一般,满意,不满意,一般,不满意,满意,满意,满意,满意,满意,满意,很满意,不满意,满意,不满意,不满意,一般,很满意

要求: 问卷调查结果用文本文件 result.txt 保存,字典最终统计结果追加至 result.txt 文件中。

6. 文件 src.txt 存储的是一篇英文文章,将其中所有大写字母转换为小写字母输出。例如,若 src.txt 中的存储内容为 This is a Book,则输出内容应为 this is a book。

7. 文件"score.txt"中存储了歌手大奖赛中每个歌手的打分,10 名评委的分数在同一行,形式如下。

歌手 1,8.92,7.89,8.23,8.93,7.89,8.52,7.99,8.83,8.99,8.89

歌手 2,8.95,8.86,8.24,8.63,7.66,8.53,8.59,8.82,8.93,8.89

…

从文件中读取数据并存入列表,计算歌手的最终得分,其计算方式是去掉最高分和最低分后求平均分。最终得分保留两位小数,将其输出到屏幕。

第**6**章

面向对象程序设计

CHAPTER **6**

　　面向对象程序设计(Object Oriented Programming,OOP)的思想主要针对大型软件设计而提出,使得软件设计更加灵活,能够很好地支持代码复用和设计复用,并且使得代码具有更好的可读性和可扩展性。面向对象程序设计的一个关键性观念是将数据以及对数据的操作封装在一起,组成一个相互依存、不可分割的整体,即对象。对于相同类型的对象进行分类、抽象后,得出共同的特征而形成了类,面向对象程序设计的关键就是如何合理地定义和组织这些类以及类之间的关系。这里在介绍面向对象程序设计的基本特性的基础上还介绍了类和对象的定义,类的继承、派生与多态。

6.1　面向对象程序设计基础

　　面向对象程序设计是相对于结构化程序设计而言的,它把一个新的概念——对象,作为程序代码的整个结构的基础和组成元素。它将数据及对数据的操作结合在一起,作为相互依存、不可分割的整体来处理,它采用数据抽象和信息隐藏技术,将对象及对象的操作抽象成一种新的数据类型——类,并且考虑不同对象之间的联系和对象类的重用性。简而言之,对象就是现实世界中的一个实体,而类就是对象的抽象和概括。

　　现实生活中的每一个相对独立的事物都可以看作一个对象,例如,一个人、一辆车、一台计算机等。对象是具有某些特性和功能的具体事物的抽象。每个对象都具有描述其特征的属性及附属于它的行为。例如,一辆车有颜色、车轮数、座椅数等属性,也有启动、行驶、停止等行为。一个人有姓名、性别、年龄、身高、体重等特征描述,也有走路、说话、学习、开车等行为;一台计算机由主机、显示器、键盘、鼠标等部件组成。

　　当人们生产一台计算机的时候,并不是先要生产主机再生产显示器再生产键盘鼠标,即不是顺序执行的。而是分别生产设计主机、显示器、键盘、鼠标等,最后把它们组装起来。这些部件通过事先设计好的接口连接,以便协调地工作。这就是面向对象程序设计的基本思路。

　　每个对象都有一个类型,类是创建对象实例的模板,是对对象的抽象和概括,它包含对所创建对象的属性描述和行为特征的定义。例如,在马路上看到的汽车都是一个一个的汽车对象,它们通通归属于一个汽车类,那么车身颜色就是该类的属性,开动是它的方法,该保养了或者该报废了就是它的事件。

　　面向对象程序设计是一种计算机编程架构,它具有以下三个基本特性。

　　(1) 封装性(Encapsulation)：就是将一个数据和与这个数据有关的操作集合放在一起,形成一个实体——对象,用户不必知道对象行为的实现细节,只需根据对象提供的外部特性接口访问对象即可。目的在于将对象的用户与设计者分开,用户不必知道对象行为的细节,只需用设计者提供的协议命令对象去做就可以。也就是可以创建一个接口,只要该接口保持不变,即使完全重写了指定方法中的代码,应用程序也可以与对象交互作用。

　　例如,电视机是一个类,我们家里的那台电视机是这个类的一个对象,它有声音、颜色、亮度等一系列属性,如果需要调节它的属性(如声音),只需要通过调节一些按钮或旋钮就可以了,也可以通过这些按钮或旋钮来控制电视的开、关、换台等功能(方法)。当我们进行这些操作时,并不需要知道这台电视机的内部构成,而是通过生产厂家提供的通用开关、按钮等接口来实现的。

　　面向对象方法的封装性使对象以外的事物不能随意获取对象的内部属性(公有属性除外),有效地避免了外部错误对它产生的影响,大大减轻了软件开发过程中查错的工作量,减小了排错的难度,隐蔽了程序设计的复杂性,提高了代码重用性,降低了软件开发的难度。

　　(2) 继承性(Inheritance)：在面向对象程序设计中,根据既有类(基类)派生出新类(派生类)的现象称为类的继承机制,也称为继承性。

　　派生类无须重新定义在父类(基类)中已经定义的属性和行为,而是自动地拥有其父类的全部属性与行为。派生类既具有继承下来的属性和行为,又具有自己新定义的属性和行为。当派生类又被它更下层的子类继承时,它继承的及自身定义的属性和行为又被下一级子类继承下去。面向对象程序设计的继承机制实现了代码重用,有效地缩短了程序的开发周期。

（3）多态性(Polymorphism)：面向对象的程序设计的多态性是指基类中定义的属性或行为,被派生类继承之后,可以具有不同的数据类型或表现出不同的行为特性,使得同样的消息可以根据发送消息对象的不同而采用多种不同的行为方式。

Python 完全采用了面向对象程序设计的思想,是真正面向对象的高级动态编程语言,完全支持面向对象的基本功能,如封装、继承、多态以及对基类方法的覆盖或重写。但与其他面向对象程序设计语言不同的是,Python 中对象的概念很广泛,Python 中的一切内容都可以称为对象。例如,字符串、列表、字典、元组等内置数据类型都具有和类完全相似的语法和用法。

视频讲解

🔑 6.2　类和对象

Python 使用 class 关键字来定义类,class 关键字之后是一个空格,然后是类的名字,再然后是一个冒号,最后换行并定义类的内部实现。**类名的首字母一般要大写**,当然也可以按照自己的习惯定义类名,但是一般推荐参考惯例来命名,并在整个系统的设计和实现中保持风格一致,这一点对于团队合作尤其重要。

6.2.1　定义和使用类

1. 类定义

创建类时用变量形式表示的对象属性称为数据成员或属性(成员变量),用函数形式表示的对象行为称为成员函数(成员方法),成员属性和成员方法统称为类的成员。

类定义的最简单形式如下。

```
class 类名:
    属性(成员变量)
    属性
    ...
    成员函数(成员方法)
```

【例 6-1】　定义一个 Person 人员类。

```
class Person:
    num = 1                    # 成员变量(属性)
    def SayHello(self):        # 成员函数
        print("Hello!")
```

在 Person 类中定义一个成员函数 SayHello(self),用于输出字符串"Hello!"。同样,Python 使用缩进标识类的定义代码。

1）成员函数(成员方法)

在 Python 中,函数和成员方法(成员函数)是有区别的。成员方法一般指与特定实例绑定的函数,通过对象调用成员方法时,对象本身将被作为第一个参数传递过去,普通函数并不具备这个特点。

2）self

可以看到,在成员函数 SayHello()中有一个参数 self。这也是类的成员函数(方法)与普通函数的主要区别。类的成员函数必须有一个参数 self,而且位于参数列表的开头。self就代表类的实例(对象)自身,可以使用 self 引用类中的属性和成员函数。在类的成员函数中访问实例属性时需要以"self"为前缀,但在外部通过对象名调用对象成员函数时并不需要传递这个参数,如果在外部通过类名调用对象成员函数则需要显式为 self 参数传值。

2. 对象定义

对象是类的实例。如果人类是一个类的话,那么某个具体的人就是一个对象。只有定义了具体的对象,才能通过"对象名.成员"的方式来访问其中的数据成员或成员方法。

Python 创建对象的语法如下。

```
对象名 = 类名()
```

例如,下面的代码定义了一个类 Person 的对象 p。

```
p = Person()
p.SayHello()                        #访问成员函数 SayHello()
```

运行结果如下。

```
Hello!
```

6.2.2　构造函数__init__

类可以定义一个特殊的叫作__init__()的方法(构造函数,以两个下画线"_"开头和结束)。一个类定义了__init__()方法以后,类实例化时就会自动为新生成的类实例调用__init__()方法。构造函数一般用于完成对象数据成员设置初值或进行其他必要的初始化工作。如果用户未涉及构造函数,Python 将提供一个默认的构造函数。

【例 6-2】 定义一个复数类 Complex,构造函数完成对象变量初始化工作。

```
class Complex:
    def __init__(self, realpart, imagpart):
        self.r = realpart
        self.i = imagpart
x = Complex(3.0, -4.5)
print(x.r, x.i)
```

运行结果如下。

```
3.0  -4.5
```

6.2.3　析构函数

Python 中类的析构函数是__del__,用来释放对象占用的资源,在 Python 收回对象空间之前自动执行。如果用户未涉及析构函数,Python 将提供一个默认的析构函数进行必要的清理工作。

例如:

```
class Complex:
    def __init__(self, realpart, imagpart):
        self.r = realpart
        self.i = imagpart
    def __del__(self):
        print("Complex 不存在了")
x = Complex(3.0, - 4.5)
print(x.r, x.i)
print(x)
del x                                    # 删除 x 对象变量
```

运行结果如下。

```
3.0 - 4.5
<__main__.Complex object at 0x01F87C90 >
Complex 不存在了
```

说明:在删除 x 对象变量之前,x 是存在的,在内存中的标识为 0x01F87C90,执行"del x"语句后,x 对象变量不存在了,系统自动调用析构函数,所以出现"Complex 不存在了"。

6.2.4　实例属性和类属性

属性(成员变量)有两种,一种是实例属性,另一种是类属性(类变量)。实例属性是在构造函数__init__(以两个下画线"__"开头和结束)中定义的,定义时以 self 作为前缀;类属性是在类中方法之外定义的属性。在主程序中(在类的外部),实例属性属于实例(对象)只能通过对象名访问;类属性属于类可通过类名访问,也可以通过对象名访问,为类的所有实例共享。

【例 6-3】 定义含有实例属性(姓名 name,年龄 age)和类属性(人数 num)的 Person 人员类。

```
class Person:
    num = 1                              # 类属性
    def __init__(self, str,n):           # 构造函数
        self.name = str                  # 实例属性
        self.age = n
    def SayHello(self):                  # 成员函数
        print("Hello!")
    def PrintName(self):                 # 成员函数
        print("姓名:", self.name,   "年龄:", self.age)
    def PrintNum(self):                  # 成员函数
        print(Person.num)                # 由于是类属性,所以不写 self .num
# 主程序
P1 = Person("夏敏捷",42)
P2 = Person("王琳",36)
P1.PrintName()
P2.PrintName()
```

```
Person.num = 2                                #修改类属性
P1.PrintNum()
P2.PrintNum()
```

运行结果如下。

```
姓名:夏敏捷 年龄:42
姓名:王琳 年龄:36
2
2
```

num 变量是一个类变量,它的值将在这个类的所有实例之间共享。可以在类内部或类外部使用 Person.num 访问。

在类的成员函数(方法)中可以调用类的其他成员函数(方法),可以访问类属性、对象实例属性。

在 Python 中比较特殊的是,可以动态地为类和对象增加成员,这一点是和很多面向对象程序设计语言不同的,也是 Python 动态类型特点的一种重要体现。

【例 6-4】 为 Car 类动态增加属性 name 和成员方法 setSpeed()。

```
import types                                #导入 types 模块
class Car:
    price = 100000                          #定义类属性 price
    def __init__(self, c):
        self.color = c                      #定义实例属性 color
#主程序
car1 = Car("Red")
car2 = Car("Blue")
print(car1.color, Car.price)
Car.price = 110000                          #修改类属性
Car.name = 'QQ'                             #增加类属性
car1.color = "Yellow"                       #修改实例属性
print(car2.color, Car.price, Car.name)
print(car1.color, Car.price, Car.name)
def setSpeed(self, s):
    self.speed = s
car1.setSpeed = types.MethodType(setSpeed, Car)  #动态为对象增加成员方法
car1.setSpeed(50)                           #调用对象的成员方法
print(car1.speed)
```

运行结果如下。

```
Red 100000
Blue 110000 QQ
Yellow 110000 QQ
50
```

说明:

(1) Python 中也可以使用以下函数的方式来访问属性。

getattr(obj,name):访问对象的属性。

hasattr(obj,name):检查是否存在一个属性。

setattr(obj,name,value)：设置一个属性。如果属性不存在，会创建一个新属性。

delattr(obj,name)：删除属性。

例如：

```
hasattr(car1, 'color ')           #如果存在 'color '属性返回 True
getattr(car1, 'color ')           #返回 'color '属性的值
setattr(car1, 'color ', 8)        #添加属性 'color '值为 8
delattr(car1, 'color ')           #删除属性 'color '
```

（2）Python 中内置了一些类属性。

__dict__：类的属性（包含一个字典，由类的数据属性组成）。

__doc__：类的文档字符串。

__name__：类名。

__module__：类定义所在的模块（类的全名是'__main__. className'，如果类位于一个导入模块 mymod 中，那么 className. __module__ 结果为 mymod）。

__bases__：类的所有父类组成的元组。

Python 内置类属性调用实例如下。

```
class Employee:
    '所有员工的基类'
    empCount = 0

    def __init__(self, name, salary):
        self.name = name
        self.salary = salary
        Employee.empCount += 1

    def displayCount(self):
        print("Total Employee % d" % Employee.empCount)

    def displayEmployee(self):
        print("Name : ", self.name,  ", Salary: ", self.salary)
print("Employee.__doc__:", Employee.__doc__)
print("Employee.__name__:", Employee.__name__)
print("Employee.__module__:", Employee.__module__)
print("Employee.__bases__:", Employee.__bases__)
```

执行以上代码输出结果如下。

```
Employee.__doc__: 所有员工的基类
Employee.__name__: Employee
Employee.__module__: __main__
Employee.__bases__: (<class 'object'>,)
```

6.2.5　私有成员与公有成员

Python 并没有对私有成员提供严格的访问保护机制。在定义类的属性时，如果属性名以两个下画线"__"开头则表示是私有属性，否则是公有属性。私有属性在类的外部不能直接访问，需要通过调用对象的公有成员方法来访问，或者通过 Python 支持的特殊方式来访

问。Python 提供了访问私有属性的特殊方式,可用于程序的测试和调试,对于成员方法也具有同样的性质。这种方式如下。

```
对象名. _类名 + 私有成员
```

例如,访问 Car 类私有成员__weight:

```
car1. _Car__weight
```

私有属性是为了数据封装和保密而设的属性,一般只能在类的成员方法(类的内部)中使用访问,虽然 Python 支持一种特殊的方式来从外部直接访问类的私有成员,但是并不推荐这样做。公有属性是可以公开使用的,既可以在类的内部进行访问,也可以在外部程序中使用。

【例 6-5】 为 Car 类定义私有成员。

```
class Car:
    price = 100000                    #定义类属性
    def __init__(self, c, w):
        self.color = c                #定义公有属性 color
        self. __weight = w            #定义私有属性__weight
#主程序
car1 = Car("Red",10.5)
car2 = Car("Blue",11.8)
print(car1.color)
print(car1. _Car__weight)
print(car1. __weight)               #AttributeError
```

运行结果如下。

```
Red
10.5
AttributeError: 'Car' object has no attribute '__weight'
```

最后一句由于不能直接访问私有属性,所以出现 AttributeError:'Car' object has no attribute '__weight'错误提示。而公有属性 color 可以直接访问。

在 IDLE 环境中,在对象或类名后面加上一个圆点".",稍等一秒钟则会自动列出其所有公开成员,模块也具有同样的特点。而如果在圆点"."后面再加一个下画线,则会列出该对象或类的所有成员,包括私有成员。

说明:

在 Python 中,以下画线开头的变量名和方法名有特殊的含义,尤其是在类的定义中。用下画线作为变量名和方法名前缀和后缀来表示类的特殊成员。

_xxx:这样的对象叫作保护成员,不能用'from module import * '导入,只有类和子类内部成员方法(函数)能访问这些成员。

__xxx__:系统定义的特殊成员。

__xxx:类中的私有成员,只有类自己内部成员方法(函数)能访问,子类内部成员方法也不能访问到这个私有成员,但在对象外部可以通过"对象名. _类名__xxx"这样的特殊方式来访问。Python 中不存在严格意义上的私有成员。

6.2.6　方法

在类中定义的方法可以粗略地分为三大类：公有方法、私有方法、静态方法。其中，公有方法、私有方法都属于对象，私有方法的名字以两个下画线"＿＿"开始，每个对象都有自己的公有方法和私有方法，在这两类方法中可以访问属于类和对象的成员；公有方法通过对象名直接调用，私有方法不能通过对象名直接调用，只能在属于对象的方法中通过"self"调用或在外部通过 Python 支持的特殊方式来调用。如果通过类名来调用属于对象的公有方法，需要显式地为该方法的"self"参数传递一个对象名，用来明确指定访问哪个对象的数据成员。静态方法可以通过类名和对象名调用，但不能直接访问属于对象的成员，只能访问属于类的成员。

【例 6-6】　公有方法、私有方法、静态方法的定义和调用。

```
class Fruit:
    price = 0
    def __init__(self):
        self.__color = 'Red'              # 定义和设置私有属性 color
        self.__city = 'Kunming'           # 定义和设置私有属性 city
    def __outputColor(self):              # 定义私有方法 outputColor
        print(self.__color)               # 访问私有属性 color
    def __outputCity(self):               # 定义私有方法 outputCity
        print(self.__city)                # 访问私有属性 city
    def output(self):                     # 定义公有方法 output
        self.__outputColor()              # 调用私有方法 outputColor
        self.__outputCity()               # 调用私有方法 outputCity
    @ staticmethod
    def getPrice():                       # 定义静态方法 getPrice
        return Fruit.price
    @ staticmethod
    def setPrice(p):                      # 定义静态方法 setPrice
        Fruit.price = p
# 主程序
apple = Fruit()
apple.output()
print(Fruit.getPrice())
Fruit.setPrice(9)
print(Fruit.getPrice())
```

运行结果如下。

```
Red
Kunming
0
9
```

6.3　类的继承和多态

继承是为代码复用和设计复用而设计的，是面向对象程序设计的重要特性之一。设计一个新类时，如果可以继承一个已有的设计良好的类然后进行二次开发，无疑会大幅度减少开发工作量。

6.3.1　类的继承

类继承语法：

```
class 派生类名(基类名):            #基类名写在括号里
    派生类成员
```

在继承关系中,已有的、设计好的类称为父类或基类,新设计的类称为子类或派生类。派生类可以继承父类的公有成员,但是不能继承其私有成员。

在 Python 中继承的一些特点如下。

(1) 在继承中基类的构造函数(__init__()方法)不会被自动调用,它需要在其派生类的构造中亲自专门调用。

(2) 如果需要在派生类中调用基类的方法时,通过"基类名.方法名()"的方式来实现,需要加上基类的类名前缀,且需要带上 self 参数变量。区别在于类中调用普通函数时并不需要带上 self 参数。也可以使用内置函数 super()实现这一目的。

(3) Python 总是首先查找对应类型的方法,如果它不能在派生类中找到对应的方法,它才开始到基类中逐个查找(先在本类中查找调用的方法,找不到才去基类中找)。

【例 6-7】　类的继承应用。

```
class Parent:                        #定义父类
    parentAttr = 100
    def __init__(self):
        print("调用父类构造函数")
    def parentMethod(self):
        print("调用父类方法")
    def setAttr(self, attr):
        Parent.parentAttr = attr
    def getAttr(self):
        print( "父类属性 :", Parent.parentAttr)

class Child(Parent):                 #定义子类
    def __init__(self):
        print( "调用子类构造函数")
    def childMethod(self):
        print("调用子类方法 child method")
#主程序
c = Child()                          #实例化子类
c.childMethod()                      #调用子类的方法
c.parentMethod()                     #调用父类方法
c.setAttr(200)                       #再次调用父类的方法
c.getAttr()                          #再次调用父类的方法
```

以上代码执行结果如下。

```
调用子类构造函数
调用子类方法 child method
调用父类方法
父类属性 : 200
```

【例 6-8】 设计 Person 类，并根据 Person 派生 Student 类，分别创建 Person 类与 Student 类的对象。

```python
#定义基类: Person 类
class Person(object):         #基类必须继承于 object,否则在派生类中将无法使用 super()函数
    def __init__(self, name = '', age = 20, sex = 'man'):
        self.__Name(name)
        self.__Age(age)
        self.__Sex(sex)
    def setName(self, name):
        if type(name) != str:       #内置函数 type()返回被测对象的数据类型
            print('姓名必须是字符串.')
            return
        self.__name = name
    def setAge(self, age):
        if type(age) != int:
            print('年龄必须是整型.')
            return
        self.__age = age
    def setSex(self, sex):
        if sex != '男' and sex != '女':
            print('性别输入错误')
            return
        self.__sex = sex
    def show(self):
        print('姓名: ', self.__name, '年龄: ', self.__age ,'性别: ', self.__sex)
#定义子类(Student 类),其中增加一个入学年份私有属性(数据成员)
class Student(Person):
    def __init__(self, name = '', age = 20, sex = 'man', schoolyear = 2016):
        #调用基类构造方法初始化基类的私有数据成员
        super().__init__(name, age, sex)
        #Person.__init__(self, name, age, sex)       #也可以这样初始化基类私有数据成员
        self.setSchoolyear(schoolyear)               #初始化派生类的数据成员
    def setSchoolyear(self, schoolyear):
        self.__schoolyear = schoolyear
    def show(self):
        Person.show(self)                            #调用基类 show()方法
        #super().show()                              #也可以这样调用基类 show()方法
        print('入学年份: ', self.__schoolyear)
#主程序
if __name__ == '__main__':
    zhangsan = Person('张三', 19, '男')
    zhangsan.show()
    lisi = Student('李四', 18, '男', 2015)
    lisi.show()
    lisi.setAge(20)                                  #调用继承的方法修改年龄
    lisi.show()
```

运行结果如下。

```
姓名:张三 年龄:19 性别:男
姓名:李四 年龄:18 性别:男
入学年份:2015
姓名:李四 年龄:20 性别:男
入学年份:2015
```

当我们需要判断类之间关系或者某个对象实例是哪个类的对象时,可以使用 issubclass()或者 isinstance()方法来检测。

issubclass(sub,sup):布尔函数,判断一个类 sub 是否是另一个类 sup 的子类或者子孙类,是则返回 true。

isinstance(obj,Class):布尔函数,如果 obj 是 Class 类或者是 Class 子类的实例对象,则返回 true。

例如:

```
class Foo(object):
    pass

class Bar(Foo):
    pass
a = Foo()
b = Bar()
print(type(a) == Foo)              # True,type()函数返回对象的类型
print(type(b) == Foo)              # False
print(isinstance(b,Foo))           # True
print(issubclass(Bar,Foo))         # True
```

6.3.2　类的多继承

Python 的类可以继承多个基类。继承的基类列表跟在类名之后。类的多继承语法:

```
class SubClassName(ParentClass1[, ParentClass2, …]):
    派生类成员
```

例如,定义 C 类继承 A,B 两个基类如下。

```
class A:                           # 定义类 A
…

class B:                           # 定义类 B
…

class C(A, B):                     # 派生类 C 继承类 A 和 B
…
```

6.3.3　方法重写

重写必须出现在继承中。它是指当派生类继承了基类的方法之后,如果基类方法的功能不能满足需求,需要对基类中的某些方法进行修改,可以在派生类中重写基类的方法,这就是重写。

【例 6-9】　重写父类(基类)的方法。

```
class Animal:                      # 定义父类
    def run(self):
        print('Animal is running... ')    # 调用父类方法
```

```
class Cat(Animal):                          #定义子类
    def run(self):
        print('Cat is running... ')          #调用子类方法
class Dog(Animal):                          #定义子类
    def run(self):
        print('Dog is running... ')          #调用子类方法

c = Dog()                                    #子类实例
c. run()                                     #子类调用重写方法
```

执行以上代码输出结果如下。

```
Dog is running...
```

当子类 Dog 和父类 Animal 都存在相同的 run()方法时,我们说,子类的 run()覆盖了父类的 run(),在代码运行的时候,总是会调用子类的 run()。这样,就获得了继承的另一个好处:多态。

6.3.4 多态

要理解什么是多态,首先要对数据类型再做一点说明。当我们定义一个 class 的时候,实际上就定义了一种数据类型。我们定义的数据类型和 Python 自带的数据类型,如 string、list、dict 没什么区别。

```
a = list()                                   #a 是 list 类型
b = Animal()                                 #b 是 Animal 类型
c = Dog()                                     #c 是 Dog 类型
```

判断一个变量是否是某个类型可以用 isinstance()。

```
>>> isinstance(a, list)
True
>>> isinstance(b, Animal)
True
>>> isinstance(c, Dog)
True
```

a、b、c 确实对应着 list、Animal、Dog 这三种类型。

```
>>> isinstance(c, Animal)
True
```

因为 Dog 是从 Animal 继承下来的,当我们创建了一个 Dog 的实例 c 时,认为 c 的数据类型是 Dog 没错,但 c 同时也是 Animal 也没错,Dog 本来就是 Animal 的一种。

所以,在继承关系中,如果一个实例的数据类型是某个子类,那它的数据类型也可以被看作父类。但是,反过来就不行。

```
>>> b = Animal()
>>> isinstance(b, Dog)
False
```

Dog 可以看成 Animal,但 Animal 不可以看成 Dog。

要理解多态的好处,还需要再编写一个函数,这个函数接收一个 Animal 类型的变量。

```
def run_twice(animal):
    animal.run()
    animal.run()
```

当传入 Animal 的实例时,run_twice()就打印出:

```
>>> run_twice(Animal())
Animal is running...
Animal is running...
```

当传入 Dog 的实例时,run_twice()就打印出:

```
>>> run_twice(Dog())
Dog is running...
Dog is running...
```

当传入 Cat 的实例时,run_twice()就打印出:

```
>>> run_twice(Cat())
Cat is running...
Cat is running...
```

现在,如果再定义一个 Tortoise 类型,也从 Animal 派生:

```
class Tortoise(Animal):
    def run(self):
        print('Tortoise is running slowly...')
```

当调用 run_twice()时,传入 Tortoise 的实例:

```
>>> run_twice(Tortoise())
Tortoise is running slowly...
Tortoise is running slowly...
```

会发现新增一个 Animal 的子类,不必对 run_twice()做任何修改。实际上,任何依赖 Animal 作为参数的函数或者方法都可以不加修改地正常运行,原因就在于多态。

多态的好处就是,当需要传入 Dog、Cat、Tortoise、…时,只需要接收 Animal 类型就可以了,因为 Dog、Cat、Tortoise、…都是 Animal 类型,然后,按照 Animal 类型进行操作即可。由于 Animal 类型有 run()方法,因此,传入的任意类型,只要是 Animal 类或者子类,就会自动调用实际类型的 run()方法,这就是多态的意思。

对于一个变量,只需要知道它是 Animal 类型,无须确切地知道它的子类型,就可以放心地调用 run()方法,而具体调用的 run()方法是作用在 Animal、Dog、Cat 还是 Tortoise 对象上,由运行时该对象的确切类型决定,这就是多态真正的威力:调用方只管调用,不管细节,而当我们新增一种 Animal 的子类时,只要确保 run()方法编写正确,不用管原来的代码是如何调用的。这就是著名的"开闭"原则。

对扩展开放:允许新增 Animal 子类。

对修改封闭：不需要修改依赖 Animal 类型的 run_twice()等函数。

6.3.5　运算符重载

在 Python 中可以通过运算符重载来实现对象之间的运算。Python 把运算符与类的方法关联起来,每个运算符对应一个函数,因此重载运算符就是实现函数。常用的运算符与函数方法的对应关系如表 6-1 所示。

表 6-1　Python 中运算符与函数方法的对应关系表

函数方法	重载的运算符	说　　明	调用举例
__add__	＋	加法	$Z=X+Y,X+=Y$
__sub__	－	减法	$Z=X-Y,X-=Y$
__mul__	＊	乘法	$Z=X*Y,X*=Y$
__div__	/	除法	$Z=X/Y,X/=Y$
__lt__	＜	小于	$X<Y$
__eq__	＝＝	等于	$X==Y$
__len__	长度	对象长度	$len(X)$
__str__	输出	输出对象时调用	$print(X),str(X)$
__or__	或	或运算	$X|Y,X|=Y$

所以在 Python 中,在定义类的时候,可以通过实现一些函数来实现重载运算符。

【例 6-10】　对 Vector 类重载运算符。

```
class Vector:
    def __init__(self, a, b):
        self.a = a
        self.b = b
    def __str__(self):                      #重写 print()方法,打印 Vector 对象实例信息
        return 'Vector( % d, % d)' % (self.a, self.b)
    def __add__(self,other):                #重载加法＋运算符
        return Vector(self.a + other.a, self.b + other.b)
    def __sub__(self,other):                #重载减法－运算符
        return Vector(self.a - other.a, self.b - other.b)
#主程序
v1 = Vector(2,10)
v2 = Vector(5, - 2)
print(v1 + v2)
```

以上代码执行结果如下。

```
Vector(7,8)
```

可见 Vector 类中只要实现__add__()方法就可以实现 Vector 对象实例间加法运算。读者可以如例子所示实现复数的加减乘除四则运算。

🔑 实验六　面向对象程序设计

一、实验目的

通过本实验,掌握类的概念和定义,根据具体需求设计类。深入理解 Python 语言中类

和对象的相关概念,在程序设计中运用类解决实际问题。

二、实验要求

(1) 理解面问对象的编程思想。
(2) 掌握类的定义方法和创建对象的方法。
(3) 理解并掌握继承的方法。

三、实验内容与步骤

(1) 定义一个圆类 Circle。

属性:圆心点坐标(x, y)和半径(radius),均为私有成员。

构造函数:可初始化圆心点坐标和半径。

方法:ShowInfo(),功能是显示圆心的坐标和半径;GetPerimeter(),功能是获得圆的周长;GetArea(),功能是获得圆的面积。以上方法均为公有方法。在主程序中创建圆的对象并初始化各个属性,调用 ShowInfo()方法,调用 GetPerimenter()和 GetArea()方法,并显示输出圆的周长和面积。

```python
class Circle:
    def __init__(self, x,y,r):
        self.__x = x
        self.__y = y
        self.__r = r
    def ShowInfo(self):
        print("圆心({0},{1}),半径:{2}".format(self.__x,self.__y,self.__r))
    def GetPerimeter(self):
        return round(2 * self.__r * 3.14,1)
    def GetArea(self):
        return   round(self.__r * self.__r * 3.14,1)
#以下为主程序
cricle = Circle(3,4,5)
cricle.ShowInfo();
print("周长为:{0}".format(cricle.GetPerimeter()))
print("面积为:{0}".format(cricle.GetArea()))
```

(2) 模拟 ATM 存取款,实现银行存取款功能。运行效果如下。

```
菜单
    0: 退出
    1: 存款
    2: 取款
```

请根据菜单输入操作编号: 1

请输入存款金额:200

转入 200.0 元 余额为 1200.0

```python
class Bank:
    def __init__(self):
        """初始化"""
```

```
                self.balance = 1000                              #账户余额
        def deposit(self):
            """存款"""
            amount = float(input('请输入存款金额：'))
            self.balance += amount
            print("转入",amount,"元 余额为",self.balance)
        def withdrawl(self):
            """取款"""
            amount = float(input('请输入取款金额：'))
            #判断余额
            if amount > self.balance:
                print('余额不足')
            else:
                self.balance -= amount
                print("取款",amount,"元 余额为",self.balance)

def show_menu():
    """显示菜单"""
    menu = '''菜单
0: 退出        1: 存款         2: 取款
'''
    print(menu)
if __name__ == "__main__":
    show_menu()                                          #显示菜单
    num = float(input('请根据菜单输入操作编号：'))         #选择要进行的操作
    bank = Bank()                                        #实例化类的对象
    while num!= 0 :
        if num == 1:
            bank.deposit()                               #存款操作
        elif num == 2:
            bank.withdrawl()                             #取款操作
        else:
            print('您的输入有误!')
        num = float(input('\n 请根据菜单输入操作编号：'))
    print('您已退出系统')
```

(3) 定义一个父类 Person,在 Person 类中定义工作 working()和显示个人信息 show()方法。定义继承 Person 类的子类即 Student,在这个子类中重写显示个人信息 show()方法。

创建类 Student 的对象,对 Student 类中的方法进行调用测试。

```
class Person:                                       #定义一个父类 Person
    def __init__(self,name,age,sex):
        self.name = name
        self.age = age
        self.sex = sex
    def working(self):
        print(self.name,'正在工作!')
    def show(self):
        print('姓名:{}\n 年龄:{}\n 性别:{}\n'.format(self.name,self.age,self.sex))

class Student(Person):                              #定义子类 Student 继承父类 Person
    def __init__(self,name,age,sex,major):
        super().__init__(name,age,sex)              #继承父类(调用父类初始化方法),借用 super()
```

```
        self.major = major
    def show(self):                    #重写父类方法
        Person.show(self)              #继承父类
        print('专业',self.major)        #添加额外行为
s = Student(name = '张三',age = '20',sex = '男',major = '通信学院智联网')
                                       #给予子类创建对象
s.working()
s.show()
```

四、编程并上机调试

（1）定义一个矩形类，包含两个数据成员（属性参数）：宽度和盖度。该类提供两种方法（功能函数）：求面积和周长。

（2）设计一个 Student 类，在类中定义多个方法，其中，构造函数用于接收学生姓名、年龄和成绩列表，其有三个方法分别用于获取该学生的姓名和年龄，求该学生所有成绩的最高分。

🔑 习题

1. 简述面向对象程序设计的概念及类和对象的关系，在 Python 语言中如何声明类和定义对象？

2. 简述面向对象程序设计中的继承与多态性的作用。

3. 定义圆柱体类 Cylinder，包含底面半径和高两个属性（数据成员），以及计算圆柱体体积的方法。编写程序，测试该类的相关功能。

4. 定义学生类，包括学号、姓名和出生日期三个属性（数据成员），用于给定数据成员初始值的构造函数，以及计算学生年龄的方法。编写程序，测试该类的相关功能。

5. 定义 shape 类，利用它作为基类派生出 Rectangle、Circle 等具体形状类。已知具体形状类均具有两个方法 GetArea() 和 GetColor()，分别用来得到形状的面积和颜色。编写程序，测试该类的相关功能。

6. 定义汽车类，包括汽车颜色 color、车身重量 weight、速度 speed 等属性，初始化各个属性值（speed 初始值设为 50）的构造函数，以及将属性值 speed＋10 并显示 speed 值的 speedup() 方法，将属性值 speed-10 并显示 speed 值的 speedcut() 方法，显示属性值 color、weight、speed 的 show() 方法。

在主程序中创建实例并调初始化属性值，分别调用 show() 方法、speedup() 方法、speedcut() 方法。

第7章

科学计算NumPy库

CHAPTER 7

随着 NumPy、SciPy、Matplotlib 等众多程序库的开发,Python 越来越适合于做科学计算。与科学计算领域最流行的商业软件 MATLAB 相比,Python 是一门真正的通用程序设计语言,比 MATLAB 所采用的脚本语言的应用范围更广泛,有更多程序库的 支持。虽然 MATLAB 中的某些高级功能目前还无法替代,但是对 于基础性、前瞻性的科研工作和应用系统的开发,完全可以用 Python 来完成。

NumPy 是非常有名的 Python 科学计算工具包,其中包含大量 有用的工具,如数组对象(用来表示向量、矩阵、图像等)以及线性代 数函数。NumPy 中的数组对象可以帮助用户实现数组中重要的操 作,如矩阵乘积、转置、解方程系统、向量乘积和归一化,这为图像变 形、对变化进行建模、图像分类、图像聚类等提供了基础。

视频讲解

7.1　NumPy 数组的使用

NumPy(Numerical Python)是高性能科学计算和数据分析的基础包。NumPy 是 Python 的一个科学计算的库,提供了矩阵运算的功能,其一般与 SciPy、Matplotlib 一起使用。一般安装 NumPy 库,是在命令行下运行 pip(或者 pip3):

```
D:\> pip install numpy
```

第三方库 NumPy 也可以从 SciPy 官网免费下载,在线说明文档包含可能遇到的大多数问题的答案。

其主要功能如下。

(1) ndarray:一个具有矢量算术运算和复杂广播能力的快速且节省空间的多维数组。

(2) 用于对整组数据进行快速运算的标准数学函数(无须编写循环)。

(3) 用于读写磁盘数据的工具以及用于操作内存映射文件的工具。

(4) 线性代数、随机数生成以及傅里叶变换功能。

在 NumPy 中,最重要的对象是称为 ndarray 的 N 维数组类型,它是描述相同类型的元素集合,NumPy 所有功能几乎都以 ndarray 为核心展开。ndarray 中的每个元素都是数据类型对象(dtype)的对象。ndarray 中的每个元素在内存中使用相同大小的块。

7.1.1　NumPy 数组创建

视频讲解

1. NumPy 数组

NumPy 库中处理的最基础的数据类型是同种元素构成的数组(ndarray)。NumPy 数组是一个多维数组对象,称为 ndarray。NumPy 数组的维数称为秩,一维数组的秩为 1,二维数组的秩为 2,以此类推。在 NumPy 中,每一个线性的数组称为一个轴,秩其实是描述轴的数量。例如,二维数组相当于两个一维数组,其中第一个一维数组中每个元素又是一个一维数组。而轴的数量——秩,就是数组的维数。关于 NumPy 数组必须了解:NumPy 数组的下标从 0 开始;同一个 NumPy 数组中所有元素的类型必须是相同的。

2. 创建 NumPy 数组

创建 NumPy 数组的方法有很多。例如,可以使用 array 函数从常规的 Python 列表和元组创造数组。所创建的数组类型由原序列中的元素类型推导而来。

```
>>> from numpy import *
>>> a = array( [2,3,4] )
>>> a                              #输出 array([2, 3, 4])
>>> a.dtype                        #输出 dtype('int32')
>>> b = array([1.2, 3.5, 5.1])
>>> b.dtype                        #输出 dtype('float64')
```

使用 array 函数创建时,参数必须是由方括号括起来的列表,而不能使用多个数值作为参数调用 array。

```
>>> a = array(1,2,3,4)                    # 错误
>>> a = array([1,2,3,4])                  # 正确
```

可使用双重序列来表示二维数组,三重序列表示三维数组,以此类推。

```
>>> b = array( [(1.5,2,3), (4,5,6) ] )
>>> b
   array([[ 1.5,   2. ,   3. ],
       [ 4. ,   5. ,   6. ]])
```

可以在创建时显式指定数组中元素的类型。

```
>>> c = array( [ [1,2], [3,4] ], dtype = complex)
>>> c
   array([[ 1. + 0.j,   2. + 0.j],
       [ 3. + 0.j,   4. + 0.j]])
```

通常,刚开始时数组的元素未知,而数组的大小已知。因此,NumPy 提供了一些使用占位符创建数组的函数。这些函数除了满足数组扩展的需要,同时降低了高昂的运算开销。

用函数 zeros 可创建一个全是 0 的数组,用函数 ones 可创建一个全为 1 的数组,函数 empty 用于创建一个内容随机并且依赖于内存状态的数组。默认创建的数组类型(dtype) 都是 float64。可以用 d.dtype.itemsize 来查看数组中元素占用的字节数。

```
>>> d = zeros((3,4))
>>> d.dtype                               # 输出 dtype('float64')
>>> d
array([[ 0.,   0.,   0.,   0.],
     [ 0.,   0.,   0.,   0.],
     [ 0.,   0.,   0.,   0.]])
>>> d.dtype.itemsize                      # 输出 8
```

NumPy 提供两个类似 range 的函数返回一个数列形式的数组。

1) arange 函数

类似于 Python 的 range 函数,通过指定开始值、终值和步长来创建一维数组,注意数组不包括终值。

```
>>> import numpy as np
>>> np.arange(0, 1, 0.1)                  # 步长 0.1
array([ 0. ,   0.1,   0.2,   0.3,   0.4,   0.5,   0.6,   0.7,   0.8,   0.9])
```

此函数在区间[0,1]以 0.1 为步长生成一个数组。如果仅使用一个参数,代表的是终值,开始值为 0;如果仅使用两个参数,则步长默认为 1。

```
>>> np.arange(10)                         # 仅使用一个参数,相当于 np.arange(0, 10)
array([0, 1, 2, 3, 4, 5, 6, 7, 8, 9])
>>> np.arange(0, 10)
array([0, 1, 2, 3, 4, 5, 6, 7, 8, 9])
>>> np.arange(0, 5.6)
array([ 0.,   1.,   2.,   3.,   4.,   5.])
```

```
>>> np.arange(0.3, 4.2)
array([ 0.3,  1.3,  2.3,  3.3])
```

2) linspace 函数

通过指定开始值、终值和元素个数(默认为 50)来创建一维数组,可以通过 endpoint 关键字指定是否包括终值,默认设置是包括终值。

```
>>> np.linspace(0, 1, 5)
array([ 0. ,  0.25,  0.5 ,  0.75,  1.  ])
```

注意的是 NumPy 库有一般 math 库函数的数组实现,如 sin、cos、log。基本函数(三角、对数、平方和立方等)的使用就是在函数前加上 np. 这样就能实现数组的函数计算。

```
>>> x = np.arange(0,np.pi/2,0.1)
>>> x
array([0. ,0.1, 0.2, 0.3, 0.4, 0.5, 0.6, 0.7, 0.8, 0.9, 1. ,1.1, 1.2, 1.3, 1.4, 1.5])
>>> y = sin(x)                          #NameError: name 'sin' is not defined
```

改成如下:

```
>>> y = np.sin(x)
>>> y
array([ 0. ,  0.09983342,  0.19866933,  0.29552021,  0.38941834,
0.47942554,  0.56464247,  0.64421769,  0.71735609,  0.78332691,
0.84147098,  0.89120736,  0.93203909,  0.96355819,  0.98544973,
0.99749499])
```

从结果可见,y 数组的元素分别是 x 数组元素对应的正弦值,计算起来十分方便。

3) 生成随机数数组

NumPy 库 random.randint()函数可以生成一个随机整数或随机整数数组。

```
numpy.random.randint(low, high = None, size = None, dtype = int)
```

函数的作用是,返回一个随机整数,范围从 low(包括)到 high(不包括),即[low, high)。如果没有写参数 high,则返回[0,low)的值。

参数如下。

low:生成的数值最低要大于或等于 low。

high:(可选)如果使用这个值,则生成的数值在[low, high)区间。

size:整型或元素为整型的元组(可选),用于表示输出随机数的数量,如 size=(m * n * k)则输出同规模即 m×n×k 个随机数。默认是 None 的,仅返回满足要求的单一随机数。

dtype:(可选)需要的结果数据类型,如 int64、int 等,默认为整数型。

例如:

```
>>> np.random.randint(2, size = 10)      #生成 10 个[0, 2)区间的整数
array([1, 0, 0, 0, 1, 1, 0, 0, 1, 0])
>>> np.random.randint(1, size = 10)      #生成 10 个[0, 1)区间的整数
array([0, 0, 0, 0, 0, 0, 0, 0, 0, 0])
```

```
>>> np.random.randint(5, size = (2, 4))          #生成(2 * 4)个[0,5)区间的整数
array([[0, 4, 4, 3],
       [2, 2, 3, 1]])
>>> np.random.randint(2, high = 10, size = (2,3))  #生成(2 * 3)个[2,10)区间的整数
array([[6, 8, 7],
       [2, 5, 2]])
```

相似地，如果生成[0，1)区间随机小数或随机小数数组，则使用 random.random()函数或者 random.rand()函数。

```
random.random(size = None)
```

random.random()可以接收一个元组参数，表示数组的大小。

例如，要生成 3 行 5 列的数组：

```
>>> np.random.random((3, 5))
```

结果如下。

```
array([[0.86933484, 0.87970543, 0.0166832 , 0.57666914, 0.11181498],
       [0.16921754, 0.01494777, 0.02041152, 0.62331785, 0.29139376],
       [0.49610159, 0.39674222, 0.46509307, 0.90606952, 0.28217692]])
```

也可以使用 np.random.rand(3，5)实现，接收的是分开的参数来表示数组的大小。

3. NumPy 中的数据类型

对于科学计算来说，Python 中自带的整型、浮点型和复数类型远远不够，因此 NumPy 中添加了许多数据类型，如表 7-1 所示。

表 7-1　NumPy 数组的数据类型

名　　称	描　　述
bool	用一个字节存储的布尔类型（True 或 False）
inti	由所在平台决定其大小的整数（一般为 int32 或 int64）
int8	一个字节大小，$-128 \sim 127$
int16	整数，$-32\,768 \sim 32\,767$
int32	整数，$-2^{31} \sim 2^{32}-1$
int64	整数，$-2^{63} \sim 2^{63}-1$
uint8	无符号整数，$0 \sim 255$
uint16	无符号整数，$0 \sim 65\,535$
uint32	无符号整数，$0 \sim 2^{32}-1$
uint64	无符号整数，$0 \sim 2^{64}-1$
float16	半精度浮点数：16 位，正负号 1 位，指数 5 位，精度 10 位
float32	单精度浮点数：32 位，正负号 1 位，指数 8 位，精度 23 位
float64 或 float	双精度浮点数：64 位，正负号 1 位，指数 11 位，精度 52 位
complex64	复数，分别用两个 32 位浮点数表示实部和虚部
complex128 或 complex	复数，分别用两个 64 位浮点数表示实部和虚部

7.1.2　NumPy 数组中的元素访问

NumPy 数组中的元素是通过下标来访问的，可以通过方括号括起一个下标来访问数组中单一一个元素，也可以以切片的形式访问数组中的多个元素。表 7-2 给出了 NumPy 数组（ndanay）的索引和切片方法。

表 7-2　NumPy 数组的索引和切片方法

访　问	描　述
X[i]	索引第 i 个元素
X[-i]	从后向前索引第 i 个元素
X[n:m]	切片，默认步长为 1，从前往后索引，不包含 m
X[-m,-n]	切片，默认步长为 1，从后往前索引，不包含 n
X[n,m,i]	切片，指定 i 步长的由 n 到 m 的索引

可以使用和列表相同的方式对数组的元素进行存取。

```
>>> import numpy as np
>>> a = np.arange(10)          #array([0, 1, 2, 3, 4, 5, 6, 7, 8, 9])
>>> a[5]                       #用整数作为下标可以获取数组中的某个元素
输出: 5
>>> a[3:5]                     #用切片作为下标获取数组的一部分,包括a[3]不包括a[5]
输出: array([3, 4])
>>> a[:5]                      #切片中省略开始下标,表示从a[0]开始
输出: array([0, 1, 2, 3, 4])
>>> a[:-1]                     #下标可以使用负数,表示从数组最后往前数
输出: array([0, 1, 2, 3, 4, 5, 6, 7, 8])
>>> a[2:4] = 100,101           #访问同时修改元素的值
>>> a
输出: array([0, 1, 100, 101, 4, 5, 6, 7, 8, 9])
>>> a[1:-1:2]                  #切片中的第三个参数表示步长,2表示隔一个元素取一个元素
输出: array([1,101, 5, 7])
>>> a[::-1]                    #省略切片的开始下标和结束下标,步长为-1,整个数组头尾颠倒
输出: array([9, 8, 7, 6, 5, 4, 101, 100, 1, 0])
>>> a[5:1:-2]                  #步长为负数时,开始下标必须大于结束下标
输出: array([5, 101])
```

多维数组可以每个轴有一个索引，这些索引由一个逗号分隔的元组给出。下面是一个二维数组的例子。

```
import numpy as np
b = np.array([[ 0, 1, 2, 3],
             [10, 11, 12, 13],
             [20, 21, 22, 23],
             [30, 31, 32, 33],
             [40, 41, 42, 43]])
>>> b[2,3]                     #输出: 23
>>> b[0:5, 1]                  #每行的第二个元素,输出: array([ 1, 11, 21, 31, 41])
>>> b[: ,1]                    #与前面的效果相同,输出: array([ 1, 11, 21, 31, 41])
>>> b[1:3, : ]                 #每列的第二个和第三个元素
输出: array([[10, 11, 12, 13],
            [20, 21, 22, 23]])
```

表 7-2 给出了 NumPy 数组（ndanay）的索引和切片方法。数组切片得到的是原始数组的视图，所有修改都会直接反映到源数组。如果需要得到 NumPy 数组（ndanay）切片的一份副本，需要进行复制操作，如 b[5:8].copy()。

视频讲解

7.1.3　NumPy 数组的算术运算

1. NumPy 数组之间的算术运算

NumPy 数组之间的算术运算是按元素逐个运算。NumPy 数组运算后将创建包含运算结果的新数组。例如：

```
>>> import numpy as np
>>> a = np.array([20,30,40,50])
>>> b = np.arange( 4)                      #相当于 np.arange(0, 4)
>>> b
输出：array([0, 1, 2, 3])
>>> c = a - b
>>> c
输出：array([20, 29, 38, 47])
>>> b ** 2                                 #乘方运算,2 次方
输出：array([0, 1, 4, 9])
>>> 10 * np.sin(a)                         #10 * sina
输出：array([ 9.12945251, - 9.88031624, 7.4511316, - 2.62374854])
>>> a < 35                                 #每个元素与 35 比较大小
输出：array([True, True, False, False], dtype = bool)
```

与其他矩阵语言不同，NumPy 中的乘法运算符 * 按元素逐个计算，矩阵乘法可以使用 dot 函数或创建矩阵对象实现。例如：

```
>>> import numpy as np
>>> A = np.array([[1,1],  [0,1]])
>>> B = np.array([[2,0],  [3,4]])
>>> A * B                                  #逐个元素相乘
array([[2, 0],
      [0, 4]])
>>> np.dot(A,B)                            #矩阵相乘
array([[5, 4],
      [3, 4]])
```

需要注意的是，有些操作符如＋＝和 * ＝用来更改已存在数组而不创建一个新的数组。例如：

```
>>> a = np.ones((2,3), dtype = int)        #全 1 的 2 * 3 数组
>>> b = np.random.random((2,3))            #随机小数填充的 2 * 3 数组
>>> a * = 3
>>> a
array([[3, 3, 3],
      [3, 3, 3]])
>>> b += a
>>> b
array([[ 3.69092703, 3.8324276, 3.0114541],
      [ 3.18679111, 3.3039349, 3.37600289]])
```

```
>>> a += b                          #b转换为整数类型
>>> a
array([[6, 6, 6],
      [6, 6, 6]])
```

2. NumPy 数组统计运算

许多非数组之间相互运算,如计算数组所有元素之和,都作为 ndarray 类的方法来实现,使用时需要用 ndarray 类的实例来调用这些方法。表 7-3 是 NumPy 数组的常用统计方法。

表 7-3　NumPy 数组的常用统计方法(函数)

方法(函数名)	说　　明	方法(函数名)	说　　明
np. sum	所有元素的和	np. quantile	0~1 分位数
np. prod	所有元素的乘积	np. median	中位数
np. cumsum	元素的累积加和	np. average	加权平均,参数可以指定 weights
np. cumprod	元素的累积乘积	np. mean	平均值
np. min	最小值	np. std	标准差
np. max	最大值	np. var	方差
np. percentile	0~100 百分位数		

举例如下。

```
>>> import numpy as np
>>> a = np.random.random((3,4))
>>> a
array([[ 0.8672503 ,  0.48675071,  0.32684892,  0.04353831],
      [ 0.55692135,  0.20002268,  0.41506635,  0.80520739],
      [ 0.42287012,  0.34924901,  0.81552265,  0.79107964]])
>>> a.sum()                         #求和
6.0803274306192927
>>> a.min()                         #最小
0.043538309733581748
>>> a.max()                         #最大
0.86725029797617903
>>> a.sort()                        #排序
>>> a
array([[ 0.04353831,  0.32684892,  0.48675071,  0.8672503 ],
      [ 0.20002268,  0.41506635,  0.55692135,  0.80520739],
      [ 0.34924901,  0.42287012,  0.79107964,  0.81552265]])
```

这些运算将数组看作一维线性列表。但可通过指定 axis 参数(即数组的维)对指定的轴做相应的运算。

NumPy 的 axis 参数的用途如下。

二维 narray 对象中,axis=0 代表在列上进行计算/操作,axis=1 代表在行上计算/操作;高维对象中,axis=0 代表最外层的[],axis=1 代表第二外层的[],…。

对于 sum/mean/media 等聚合函数,可以如下这样理解。

理解 1:axis=0 代表把行消解掉,axis=1 代表把列消解掉。

理解 2：axis＝0 代表跨行计算，axis＝1 代表跨列计算。

例如：

```
>>> b = np.arange(12).reshape(3,4)
>>> b
array([[ 0, 1, 2, 3],
       [ 4, 5, 6, 7],
       [ 8, 9, 10, 11]])
>>> b.sum(axis = 0)                    ♯计算每一列的和,注意理解轴的含义
array([12, 15, 18, 21])
>>> b.min(axis = 1)                    ♯获取每一行的最小值
array([0, 4, 8])
>>> b.cumsum(axis = 1)                 ♯计算每一行的累积和
array([[ 0, 1, 3, 6],
       [ 4, 9, 15, 22],
       [ 8, 17, 27, 38]])
```

视频讲解

7.1.4　NumPy 数组的形状(shape)操作

1. 数组的形状

数组的形状取决于其每个轴上的元素个数。

```
>>> a = np.int32(100 * np.random.random((3,4)))     ♯3 * 4 整数数组
>>> a
array([[26, 11, 0, 41],
       [48, 9, 93, 38],
       [73, 55, 8, 81]])
>>> a.shape
(3, 4)
```

2. 更改数组的形状

可以用多种方式修改数组的形状。

```
>>> a.ravel()                          ♯平坦化数组
array([26, 11,  0, 41, 48,  9, 93, 38, 73, 55,  8, 81])
>>> a.shape = (6, 2)                    ♯形状为 6 * 2 数组
>>> a.transpose()                       ♯对数组转置,原数组 a 不变
array([[26, 0, 48, 93, 73, 8],
       [11, 41, 9, 38, 55, 81]])
```

由 ravel()展平的数组元素的顺序通常是"C 风格"的，就是以行为基准，最右边的索引变化得最快，所以元素 a[0,0]之后是 a[0,1]。如果数组改变成其他形状(reshape)，仍然是"C 风格"的。NumPy 通常创建一个以这个顺序保存数据的数组，所以 ravel()通常不需要创建调用数组的副本。但如果数组是通过切片其他数组或有不同寻常的选项时，就可能需要创建其副本。还可以通过一些可选参数函数让 reshape()和 ravel()构建 FORTRAN 风格的数组，即最左边的索引变化最快。

reshape()函数改变调用数组的形状并返回该数组，而 resize()函数改变调用数组自身。

```
>>> a
array([ [26, 11],
        [ 0, 41],
        [48, 9],
        [93, 38],
        [73, 55],
        [ 8, 81]])
>>> a.resize((2,6))
>>> a
array([[26, 11, 0, 41, 48, 9],
       [93, 38, 73, 55, 8, 81]])
```

如果在 reshape 操作中指定一个维度为 −1,那么其准确维度将根据实际情况计算得到。更多关于 shape、reshape、resize 和 ravel 的内容请参考 NumPy 示例。

7.2　NumPy 中的矩阵对象

视频讲解

NumPy 模块库中的矩阵对象为 numpy.matrix,包括矩阵数据的处理、矩阵的计算,以及基本的统计功能、转置、可逆性等,包括对复数的处理,均在 matrix 对象中。

numpy.matrix(data,dtype,copy)返回一个矩阵,其中,参数 data 为 ndarray 对象或者字符串形式;dtype 为 data 的数据类型;copy 为 bool 类型。

```
>>> a = np.matrix('1 2 7; 3 4 8; 5 6 9')
>>> a        #矩阵的换行必须是用分号(;)隔开,矩阵的元素之间必须以空格隔开
matrix([[1, 2, 7],
        [3, 4, 8],
        [5, 6, 9]])
>>> b = np.array([[1,5],[3,2]])
>>> x = np.matrix(b)                          #矩阵中的 data 可以为数组对象
>>> x
matrix([[1, 5],
        [3, 2]])
```

矩阵对象的属性如下。

- matrix.T(transpose):返回矩阵的转置矩阵。
- matrix.H(conjugate):返回复数矩阵的共轭元素矩阵。
- matrix.I(inverse):返回矩阵的逆矩阵。
- matrix.A(base array):返回矩阵基于的数组。

例如:

```
>>> a
matrix([[1, 2, 7],
        [3, 4, 8],
        [5, 6, 9]])
>>> b = a.T                          #b 是 a 的转置矩阵
>>> b
matrix([[1, 3, 5],
        [2, 4, 6],
        [7, 8, 9]])
```

```
>>> a.H                                    #a 的共轭元素矩阵
matrix([[1, 3, 5],
        [2, 4, 6],
        [7, 8, 9]])
```

NumPy 库还包括三角运算函数、傅里叶变换、随机和概率分布、基本数值统计、位运算、矩阵运算等非常丰富的功能，读者在使用时可以到官方网站查询。

🔑 7.3　NumPy 中的数据统计分析

视频讲解

7.3.1　排序

NumPy 的排序有直接排序和间接排序。直接排序是对数据直接进行排序，间接排序是指根据一个或多个键值对数据进行排序。直接排序使用 sort()函数，间接排序使用 argsort()和 lexsort()函数。

1. sort()函数

sort()函数是常用的排序方法。其中，numpy.sort()调用后不会改变原始数组，返回数组的排序副本。ndarray.sort()调用后会改变原始数组，无返回值。

格式：

```
numpy.sort(a,axis = -1,kind = 'quicksort',order = None)        #形式 1
ndarray.sort(axis = -1,kind = 'quicksort',order = None)        #形式 2
```

其中的参数含义如下。

a：要排序的数组。

axis：使得 sort()函数可以沿着指定轴对数据集进行排序。axis=1 为沿横轴（按行）排序，axis=0 为沿纵轴（按列）排序，axis=None 表示将数组展开平坦化后进行排序。

kind：排序算法，默认为 quicksort，表示使用快速排序算法。

order：如果数组包含字段，则字段是要排序的字段。

例如：

```
import numpy as np
a = np.array([7, 9, 5, 2, 9, 4, 3, 1, 4, 3])
print('原数组: ', a)
a.sort()                                   #第 2 种形式,等价于 a = np.sort(a)
print('排序后: ', a)
```

输出结果：

```
原数组:  [7 9 5 2 9 4 3 1 4 3]
排序后:  [1 2 3 3 4 4 5 7 9 9]
```

sort()函数带参数轴的排序，示例程序如下。

```
import numpy as np
a = np.array([[4, 2, 9, 5], [6, 4, 8, 3], [1, 6, 2, 4]])
print('原数组: ', a)
a.sort(axis = 1)                              #axis = 1 代表沿横轴(按行)排序
print('排序后: ', a)
```

输出结果:

```
原数组:
  [[4 2 9 5]
  [6 4 8 3]
  [1 6 2 4]]
排序后:
  [[2 4 5 9]
  [3 4 6 8]
  [1 2 4 6]]
```

在 sort()函数中有排序字段,示例程序如下。

```
dt = np.dtype([('name', 'S10'),('age', int)])
a = np.array([("raju",21),("anil",25),("ravi", 17),("amar",27)], dtype = dt)
print('按 name 排序: ')
print(np.sort(a, order = 'name'))
print(np.sort(a, order = 'age'))
```

输出结果:

```
按 name 排序:
[(b'amar', 27) (b'anil', 25) (b'raju', 21) (b'ravi', 17)]
[(b'ravi', 17) (b'raju', 21) (b'anil', 25) (b'amar', 27)]
```

2. 使用 argsort()和 lexsort()函数间接排序

使用 argsort()和 lexsort()函数,可以在数组排序后,得到一个由整数构成的索引数组,索引值表示排序后数据在原数组序列中的位置。

1) argsort()函数间接排序

argsort()函数返回的是从小到大排序后的索引列表。argsort()函数中,当 axis=0 时,按列排列;当 axis=1 时,按行排列。如果省略默认按行排列。

```
import numpy as np
a = np.array([7, 9, 5, 2, 8, 4, 3, 1, 4, 3])
print("原数组: ", a)
print("排序后: ", a.argsort())   #最小是 1 索引号 7,次小是 2 索引号是 3,最大是 9 索引号是 1
#返回数组下标排序
print("显示较大的 5 个数: ", a[a.argsort()][-5:])
```

输出结果:

```
原数组:  [7 9 5 2 8 4 3 1 4 3]
排序后:  [7 3 6 9 5 8 2 0 4 1]
显示较大的 5 个数:  [4 5 7 8 9]
```

2）lexsort()函数间接排序

此功能用于使用涉及多个数组的多个排序键进行排序。例如，首先对 A 列中的数据进行排序，然后对 B 列中的值进行排序。

在下面的示例中，采用表示 A 列和 B 列的两个数组 a、b。在应用 lexsort()函数时，首先按 A 列然后按 B 列进行排序，排序结果为包含 A 列中元素索引的数组。

```python
import numpy as np
a = [2,5,1,8,1]                    #表示 A 列
b = [9,0,3,2,0]                    #表示 B 列
ind = np.lexsort((b, a))          #先按 A 列然后按 B 列进行排序
print("ind", ind)
tmp = [(a[i], b[i])for i in ind]
print("tmp", tmp)
```

输出结果：

```
ind [4 2 0 1 3]
tmp [(1, 0), (1, 3), (2, 9), (5, 0), (8, 2)]
```

从结果可见，a 中最小的两个值"1"的索引分别是 2 和 4。当 a 列值相同时按 b 列对应元素排序，b 列索引为 2 和 4 的元素分别是 3 和 0，所以最终排序后对应 a 列索引分别是 4，2，0，1，3（而不是 2，4，0，1，3），因此 tmp 是[(1, 0),(1, 3),(2, 9),(5, 0),(8, 2)]。

7.3.2　重复数据与去重

视频讲解

在统计分析中，需要提前将重复数据剔除。可以使用 unique()函数找到数组中唯一值并返回已排序的结果。参数 return_counts 设置为 True 时，可返回每个取值出现的次数。

1. 数组内数据去重

通过 unique()函数可以找出数组中的唯一值并返回已排序的结果。经常用于统计类别种类数目、信息清洗和去掉重复数据。例如，班级学员统计，可以依据电话号码等属性进行去重。

```python
import numpy as np
names = np.array(['红色', '蓝色', '蓝色', '白色', '红色', '红色', '蓝色'])
print('原数组：', names)
print('去重后的数组：', np.unique(names))   #去重后排序结果
print('数据出现次数：', np.unique(names, return_counts = True))
```

输出结果：

```
原数组：　[' 红色' ' 蓝色' ' 蓝色' ' 白色' ' 红色' ' 红色' ' 蓝色']
去重后的数组：[' 白色' ' 红色' ' 蓝色']
数据出现次数：(array([' 白色', ' 红色', ' 蓝色'], dtype = '<U2'), array([1, 3, 3], dtype = int64))
```

删除重复元素时可以按行或者列删除。

```python
import numpy as np
data = np.array([[1,8,3,3,4],
```

```
                    [1,8,9,9,4],
                    [1,8,3,3,4]])
#删除整个数组的重复元素
uniques = np.unique(data)
print( uniques)                         #array([1, 3, 4, 8, 9])
#删除重复行
uniques = np.unique(data , axis = 0)
print( uniques)                         #array([[1,8,3,3,4],[1,8,9,9,4]])
#删除重复列
uniques = np.unique(data , axis = 1)
print( uniques)                         #array([[1, 3, 4, 8],[1, 9, 4, 8],[1, 3, 4, 8]])
```

输出结果：

```
[1 3 4 8 9]
[[1 8 3 3 4]
 [1 8 9 9 4]]
[[1 3 4 8]
 [1 9 4 8]
 [1 3 4 8]]
```

2. 数组数据重复

使用 tile() 和 repeat() 来进行数组数据重复。统计分析时需要把一个数据重复若干次，在 NumPy 中主要使用 tile() 和 repeat() 函数实现重复数据。

1) tile()

tile() 函数的功能是对整个数组进行复制拼接，用法如下。

```
numpy.tile(a, reps)
```

其中，a 为数组，reps 为重复的次数。np.tile() 函数不需要 axis 关键字参数，仅通过第二个参数便可指定在各轴上的复制次数。

```
import numpy as np
a = np.arange(10)
print(a)
print(np.tile(a,2))                     #重复 2 次
print(np.tile(a,(3,2)))                 #行重复 3 次,列重复 2 次
a = np.arange(10).reshape(2,5)          #变形为 2 行 5 列数组
print(np.tile(a,2))                     #重复 2 次
```

输出结果：

```
[0 1 2 3 4 5 6 7 8 9]
[0 1 2 3 4 5 6 7 8 9 0 1 2 3 4 5 6 7 8 9]
[[0 1 2 3 4 5 6 7 8 9 0 1 2 3 4 5 6 7 8 9]
 [0 1 2 3 4 5 6 7 8 9 0 1 2 3 4 5 6 7 8 9]
 [0 1 2 3 4 5 6 7 8 9 0 1 2 3 4 5 6 7 8 9]]
[[0 1 2 3 4 0 1 2 3 4]
 [5 6 7 8 9 5 6 7 8 9]]
```

2）repeat（）

repeat 函数的功能是对数组中的元素进行连续重复复制，用法有以下两种。

- numpy. repeat（a，repeats，axis＝None）
- a. repeat（repeats，axis＝None）

其中，a 为需要重复的数组，repeats 为重复的次数，axis 表示沿着哪个轴进行，0 表示按行元素进行重复，1 表示按列元素进行重复。

```
import numpy as np
a = np.arange(5)                                    #生成[0 1 2 3 4]数组
print('原数组:', a)
w = np.tile(a, 3)
print('重复数据处理:\n', w)
a2 = np.array([[1, 2, 3], [4, 5, 6]])
print('重复数据处理 1:\n', a2.repeat(2, axis = 0))   #行重复
print('重复数据处理 2:\n', a2.repeat(2, axis = 1))   #列重复
```

输出结果：

```
原数组: [0 1 2 3 4]
重复数据处理:
[0 1 2 3 4 0 1 2 3 4 0 1 2 3 4]
重复数据处理 1:
[[1 2 3]
[1 2 3]
[4 5 6]
[4 5 6]]
重复数据处理 2:
[[1 1 2 2 3 3]
[4 4 5 5 6 6]]
```

7.3.3　常用统计函数

常用统计函数有 sum、mean、std、var、min、max，表 7-4 是 NumPy 数组的常用统计方法。绝大多数的统计函数在针对二维数组使用时需要注意轴的概念。axis 轴参数为 0 时表示沿纵轴，为 1 时表示沿横轴。

表 7-4　NumPy 数组的常用统计方法

函　　数	说　　明
sum	对数组中全部或者某轴向的元素求和（零长度的数组的 sum 为 0）
mean	算术平均数（零长度的数组的 mean 为 NaN）
std，var	分别为标准差和方差，自由度可调（默认为 n）
min，max	最大值和最小值
argmin，argmax	分别为最大和最小元素的索引
cumsum	所有元素的累计和
cumpord	所有元素的累计积

例如：

```
import numpy as np
a = np.arange(20).reshape(4, 5)
print('创建的数组:\n', a)
print('数组的和: ', np.sum(a))
print('数组纵轴的和: ', np.sum(a, axis = 0))
print('数组横轴的和: ', np.sum(a, axis = 1))
print('数组的均值: ', np.mean(a))
print('数组纵轴的均值: ', np.mean(a, axis = 0))
print('数组横轴的均值: ', np.mean(a, axis = 1))
print('数组的标准差: ', np.std(a))
print('数组纵轴的标准差: ', np.std(a, axis = 0))
print('数组横轴的标准差: ', np.std(a, axis = 1))
```

输出结果：

```
创建的数组:
[[ 0  1  2  3  4]
 [ 5  6  7  8  9]
 [10 11 12 13 14]
 [15 16 17 18 19]]
数组的和:  190
数组纵轴的和:  [30 34 38 42 46]
数组横轴的和:  [10 35 60 85]
数组的均值:  9.5
数组纵轴的均值:  [ 7.5  8.5  9.5 10.5 11.5]
数组横轴的均值:  [ 2.  7. 12. 17.]
数组的标准差:  5.766281297335398
数组纵轴的标准差:  [5.59016994 5.59016994 5.59016994 5.59016994 5.59016994]
数组横轴的标准差:  [1.41421356 1.41421356 1.41421356 1.41421356]
```

实验七　NumPy 数据分析应用

一、实验目的

通过本实验，了解数据处理和数据分析的意义，掌握使用 NumPy 库对数据进行分析加工的方法和过程，从大量杂乱无章、难以理解的数据中去除缺失、重复、错误和异常的数据，并对处理过的数据进行简单分析。

二、实验要求

（1）掌握使用 NumPy 库进行数据清理的过程，包括处理重复值及空格等。

（2）掌握使用 NumPy 库进行数据集成的方法，对数据源的数据进行重构。

（3）掌握使用 NumPy 库实现数据的函数变换和标准化处理。

（4）掌握使用 NumPy 库进行简单的数据分析。

三、知识要点

1. NumPy 对 CSV 文件的读写

1）读取 CSV 文件

```
loadtxt(fname, dtype = < class 'float'>, delimiter = None, encoding = 'bytes')
```

其中，fname 是文件名字符串；dtype 是 array 数组的数据类型（可选）；delimiter 是数据分隔符（可选）；encoding 是文件的编码方式（可选）。

2）写入 CSV 文件

```
savetxt(fname, X, fmt = '% .18e', delimiter = ' ', encoding = None)
```

其中，fname 是文件名或文件句柄；X 是要存储到文件的数据；delimiter 是数据分隔符（可选）；fmt 是格式化字符（可选）；encoding 是文件的编码方式（可选）。

2. NumPy 数组的堆叠

将两个 ndarray 数组堆叠在一起组合成一个新的 ndarray 对象，可实现对数据的重构。根据堆叠的方向不同分为 hstack 以及 vstack 两种。

1）np.hstack()

将两个表格（二维数组）在水平方向上堆叠在一起组合起来，拼接成一个新的表格（二维数组）。

```
In[2]:
import numpy as np
nary1 = np.array([[10,20],[4,40]])
nary2 = np.array([[7,68],[9,60]])
np.hstack([nary1,nary2])
```

运行结果如下。

```
array([[10, 20,  7, 68],
       [ 4, 40,  9, 60]])
```

2）np.vstack()

将两个表格（二维数组）在竖直方向上堆叠在一起组合起来，拼接成一个新的表格（二维数组）。

```
np.vstack([nary1,nary2])
```

运行结果如下。

```
array([[10, 20],
       [ 4, 40],
       [ 7, 68],
       [ 9, 60]])
```

3．narray 数组的布尔索引

1）NumPy 数组的比较运算

比较运算符在 NumPy 中是通过通用函数来实现的，np 数组比较运算的操作对象是 ndarray 数组，运算结果也是 ndarray 数组。比较运算符和其对应的通用函数如表 7-5 所示。

表 7-5　NumPy 比较运算符及其通用函数

比较运算符	通 用 函 数	比较运算符	通 用 函 数
==	np. equal()	>=	np. greater_equal()
!=	np. not_equal()	<	np. less()
>	np. greater()	<=	np. less_equal()

2）NumPy 数组的逻辑运算

逻辑运算符和其对应的通用函数如表 7-6 所示。

表 7-6　NumPy 逻辑运算符及其通用函数

逻辑运算符	通 用 函 数	逻辑运算符	通 用 函 数
&	np. logical_and()	^	np. logical_xor
|	np. logical_or()	~	np. logical_not

比较运算符结合 NumPy 的逻辑运算符一起使用可表达复杂条件。

3）逻辑数组

设置条件，通过对 NumPy 数组元素分别进行逻辑运算，将运算结果存储在 NumPy 数组元素对应的逻辑数组元素中，形成逻辑数组。

```
In[1]:
data = np.array([
    ('Teddy',15),
    ('Sandy, 18
    ('Sam',16)],
    dtype = [
        ("name","S10"),
        ("age","int")])
data['age']< = 15
```

运行结果如下。

```
array([ True, False, False])
```

逻辑数组可以作为布尔掩码，对 NumPy 数组进行筛选，得到 NumPy 数组的子数据集。

```
In[2]:
data[data['age']< = 15]['name']
```

运行结果如下。

```
array([b'Teddy'], dtype = '|S10')
```

在许多情况下，数据集可能不完整或因无效数据的存在而受到污染。可以基于某些规则设置掩码，对数据进行查看和操作。

四、实验内容与步骤

（1）读入数据源。将数据文件 score1.csv 读入并输出前 5 行数据。

```
In[1]:
import numpy as np
data = np.loadtxt('d:\score1.csv',dtype = 'str',delimiter = ',',encoding = 'gbk')
print(data[:5])
```

运行结果如下。

```
[['学号/工号' '学生姓名' '班级' '课程 ID' '课程名称' '分数' '状态' '领取时间' '提交时间' 'IP' '学生
  排名' '批阅教师' '批阅 ip']
 ['201928301' '于逸飞' 'RB 软工互 193' '222855134' '计算机专业英语' '86' '已完成'
  '2022/6/12 9:01' '2022/6/12 10:19' '115.60.89.119/河南' '40' '王琳' '10.0.16.158']
 ['201928302' '张子冉' 'RB 软工互 193' '222855134' '计算机专业英语' '88' '已完成'
  '2022/6/12 9:00' '2022/6/12 10:15' '39.163.71.27/河南' '29' '王琳' '10.0.16.158']
 ['201928303' '杨菲' 'RB 软工互 193' '222855134' '计算机专业英语' '87' '已完成'
  '2022/6/12 9:01' '2022/6/12 10:30' '223.91.69.121/河南' '37' '王琳' '202.196.32.91']
 ['201928304' '王佳雯' 'RB 软工互 193' '222855134' '计算机专业英语' '95' '已完成'
  '2022/6/12 9:00' '2022/6/12 10:21' '202.196.32.91/河南' '2' '王琳' '10.0.16.158']]
```

（2）对数据进行简单清洗，去除空格。

```
In[2]:
data = np.char.strip(data)
data[:5]
```

运行结果如下。

```
array([['学号/工号', '学生姓名', '班级', '课程 ID', '课程名称', '分数', '状态', '领取时间',
        '提交时间', 'IP', '学生排名', '批阅教师', '批阅 ip'],
       ['201928301', '于逸飞', 'RB 软工互 193', '222855134', '计算机专业英语', '86',
        '已完成', '2022/6/12 9:01', '2022/6/12 10:19', '115.60.89.119/河南', '40', '王琳', '10.
0.16.158'],
       ['201928302', '张子冉', 'RB 软工互 193', '222855134', '计算机专业英语', '88',
        '已完成', '2022/6/12 9:00', '2022/6/12 10:15', '39.163.71.27/河南', '29', '王琳', '10.
0.16.158'],
       ['201928303', '杨菲', 'RB 软工互 193', '222855134', '计算机专业英语', '87',
        '已完成', '2022/6/12 9:01', '2022/6/12 10:30', '223.91.69.121/河南', '37', '王琳', '202.
196.32.91'],
       ['201928304', '王佳雯', 'RB 软工互 193', '222855134', '计算机专业英语', '95',
        '已完成', '2022/6/12 9:00', '2022/6/12 10:21', '202.196.32.91/河南', '2', '王琳', '10.
0.16.158']], dtype = '<U18')
```

（3）将数据源拆分。

① 将数据源拆分为"学生信息表"，并保存成 CSV 文件。

```
In[3]:
stu_info = data[:,[1,2,6]]
np.savetxt('d:\学生信息.csv',stu_info,fmt = '% s',delimiter = ',')
stu_info[:5]
```

运行结果如下。

```
array([['学生姓名', '班级', '状态'],
       ['于逸飞', 'RB 软工互 193', '已完成'],
       ['张子冉', 'RB 软工互 193', '已完成'],
       ['杨菲', 'RB 软工互 193', '已完成'],
       ['王佳雯', 'RB 软工互 193', '已完成']], dtype = '< U18')
```

② 将数据源拆分为"课程信息表",使用 unique()去重并使用 vstack()将数据重组后保存成 CSV 文件。

```
In[4]:
course_info = data[:,[3,4]]
course_info = np.vstack((course_info[0],np.unique(course_info[1:],axis = 0)))
np.savetxt('d:\课程信息.csv',course_info,fmt = '% s',delimiter = ',')
course_info
```

运行结果如下。

```
array([['课程 ID', '课程名称'],
       ['222855134', '计算机专业英语']], dtype = '< U18')
```

③ 将数据源拆分为"学生成绩表",去重重组后保存成 CSV 文件。

```
In[5]:
score_info = data[:,[0,1,4,5]]
score_info = np.vstack((score_info[0],np.unique(score_info[1:],axis = 0)))
np.savetxt('d:\学生成绩.csv',score_info,fmt = '% s',delimiter = ',')
score_info[:5]
```

运行结果如下。

```
array([['学号/工号', '学生姓名', '课程名称', '分数'],
       ['201928301', '于逸飞', '计算机专业英语', '86'],
       ['201928302', '张子冉', '计算机专业英语', '88'],
       ['201928303', '杨菲', '计算机专业英语', '87'],
       ['201928304', '王佳雯', '计算机专业英语', '95']], dtype = '< U18')
```

(4) 获取成绩,对成绩进行最大值和最小值的统计。

```
In[6]:
# 获取成绩列
score = np.array(score_info[1:,3],dtype = np.float64)
score
```

运行结果如下。

```
array([86., 88., 87., 95., 89., 88., 91., 90., 84., 70., 92., 65., 90.,
       83., 95., 90., 88., 89., 86., 84., 89., 84., 84., 79., 74., 88.,
       94., 96., 93., 86., 92., 87., 86., 86., 88., 72., 89., 84., 83.,
       92., 79., 94., 85., 90., 91., 85., 94., 92., 89., 88., 86., 84.,
       93., 95., 92., 90., 88., 84., 86., 84., 88., 87., 89., 86., 84.,
       90., 72.])
```

```
In[7]:
# 获取最高分的同学
max_index = np.argmax(score)
print(score_info[max_index + 1,[0,1,3]])
```

运行结果如下。

```
['201928328' '谷青岭' '96']
```

```
In[8]:
# 获取最低分的同学
min_index = np.argmin(score)
print(score_info[min_index + 1,[0,1,3]])
```

运行结果如下。

```
['201928312' '王金旭' '65']
```

(5) 统计高于平均分和低于平均分的人数。

```
In[9]:
more_than_avg = len(score[score > np.mean(score)])
less_than_avg = len(score[score < np.mean(score)])
dict_avg = {'高于平均分人数':more_than_avg,'低于平均分人数':less_than_avg}
dict_avg
```

运行结果如下。

```
{'高于平均分人数': 39, '低于平均分人数': 28}
```

五、编程并上机调试

Python 实现新型冠状病毒感染数据统计。

对图 7-1 中数据进行简单清洗,并分别统计 2020 年 1 月及 2 月确诊病例(confirm)数

	A	B	C	D	E	F
1	date	confirm	suspect	heal	dead	severe
2	2020/1/20	291	27	25	6	0
3	2020/1/21	149	26	-25	3	0
4	2020/1/22	131	257	28	8	0
5	2020/1/23	259	680	6	8	0
6	2020/1/24	444	1118	4	16	0
7	2020/1/25	688	1309	11	15	0
8	2020/1/26	769	3806	2	24	0
9	2020/1/27	1771	2077	9	26	0
10	2020/1/28	1459	3248	43	26	0
11	2020/1/29	1737	4148	21	38	0
12	2020/1/30	1981	4812	47	43	0
13	2020/1/31	2099	5019	72	46	0
14	2020/2/1	2589	4562	85	45	0
15	2020/2/2	2825	5173	147	57	0
16	2020/2/3	3233	5072	157	64	0
17	2020/2/4	3886	3971	260	65	0
18	2020/2/5	3694	5328	261	73	0
19	2020/2/6	3193	4833	387	73	0
20	2020/2/7	3437	4214	510	86	0
21	2020/2/8	2652	3916	599	89	0

图 7-1   新型冠状病毒感染数据

量、治愈(heal)病例数量及死亡(dead)病例数量,分别找出确诊数量及死亡最多及最少的日期。

习题

1. 在数组 a＝np.arange(20)中,提取第 6～12 个元素。

2. 将数组 np.arange(20)转变为 4 行 5 列的二维数组,然后分别交换第 1 行和第 2 行、第 1 列和第 2 列。

3. 获取数组 np.random.randint(1,25,size＝(5,5))中的所有偶数,并将其替换为 0。

4. 在 1～100 内均匀地产生 20 个随机数字,并存储在数组 a 中,将大于或等于 30 的数替换为 0,并获取给定数组 a 中前 5 个最大值的位置。

5. 使用 NumPy 数组计算由 5 个坐标(1,9)(5,12)(8,20)(4,10)(2,8)构成的图形的周长。

6. 创建一个 3×3 的随机数组并求其最大值和最小值,然后将最大值替换为 1,最小值替换为 0。

7. 创建一个长度为 15 的随机一维数组,并求其平均值。

8. 创建两个 3×3 的随机数组,并求两个数组之和。

第 *8* 章

Pandas统计分析基础

CHAPTER *8*

　　Python Data Analysis Library(Pandas)是基于 NumPy 的一种工具,该工具是为了解决数据分析任务而创建的。Pandas 提供了一些标准的数据模型和大量能使我们快速便捷地处理数据的函数和方法,使 Python 成为大型数据集强大而高效的数据分析工具。本章就来学习 Pandas 操作方法。

8.1　Python Data Analysis Library（Pandas）

Pandas 是 Python 的一个数据分析包，Pandas 最初被作为金融数据分析工具而开发出来，因此 Pandas 为时间序列分析提供了很好的支持。Pandas 的名称来自面板数据（Panel data）和 Python 数据分析（data analysis）。Panel data 是经济学中关于多维数据集的一个术语，在 Pandas 中也提供了 panel 的数据类型。

Pandas 提供如下数据类型。

1. Series

系列（Series）是能够保存任何类型的数据（如整数、字符串、浮点数、Python 对象等）的一维标记数组。Series 与 NumPy 中的一维 Array（一维数组）类似。两者与 Python 基本的数据结构 List 列表也很相近，其区别是 List 和 Series 中的元素可以是不同的数据类型，而 Array 中则只允许存储相同的数据类型，Array 这样可以更有效地使用内存，提高运算效率。

2. DataFrame

数据框（DataFrame）是二维的表格型数据结构。很多功能与 R 中的 data.frame 类似。可以将 DataFrame 理解为 Series 的容器。

3. Panel

面板（Panel）是三维的数组，可以理解为 DataFrame 的容器，限于篇幅不再介绍。

使用 Pandas 首先需要安装，在命令行下使用 pip3 install pandas 即可。安装成功后，才可以使用 Pandas。Pandas 约定俗成的导入方法如下。

```
import pandas as pd
from pandas import Series,DataFrame
```

如果能导入成功，说明安装成功。

8.1.1　Series

Series 就如同列表一样是一系列数据，每个数据对应一个索引值。可以看作一个定长的有序字典。

视频讲解

1. 创建 Pandas 系列

比如这样一个列表［中国，美国，日本］，如果与索引值写到一起，形式如下。

index	data
0	中国
1	美国
2	日本

```
>>> s = Series(['中国','美国','日本'])        #注意这里是默认索引 0,1,2
```

这里实质上使用列表创建了一个 Series 对象,这个对象有自己的属性和方法。例如,下面的两个属性依次可以显示:

```
>>> print(s.values)
```

```
['中国' '美国' '日本']
```

```
>>> print(s.index)
RangeIndex(start = 0, stop = 3, step = 1)
```

Series 对象包含两个主要的属性 index 和 values,分别为上例中左右两列。列表的索引只能是从 0 开始的整数,Series 在默认情况(未指定索引)下,其索引也是如此。不过,区别于列表的是 Series 可以自定义索引。

```
>>> s = Series(['中国','美国','日本'], index = ['a','b','c'])
>>> s = Series(data = ['中国','美国','日本'], index = ['a','b','c'])
```

这样数据存储形式如下。

index	data
'a'	中国
'b'	美国
'c'	日本

Pandas 系列可以使用以下构造函数创建。

```
pandas.Series( data, index, dtype, copy)
```

Series 构造函数的参数含义如表 8-1 所示。

表 8-1　Series 构造函数的参数含义

参　　数	描　　述
data	数据可以采取各种形式,如 ndarray、list、constants(常量)、dict(字典)
index	索引值必须是唯一的,与数据的长度相同。如果没有索引被传递默认为 np.arange(n)
dtype	dtype 用于数据类型。如果没有,将推断数据类型
copy	复制数据,默认为 false

如果数据是 ndarray,则传递的索引必须具有相同的长度。如果没有传递索引值,那么默认的索引将是 range(n),其中,n 是数组长度 len(array),即[0,1,2,3…,len(array)−1]。

```
import pandas as pd
import numpy as np
data = np.array(['a','b','c','d'])
s = pd.Series(data)
```

字典(dict)可以作为输入传递,如果没有指定索引则按排序顺序取得字典键以构造索引。

```
>>> data = {'a' : 100, 'b' : 110, 'c' : 120}
>>> s = pd.Series(data)
>>> print(s.values)                        #结果是 [100  110   120]
```

如果数据是标量值(常量),则必须提供索引。将重复该值以匹配索引的长度。例如:

```
>>> s = pd.Series(5, index = [0, 1, 2, 3])
>>> print(s.values)                        #结果是[5   5   5   5]
```

2. 访问 Pandas 系列

1) 使用位置访问 Pandas 系列中数据

Pandas 系列 Series 中的数据可以使用类似于访问 ndarray 中的数据来访问。例如,下面的代码访问 Pandas 系列中第一个元素、前三个元素和最后三个元素。

```
import pandas as pd
s = pd.Series([1,2,3,4,5],index = ['a','b','c','d','e'])
print(s[0] )                           #访问第一个元素 1
print(s[:3] )                          #检索系列中的前三个元素 1,2,3
print(s[ - 3:] )                       #检索系列中的最后三个元素 3,4,5
```

执行上面的示例代码,得到以下结果。

```
1
a    1
b    2
c    3
dtype: int64
c    3
d    4
e    5
dtype: int64
```

2) 使用索引访问 Pandas 系列中数据

系列 Series 就像一个固定大小的字典,可以通过索引标签获取和设置值。

```
import pandas as pd
s = pd.Series([1,2,3,4,5],index = ['a','b','c','d','e'])
print(s['b'])                          #结果是 2
print(s[['a','c','d']])                #获取索引 a,c,d 对应值
```

执行上面的示例代码,得到以下结果。

```
2
a  1
c  3
d  4
```

8.1.2　DataFrame

数据框(DataFrame)是二维数据结构,即数据以行和列的表格方式排列。基本上可以

视频讲解

将 DataFrame 看作共享同一个 index 索引的 Series 的集合,如图 8-1 所示。

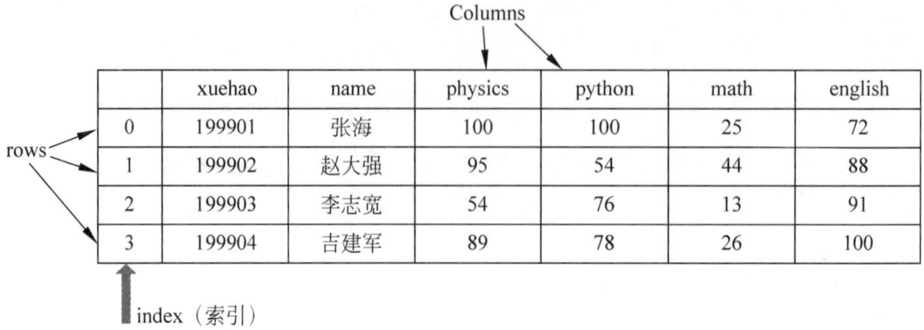

图 8-1　数据框示意图

Pandas 中的 DataFrame 可以使用以下构造函数创建。

```
pandas.DataFrame( data, index, columns, dtype, copy)
```

构造函数的参数含义如表 8-2 所示。

表 8-2　**DataFrame 构造函数的参数含义**

参　　数	描　　述
data	数据可以采取各种形式,如 ndarray、series、list、dict 和另一个 DataFrame 等
index	对于行标签(索引),如果没有传递索引值,索引是默认值 np. arange(n)
columns	对于列标签(列名),如果没有列名,默认是 np. arange(n)
dtype	每列的数据类型
copy	用于复制数据,默认值为 False

1. 从列表创建 DataFrame

可以使用单个列表或多维列表创建数据框(DataFrame)。

(1) 单个列表创建 DataFrame。

```
import pandas as pd
data = [10,20,30,40,50]
df = pd.DataFrame(data)
print(df)
```

(2) 多维列表创建 DataFrame。

```
import pandas as pd
data = [['Alex',10],['Bob',12],['Clarke',13]]
df = pd.DataFrame(data,columns = ['Name','Age'])
print(df)
```

执行上面的示例代码,得到以下结果。

```
     Name  Age
0    Alex   10
1     Bob   12
2  Clarke   13
```

（3）从键值为 ndarray/List 的字典来创建 DataFrame。

所有的键值 ndarray/List 必须具有相同的长度。如果有索引(index)，则索引的长度应等于 ndarray/List 的长度。如果没有索引(index)，则默认情况下索引将为 np. arange(n)，其中，n 为 ndarray/List 长度。

```
import pandas as pd
data = {'Name':['Tom', 'Jack', 'Steve', 'Ricky'],'Age':[28,34,29,42]}
df = pd.DataFrame(data)
print(df)
```

执行上面的示例代码，得到以下结果。

```
     Age     Name
0    28       Tom
1    34      Jack
2    29     Steve
3    42     Ricky
```

注意这里是默认情况下索引 0,1,2,3。字典键默认为列名。

下面是指定索引的情况。

```
import pandas as pd
data = {'Name':['Tom', 'Jack', 'Steve', 'Ricky'],'Age':[28,34,29,42]}
df = pd.DataFrame(data, index = ['19001','19002','19003','19004'])
print(df)
```

执行上面的示例代码，得到以下结果。

```
       Age    Name
19001   28     Tom
19002   34    Jack
19003   29   Steve
19004   42   Ricky
```

注意 index 参数为每行分配一个索引。Age 和 Name 列使用相同的索引。

（4）从系列 Series 的字典来创建 DataFrame。

系列 Series 的字典可以传递以形成一个 DataFrame。

```
import pandas as pd
d = {'one' : pd.Series([1, 2, 3], index = ['a', 'b', 'c']),
     'two' : pd.Series([1, 2, 3, 4], index = ['a', 'b', 'c', 'd'])}
df = pd.DataFrame(d)
print(df)
```

执行上面的示例代码，得到以下结果。

```
     one    two
a    1.0     1
b    2.0     2
c    3.0     3
d    NaN     4
```

注意对于第一个系列，观察到没有索引标签'd'，但在结果中对于 d 索引标签添加了
NaN 值。

2. DataFrame 的基本功能

表 8-3 列出了 DataFrame 基本功能的重要属性或方法。

表 8-3　DataFrame 的属性或方法

属性或方法	描　　　述
T	转置行和列
axes	返回一个行轴标签和列轴标签的列表
dtypes	返回此对象中的数据类型（dtypes）
empty	如果 DataFrame 完全为空，则返回 True
ndim	返回维度大小
shape	返回表示 DataFrame 的维度的元组
size	DataFrame 中的元素数
values	DataFrame 中的元素（NumPy 的二维数组形式）
head()	返回开头前 n 行
tail()	返回最后 n 行
columns	返回所有列名的列表
index	返回行轴标签（索引）的列表

下面来从 CSV 文件（保存成绩信息）创建一个 DataFrame，并使用上述属性和方法。

```
>>> import pandas as pd
>>> df = pd.read_csv("marks2.csv")          # marks2.csv 是成绩信息
>>> df
```

执行上面的示例代码，得到以下结果。

```
   xuehao    name    physics   python   math   english
0  199901    张海       100       100      25      72
1  199902    赵大强      95        54      44      88
2  199903    李志宽      54        76      13      91
3  199904    吉建军      89        78      26      100
```

可以看出 df 就是一个 DataFrame 数据。行索引标签是默认的 0～3 数字，列名是 CSV
文件的第一行。

```
>>> df ['name'][1]                           # 结果是'赵大强'
```

还有另外一种方法：

```
>>> df = pd.read_table("marks2.csv", sep = ",")
```

创建一个 DataFrame 后，就可以使用上述属性和方法。
（1）T（转置）：返回 DataFrame 的转置，实现行和列的交换。

```
>>> df.T
            0        1        2        3
```

```
xuehao      199901    199902      199903    199904
name        张海      赵大强      李志宽    吉建军
physics     100       95          54        89
python      100       54          76        78
math        25        44          13        26
english     72        88          91        100
```

（2）axes 轴：返回行轴标签和列轴标签的列表。

```
>>> df. axes
[RangeIndex(start = 0, stop = 4, step = 1), Index(['xuehao', 'name', 'physics', 'python', 'math',
'english'], dtype = 'object')]
```

（3）index：返回行轴标签（索引）。

```
>>> df. index
RangeIndex(start = 0, stop = 4, step = 1)
```

（4）column：返回所有列名的列表。

```
>>> df. columns
Index(['xuehao', 'name', 'physics', 'python', 'math', 'english'], dtype = 'object')
```

（5）shape：返回表示 DataFrame 的维度的元组。元组(a,b),其中,a 表示行数,b 表示列数。

```
>>> df. shape
(4, 6)
```

（6）values：将 DataFrame 中的实际数据作为 NumPy 数组返回。

```
>>> df. values
array([[199901, '张海', 100, 100, 25, 72],
       [199902, '赵大强', 95, 54, 44, 88],
       [199903, '李志宽', 54, 76, 13, 91],
       [199904, '吉建军', 89, 78, 26, 100]], dtype = object)
```

（7）head()和 tail()：要查看 DataFrame 对象的部分数据,可使用 head()和 tail()方法。head()返回前 n 行（默认数量为 5）。tail()返回最后 n 行（默认数量为 5）。但可以传递自定义的行数。

```
>>> df.head(2)
   xuehao     name      physics  python  math   english
0  199901     张海       100      100     25     72
1  199902     赵大强     95       54      44     88
>>> df.tail(1)
   xuehao     name      physics  python  math   english
3  199904     吉建军     89       78      26     100
```

3. DataFrame 的行列操作

（1）选择列。

通过列名从数据框（DataFrame）中选择一列。

```
import pandas as pd
d = {'one' : pd.Series([11, 12, 13], index = ['a', 'b', 'c']),
     'two' : pd.Series([1, 2, 3, 4], index = ['a', 'b', 'c', 'd'])}
df = pd.DataFrame(d)
print(df['one'])                              # 选择'one'列
```

执行上面的示例代码，得到以下结果。

```
    one
a   11.0
b   12.0
c   13.0
d   NaN
```

对于第一个系列，由于没有索引'd'，所以对于索引 d 标签，附加了 NaN(无值)。

（2）添加列。

```
print("Adding a new column by passing as Series:")
df['three'] = pd.Series([10,20,30], index = ['a', 'b', 'c'])
print("Adding a new column using the existing columns in DataFrame:")
df['four'] = df['one'] + df['three']
```

执行上面的示例代码，得到以下结果。

```
    one   two  three  four
a   11.0   1   10.0   21.0
b   12.0   2   20.0   32.0
c   13.0   3   30.0   43.0
d   NaN    4   NaN    NaN
```

（3）删除列。

```
import pandas as pd
d = {'one' : pd.Series([1, 2, 3], index = ['a', 'b', 'c']),
     'two' : pd.Series([1, 2, 3, 4], index = ['a', 'b', 'c', 'd']),
     'three' : pd.Series([10,20,30], index = ['a', 'b', 'c'])}
df = pd.DataFrame(d)
# 使用 DEL 删除功能
del df['one']                                 # 删除 one 列
# 使用 POP 删除功能
df.pop('two')                                 # 删除 two 列
print(df)
```

执行上面的示例代码，得到以下结果。

```
    three
a   10.0
b   20.0
c   30.0
d   NaN
```

（4）选择行。

可以通过将行标签传递给 loc()函数来选择行。

```python
import pandas as pd
d = {'one' : pd.Series([1, 2, 3], index = ['a', 'b', 'c']),
     'two' : pd.Series([1, 2, 3, 4], index = ['a', 'b', 'c', 'd'])}
df = pd.DataFrame(d)
print( df.loc['b'] )
```

执行上面的示例代码,得到以下结果。

```
one  2.0
two  2.0
```

也可以通过将行号传递给 iloc() 函数来选择行。

```python
import pandas as pd
d = {'one' : pd.Series([1, 2, 3], index = ['a', 'b', 'c']),
     'two' : pd.Series([1, 2, 3, 4], index = ['a', 'b', 'c', 'd'])}
df = pd.DataFrame(d)
print(df.iloc[2] )                          #注意行号是从零开始,所以实际是第 3 行
```

执行上面的示例代码,得到以下结果。

```
one  3.0
two  3.0
```

也可以进行切片,使用:运算符选择多行。

```python
import pandas as pd
d = {'one' : pd.Series([1, 2, 3], index = ['a', 'b', 'c']),
     'two' : pd.Series([1, 2, 3, 4], index = ['a', 'b', 'c', 'd'])}
df = pd.DataFrame(d)
print(df[2:4] )                             #选择第 3 行到第 4 行
```

执行上面的示例代码,得到以下结果。

```
     one    two
c    3.0    3
d    NaN    4
```

(5) 添加行。

使用 append() 函数将新行添加到 DataFrame 中。

```python
import pandas as pd
df = pd.DataFrame([[1, 2], [3, 4]], columns = ['a','b'])
df2 = pd.DataFrame([[5, 6], [7, 8]], columns = ['a','b'])
df = df.append(df2)
print(df)
```

执行上面的示例代码,得到以下结果。

```
   a  b
0  1  2
1  3  4
0  5  6
1  7  8
```

(6) 删除行。

使用索引标签从 DataFrame 中删除行。如果标签重复,则会删除多行。

```
import pandas as pd
df = pd.DataFrame([[1, 2], [3, 4]], columns = ['a','b'])
df2 = pd.DataFrame([[5, 6], [7, 8]], columns = ['a','b'])
df = df.append(df2)
print(df)
print('Drop rows with label 0')
df = df.drop(0)
print(df)
```

执行上面的示例代码,得到以下结果。

```
   a  b
0  1  2
1  3  4
0  5  6
1  7  8
Drop rows with label 0
   a  b
1  3  4
1  7  8
```

在上面的例子中,一共有两行被删除,因为这两行包含相同的标签 0。

视频讲解

8.2 Pandas 统计功能

8.2.1 基本统计

DataFrame 有很多函数用来计算描述性统计信息和其他相关操作。

1. 描述性统计

描述性统计又称统计分析,一般统计某个变量的平均值、标准偏差、最小值、最大值、1/4 中位数、1/2 中位数、3/4 中位数等。表 8-4 列出 Pandas 中主要的描述性统计信息的函数。

表 8-4 描述性统计信息的函数

函　　数	描　　述	函　　数	描　　述
count()	非空值的数量	min()	所有值中的最小值
sum()	所有值之和	max()	所有值中的最大值
mean()	所有值的平均值	abs()	绝对值
median()	所有值的中位数	prod()	数组元素的乘积
mode()	值的模值	cumsum()	累计总和
std()	值的标准偏差	cumprod()	累计乘积

创建一个 DataFrame 后,使用表 8-4 中统计信息的函数进行统计操作。例如:

1) sum()方法

返回所请求轴的值的总和。默认情况下,按列求和,即轴为 0(axis＝0)。如果按行求和,即轴为 1(axis=1)。

```
>>> df. sum()                              #按列求和,即轴为 0(axis = 0)
```

2) std()方法

返回数字列的标准偏差。

```
>>> df. std()
```

由于 DataFrame 列的数据类型不一致,因此当 DataFrame 包含字符或字符串数据时,像 abs()、cumprod()这样的函数会抛出异常。

2. 汇总 DataFrame 列数据

describe()函数是用来计算有关 DataFrame 列的统计信息的摘要,包括数量 count、平均值 mean、标准偏差 std、最小值 min、最大值 max,以及 1/4 中位数、1/2 中位数、3/4 中位数。

```
>>> df.describe()
           xuehao        physics       python        math         english
count      4.000000      4.000000      4.000000     4.000000      4.000000
mean   199902.50000     84.500000     77.000000    27.000000     87.750000
std          1.290994    20.824665     18.797163    12.780193     11.672618
min    199901.000000     54.000000     54.000000    13.000000     72.000000
25 %   199901.750000     80.250000     70.500000    22.000000     84.000000
50 %   199902.500000     92.000000     77.000000    25.500000     89.500000
75 %   199903.250000     96.250000     83.500000    30.500000     93.250000
max    199904.000000    100.000000    100.000000    44.000000    100.000000
```

8.2.2　分组统计

1. 分组

Pandas 有多种方式来分组(GroupBy),例如:

```
obj. groupby('key')
obj. groupby(['key1', 'key2'])
obj. groupby(key,axis = 1)
```

又如:

```
import pandas as pd
df = pd.DataFrame([ [199901, '张海', '男',100, 100, 25, 72],
               [199902, '赵大强', '男', 95, 54, 44, 88],
               [199903, '李梅', '女', 54, 76, 13, 91],
               [199904, '吉建军', '男', 89, 78, 26, 100]] ,
               columns = ['xuehao', 'name', 'sex', 'physics', 'python', 'math', 'english'])
grouped = df.groupby('sex')                #按性别分组
```

2. 查看分组

使用 groupby()后,可以使用 groups 查看分组情况。

```
print(df.groupby('sex').groups)
{'男': Int64Index([0, 1, 3], dtype = 'int64'), '女': Int64Index([2], dtype = 'int64')}
```

由结果可知,男所在行为[0,1,3],女所在行为[2]。

3. 选择一个分组

使用 get_group()方法可以选择一个组。

```
grouped = df.groupby('sex')
print(grouped.get_group('男'))
```

执行上面的示例代码,得到以下结果。

```
    xuehao  name   sex   physics  python  math  english
0   199901  张海    男     100      100     25    72
1   199902  赵大强  男     95       54      44    88
3   199904  吉建军  男     89       78      26    100
```

4. 聚合

聚合函数为每个组返回单个聚合值。当创建了分组(group by)对象,就可以对分组数据执行多个聚合操作。一个比较常用的方法是通过 agg()方法聚合。

```
import numpy as np
grouped = df.groupby('sex')                    ♯创建分组对象
```

查看每个分组的平均值的方法是应用 mean()函数。

```
print(grouped['english'].agg(np.mean) )
```

结果如下。

```
sex
女   91.000000
男   86.666667
```

可知女生英语平均分为 91,男生英语平均分为 86.666667。
查看每个分组的大小的方法是使用 size()函数。

```
print(grouped.agg(np.size))
```

结果如下。

```
sex
女   1
男   3
```

可知女生人数为 1,男生人数为 3。

8.3　排序和排名

根据条件对 Series 对象或 DataFrame 对象的值排序(Sorting)和排名(Ranking)是 Pandas 一种重要的内置运算。Series 对象或 DataFrame 对象可以使用 sort_index()/sort_ values()函数进行排序,使用 rank()函数进行排名。

8.3.1　Series 的排序

Series 的 sort_index()排序函数:

```
sort_index(ascending = True)
```

对 Series 的索引进行排序,默认是升序。
例如:

```
import pandas as pd
s = pd.Series([10, 20, 33], index = ["a", "c", "b"])   # 定义一个 Series
print(s.sort_index())                                  # 对 Series 的索引进行排序,默认是升序
```

结果如下。

```
a    10
b    33
c    20
```

对索引进行降序排序如下。

```
print(s.sort_index(ascending = False))      # ascending = False 是降序排序
```

对 Series 不仅可以按索引(标签)进行排序,还可以使用 sort_values()函数按值排序。

```
print(s.sort_values(ascending = False))      # ascending = False 是降序排序
```

结果如下。

```
b    33
c    20
a    10
```

8.3.2　DataFrame 的排序

DataFrame 的 sort_index()排序函数:

```
sort_index(self, axis = 0, level = None, ascending = True, inplace = False, kind = 'quicksort',
na_position = 'last', sort_remaining = True, by = None)
```

其中,参数含义如下。

axis:0 表示按照行索引(标签)排序;1 表示按照列名排序。

level: 默认为 None,否则按照给定的级别 level 顺序排列。

ascending: 默认为 True 升序排列;False 为降序排列。

inplace: 默认为 False,否则排序之后的数据直接替换原来的数据框。

kind: 默认为 quicksort,排序的方法。

na_position: 缺失值默认排在最前/最后{"first","last"}。

sort_remaining: 如果为 True,则在按指定级别 level 排序后再按其他的排序。

by: 按照 by 指定列数据进行排序。

例如:

```
import pandas as pd
df = pd.DataFrame([ [199901, '张海', '男',100, 100, 25, 72],
                    [199902, '赵大强', '男', 95, 54, 44, 88],
                    [199903, '李梅', '女', 54, 76, 13, 91],
                    [199904, '吉建军', '男', 89, 78, 26, 100]] ,
                    columns = ['xuehao', 'name', 'sex', 'physics', 'python', 'math', 'english'],
                    index = [1,4,6,2])
```

使用 sort_index()方法可以对 DataFrame 进行排序。默认情况下,按照升序对行索引(标签)进行排序。

```
sorted_df = df.sort_index()                    #对行索引(标签)进行升序排序
print(sorted_df)
```

结果如下。

```
    xuehao    name    sex     physics    python    math    english
1   199901    张海      男       100        100       25      72
2   199904    吉建军    男       89         78        26      100
4   199902    赵大强    男       95         54        44      88
6   199903    李梅      女       54         76        13      91
```

通过将布尔值传递给参数 ascending,可以控制排序顺序。

```
sorted_df = df.sort_index(ascending = False)    #行索引降序排序
```

通过传递 axis 参数值为 0 或 1,可以按行索引(标签)或按列进行排序。默认情况下,axis=0,逐行排列。下面举例来理解这个 axis 参数。

```
sorted_df = df.sort_index(axis = 1)            #按列名排序
print(sorted_df)
```

结果如下。

```
    english    math    name    physics    python    sex    xuehao
1   72         25      张海      100        100       男      199901
4   88         44      赵大强    95         54        男      199902
6   91         13      李梅      54         76        女      199903
2   100        26      吉建军    89         78        男      199904
```

实际上,在日常计算中,主要按数据值排序。例如,按分数高低、学号、性别排序,这时可以使用 sort_values()。DataFrame 的 sort_values()是按值排序的函数,它接收一个 by 参数指定排序的列名。

```
sorted_df2 = df. sort_values(by = 'english')      # 按列的值排序
print(sorted_df2)
```

运行后可见结果同上。

假如'english'成绩出现相同时如何排列呢,实际上也可以通过 by 参数指定排序需要的多列。

```
import pandas as pd
import numpy as np
unsorted_df = pd.DataFrame({'col1':[2,1,1,1],'col2':[1,3,2,4]})
sorted_df = unsorted_df.sort_values(by = ['col1','col2'])
print(sorted_df)
```

结果如下。

```
     col1    col2
2     1      2
1     1      3
3     1      4
0     2      1
```

可见,col1 相同时按照 col2 再排序。这里可以认为 col1 是第一排序条件,col2 是第二排序条件,只有 col1 值相同时才用到第二排序条件。

sort_values()提供了一个从 mergeesort(合并排序)、heapsort(堆排序)和 quicksort(快速排序)中选择排序算法的参数 kind。其中,mergesort 是唯一稳定的算法。

```
import pandas as pd
unsorted_df = pd.DataFrame({'col1':[2,1,1,1],'col2':[1,3,2,4]})
sorted_df = unsorted_df.sort_values(by = 'col1',kind = 'mergesort')
print(sorted_df)
```

8.3.3　排名

排名(Ranking)跟排序关系密切,且它会增设一个排名值(从 1 开始,一直到 Pandas 中有效数据的数量)。但需要十分注意出现相同的值如何处理。下面介绍 Series 和 DataFrame 的 rank 函数。

1. Series 的排名

Series 的 rank()排名函数:

```
rank(method = "average",ascending = True)
```

对于出现相同的值,method 参数值 first 按值在原始数据中的出现顺序分配排名,min 使用整个分组的最小排名,max 使用整个分组的最大排名,average 使用平均排名,也是默认的排名方式。还可以设置 ascending 参数,设置是降序还是升序排序。

```
import pandas as pd
s = pd.Series([1 ,3 ,2 ,1 ,6] ,index = ["a" ,"c" ,"d" ,"b" ,"e"])
#1 是最小的,所以第一个 1 排在第一,第二个 1 排在第二,因为取的是平均排名,所以 1 的排名为 1.5
print(s.rank())   #默认是根据值的大小进行平均排名
```

结果如下。

```
a    1.5
c    4.0
d    3.0
b    1.5
e    5.0
print(s.rank(method = "first"))                    #根据值在 Series 中出现的顺序进行排名
```

结果如下。

```
a    1.0
c    4.0
d    3.0
b    2.0
e    5.0
```

2. DataFrame 的排名

DataFrame 的 rank()排名函数:

```
rank(axis = 1,   method = "average",   ascending = True)
```

method 参数和 ascending 参数的设置与 Series 一样。

```
import pandas as pd
a = [[9, 3, 1], [1, 2, 8], [1, 0, 5]]
data = pd.DataFrame(a, index = ["0", "2", "1"], columns = ["c", "a", "b"])
print(data)
```

原始数据如下。

```
   c  a  b
0  9  3  1
2  1  2  8
1  1  0  5
print(data.rank())                    #默认按列进行排名
```

结果如下。

```
     c    a    b
0  3.0  3.0  1.0
2  1.5  2.0  3.0
1  1.5  1.0  2.0
print(data.rank(axis = 1))                    #按行进行排名
```

结果如下。

```
     c    a    b
0  3.0  2.0  1.0
2  1.0  2.0  3.0
1  2.0  1.0  3.0
```

8.4　Pandas 筛选和过滤功能

视频讲解

8.4.1　筛选

Pandas 的逻辑筛选功能比较简单,直接在方括号里输入逻辑运算符即可。假设数据框如下。

```
import pandas as pd
df = pd.DataFrame([ [199901, '张海', '男',100, 100, 95, 72],
                    [199902, '赵大强', '男', 95, 54, 44, 88],
                    [199903, '李梅', '女', 54, 76, 13, 91],
                    [199904, '吉建军', '男', 89, 78, 26, 100]],
                    columns = ['xuehao', 'name', 'sex', 'physics', 'python', 'math', 'english'],
                    index = [1,4,6,2])
```

1. df[]或 df. 选取列数据

```
df. xuehao                              # 选取 xuehao 列
df[xuehao]                              # 选取 xuehao 列
df[['xuehao','math']]                   # 选取 xuehao、math 列
```

df[]支持在括号内写筛选条件,常用的筛选条件包括"等于(==)""不等于(!)""大于(>)""小于(<)""大于或等于(>=)""小于或等于(<=)"等。逻辑组合包括"与(&)""或(|)"和"取反(not)"。范围运算符为 between。

例如,筛选出 math 大于 80 并且 english 大于 90 的行。

```
df1 = df [(df.math > 80) & (df.english > 90)]
```

对于字符串数据,可以使用 str. contains(pattern,na=False)匹配。例如:

```
df2 = df [df['name'].str.contains('吉', na = False)]
```

或者

```
df2 = df [df.name.str.contains('吉', na = False)]
```

以上是获取姓名中包含'吉'的行。

可使用范围运算符 between 筛选出 english 大于或等于 60 并且小于或等于 90 的行。

```
df3 = df [df.english.between(60,90)]
df3 = df [(df. english >= 60) & (df. english <= 90)]    # 和上面的 between 等效
```

2. df.loc[[index],[colunm]]通过标签选择数据

不对行进行筛选时,[index]处填":"(不能为空),即 df.loc[:,'math']表示选取所有行 math 列数据。

```
df.loc[0,'math']                          #第一行的 math 列数据
df.loc[0:5,'math']                        #第一行到第五行的 math 列数据
df.loc[0:5,['math','english ']]           #第一行到第五行的 math 列和 english 列两列数据
df.loc[:,'math']                          #表示选取所有行的 math 列数据
```

loc 可以使用逻辑运算符设置具体的筛选条件。

```
df2 = df.loc[df ['math']> 80]             #表示选取 math 列大于 80 的行
print(df2)
```

结果如下。

```
   xuehao   name   sex   physics   python   math   english
1  199901   张海    男    100       100      95     72
```

Pandas 的 loc 函数还可以同时对多列数据进行筛选,并且支持不同筛选条件逻辑组合。常用的筛选条件包括"等于(==)""不等于(!)""大于(>)""小于(<)""大于或等于(>=)""小于或等于(<=)"等。逻辑组合包括"与(&)""或(|)"和"取反(not)"。

```
df2 = df.loc[(df['math']> 80) & (df['english']> 90),['name', 'math','english']]
```

使用"与"逻辑,筛选出 math 大于 80 并且 english 大于 90 的数据,并限定了显示的列名称。

对于字符串数据,可以使用 str.contains(pattern,na=False)匹配。例如:

```
df2 = df.loc[df['name'].str.contains('吉', na = False)]
print(df2)
```

以上是获取姓名中包含'吉'的行,结果如下。

```
   xuehao   name    sex   physics   python   math   english
2  199904   吉建军   男    89        78       26     100
```

3. df.iloc[[index],[colunm]]通过位置选择数据

不对行进行筛选时,同 df.loc[],即[index]处不能为空。注意位置号从 0 开始。

```
df.iloc[0,0]                              #第一行第一列的数据
df.iloc[0:5,1:3]                          #第一行到第五行且第二列到第三列的表格数据
df.iloc[[0,1,2,3,4,5],[1,2,3]]            #第一行到第六行且第二列到第四列的表格数据
```

4. df.ix[[index],[column]]通过索引标签 or 位置选择数据

df.ix[]混合了索引标签和位置选择。需要注意的是,[index]和[column]的框内需要

指定同一类的选择。

```
df.ix[[0:1],[ 'math ',3]]                    ＃错误,'math '和位置 3 不能混用
```

5．insin()方法筛选特定的值

还可以使用 insin()方法来筛选特定的值。把要筛选的值写到一个列表里,如 list1：

```
list1 = [199901,199902]
```

假如选择 xuehao 列数据中有 list1 中的值的行：

```
df2 = df[df['xuehao'].isin(list1)]
print(df2)
```

结果如下。

```
   xuehao   name   sex   physics   python   math   english
1  199901   张海    男       100      100     95      92
4  199902   赵大强  男        95       54     44      88
```

8.4.2　按筛选条件进行汇总

在实际的分析工作中,筛选只是分析过程中的一个步骤,很多时候还需要对筛选后的结果进行汇总,例如,求和、计数或计算均值等。也就是 Excel 中常用的 sumifs 和 countifs 函数。

1．按筛选条件求和

在筛选后求和就相当于 Excel 中的 sumif 函数的功能。

```
s2 = df.loc[df ['math']< 80].math.sum()       ＃表示选取 math 列小于 80 的行求和
```

表示对数据表中所有 math 列值小于 80 的 math 成绩求和。

2．按筛选条件计数

将前面的.sum()函数换为.count()函数就变成了 Excel 中的 countif 函数的功能。

```
s2 = df.loc[df['sex'] == '男'].sex.count()    ＃表示选取性别男的行计数
```

实现统计男生人数。

与前面的代码相反,下面的代码对数据表中'sex'列值不为'男'的所有行计数。

```
s2 = df.loc[df['sex']!= '男'].sex.count()     ＃表示选取性别女的行计数
```

3．按筛选条件计算均值

在 Pandas 中.mean()是用来计算均值的函数,将.sum()和.count()替换为.mean()。

相当于 Excel 中的 averageif 函数的功能。

```
s2 = df.loc[df['sex'] == '男'].english. mean()          ♯计算男生英语平均分
```

4. 按筛选条件计算最大值和最小值

最后两个是 Excel 中没有的函数功能,就是对筛选后的数据表计算最大值和最小值。

```
s2 = df.loc[df['sex'] == '男'].english. max()          ♯计算男生英语最高分
s3 = df.loc[df['sex'] == '男'].english. min()          ♯计算男生英语最低分
```

8.4.3　过滤

过滤是根据定义的条件过滤数据,并返回满足条件的数据集。filter()函数用于过滤数据。filter()函数格式如下。

```
Series. filter(items = None, like = None, regex = None, axis = None)
DataFrame. filter( items = None, like = None, regex = None, axis = None)
```

例如:

```
import pandas as pd
df = pd.DataFrame([ [199901, '张海', '男',100, 100, 95, 72],
                   [199902, '赵大强', '男', 95, 54, 44, 88],
                   [199903, '李梅', '女', 54, 76, 13, 91],
                   [199904, '吉建军', '男', 89, 78, 26, 100]] ,
                   columns = ['xuehao', 'name', 'sex', 'physics', 'python', 'math', 'english'],
                   index = [1,4,6,2])
df1 = df. filter(items = ['sex', 'math', 'english'])      ♯筛选需要的列
print(df1)
```

在上述过滤条件下,返回'sex','math','english'三列的数据。结果如下。

```
    sex  math  english
1   男    95       92
4   男    44       88
6   女    13       91
2   男    26      100
```

也可以使用 regex 正则表达式参数。例如,获取列名以 h 结尾的数据:

```
df2 = df. filter(regex = 'h$ ', axis = 1)
    math  english
1    95       92
4    44       88
6    13       91
2    26      100
```

like 参数意味"包含"。例如,获取行索引包含 2 的数据:

```
df3 = df. filter(like = '2', axis = 0)
print(df3)
```

结果如下。

```
   xuehao  name  sex  physics  python  math  english
2  199904  吉建军  男      89      78     26   100
```

8.5 数据透视表

8.5.1 透视表

数据透视表是一个和数据分组统计很相似的内容,实际上,数据分组是从一维(行)的角度上对数据进行了拆分,如果想从二维的角度上(行和列)同时对数据进行拆分,就需要用到数据透视表。与 groupby 相比,数据透视表更像是一种多维的分组统计操作。

数据透视表可以将字段(列)值作为行号或列标,在每个行列交汇处计算出各自的数量。

什么是数据透视表?举例说明一下。假设某单位工资表如表 8-5 所示。

表 8-5 工资表

月份	姓名	性别	应发工资	实发工资	职位
1	张海东	男	2000	1500	销售
2	张海东	男	2000	1000	销售
3	张海东	男	2000	15000	销售
4	张海东	男	2000	1500	销售
5	张海东	男	2000	1500	销售
2	李海	男	1800	1300	会计
3	李海	男	1800	1300	会计
4	李海	男	1800	1300	会计
5	李海	男	1800	1300	会计
1	王璐	女	1800	1300	设计员
2	王璐	女	1800	1300	设计员
3	王璐	女	1800	1300	设计员
4	王璐	女	1800	1300	设计员

如果想按月份查看每人的工资情况,如表 8-6 所示,这时可以使用数据透视表,可以将雇员姓名作为列标放在数据透视表的顶端,将月份作为行号放在表的左侧,然后对每一个雇员计算每月的应发工资,放在每个行和列的交汇处。

表 8-6 按月份查看每人的应发工资情况

月份	张海东	李海	王璐
1	2000.0		1800.0
2	2000.0	1800.0	1800.0
3	2000.0	1800.0	1800.0
4	2000.0	1800.0	1800.0
5	2000.0	1800.0	

同理,如果想按人员查看每月的工资情况,如表 8-7 所示,这时也可以使用数据透视表。

表 8-7　按人员查看每月的工资

姓名	月份				
	1	2	3	4	5
张海东	2000.0	2000.0	2000.0	2000.0	2000.0
李海	NaN	1800.0	1800.0	1800.0	1800.0
王璐	1800.0	1800.0	1800.0	1800.0	NaN

在 Pandas 中,实现数据透视表是使用 pivot_table()方法,官方文档地址为 https://pandas.pydata.org/pandas-docs/stable/reference/api/pandas.pivot_table.html。

pivot_table()的语法:

```
pandas.pivot_table(data, values = None, index = None, columns = None, aggfunc = 'mean', fill_
value = None, margins = False, dropna = True, margins_name = 'All', observed = False)
```

返回的是新的 DataFrame 数据框。

参数含义如下。

data:需要做数据透视的整个表。

values:要汇总的数据项。

index:在数据透视表作为索引(即行)的字段。

columns:形成透视表列的字段。

aggfunc:对 values 的计算类型。如求平均 mean、最大值 max、最小值 min、中位数 median 和求和 sum 等。支持 NumPy。

fill_value:空值的填充值。默认为 NaN。

margins:是否显示合计。默认为 False。

dropna:是否删除缺失,如果是,则删除缺失数据的那一行。

margins_name:合计类的列名。

例如:

```
import pandas as pd
df2 = pd.DataFrame(
    [[1, '张海东', '男',2000,1500,'销售'],
    [2,'张海东','男',2000,1000,'销售'],
    [3,'张海东','男',2000,15000,'销售'],
    [4,'张海东','男',2000,1500,'销售'],
    [5,'张海东','男',2000,1500,'销售'],
    [2,'李海','男',1800,1300,'会计'],
    [3,'李海','男',1800,1300,'会计'],
    [4,'李海','男',1800,1300,'会计'],
    [5,'李海','男',1800,1300,'会计'],
    [1,'王璐','女',1800,1300,'设计员'],
    [2,'王璐','女',1800,1300,'设计员'],
    [3,'王璐','女',1800,1300,'设计员'],
    [4,'王璐','女',1800,1300,'设计员']],
    columns = ['月份', '姓名', '性别', '应发工资', '实发工资', '职务'])
```

如果想按月份查看每人的工资情况,代码如下。

```
In[2]: df2.pivot_table(index = '月份',columns = '姓名',values = '应发工资')
```

结果如图 8-2 所示。

index 被重新指定为"月份",所以新表就是按月份索引的。columns 是姓名,于是每个人的名字变成了列,最后 values 被指定为"应发工资"。上面的代码返回的是这三个人按月的收入状况。其中,王璐在 5 月的收入是空,这个月的收入为 NaN。

如果想按人员查看每月的工资情况,代码如下。

```
In[3]: df2.pivot_table(index = '姓名',columns = '月份',values = '应发工资')
```

结果如图 8-3 所示。

姓名 月份	张海东	李海	王璐
1	2000.0	NaN	1800.0
2	2000.0	1800.0	1800.0
3	2000.0	1800.0	1800.0
4	2000.0	1800.0	1800.0
5	2000.0	1800.0	NaN

图 8-2　按月份查看每人的工资情况

月份 姓名	1	2	3	4	5
张海东	2000.0	2000.0	2000.0	2000.0	2000.0
李海	NaN	1800.0	1800.0	1800.0	1800.0
王璐	1800.0	1800.0	1800.0	1800.0	NaN

图 8-3　按人员查看每月的工资情况

index 可以被重新指定为多个字段(列),例如"性别"和"姓名",所以新表就是按"性别"和"姓名"索引的。

```
In[4]: df2.pivot_table(index = ['性别','姓名'],columns = '月份',values = '应发工资')
```

结果如图 8-4 所示。

数据透视表还可以汇总,例如:

```
In[5]: df2.pivot_table(index = '姓名',columns = '月份',values = '应发工资',aggfunc = 'sum',
margins = True)
```

aggfunc 参数指定汇总方式,求平均、最大、最小和求和等。margins＝True 显示行/列汇总信息。

结果如图 8-5 所示。

性别	月份 姓名	1	2	3	4	5
女	王璐	1800.0	1800.0	1800.0	1800.0	NaN
男	张海东	2000.0	2000.0	2000.0	2000.0	2000.0
	李海	NaN	1800.0	1800.0	1800.0	1800.0

图 8-4　按"性别"和"姓名"索引查看

月份 姓名	1	2	3	4	5	All
张海东	2000.0	2000.0	2000.0	2000.0	2000.0	10000
李海	NaN	1800.0	1800.0	1800.0	1800.0	7200
王璐	1800.0	1800.0	1800.0	1800.0	NaN	7200
All	3800.0	5600.0	5600.0	5600.0	3800.0	24400

图 8-5　求和汇总

如果不指定 columns 参数,则会仅显示汇总结果。

```
In[6]: df2.pivot_table(index = '姓名',values = '应发工资',aggfunc = 'sum',margins = True)
```

结果如图 8-6 所示。

当然，结合上述实例可以用类似的方法来查询最大值、最小值、平均值、中位数等。

```
In[7]: df2.pivot_table(index = '月份',columns = '性别',values = '应发工资',aggfunc = 'mean',
margins = True)
```

上面的代码实现统计男女职工的平均月收入，结果如图 8-7 所示。

姓名	应发工资
张海东	10000
李海	7200
王醇	7200
All	24400

图 8-6　仅显示求和汇总结果

性别 月份	女	男	All
1	1800.0	2000.000000	1900.000000
2	1800.0	1900.000000	1866.666667
3	1800.0	1900.000000	1866.666667
4	1800.0	1900.000000	1866.666667
5	NaN	1900.000000	1900.000000
All	1800.0	1911.111111	1876.923077

图 8-7　统计男女职工的平均月收入

8.5.2　交叉表

交叉表用于计算一列数据对于另外一列数据的分组个数（用于统计分组频率的特殊透视表），用于探索两个变量之间的关系。

```
pandas.crosstab(index, columns, values = None, rownames = None, colnames = None, aggfunc =
None, margins = False, margins_name = 'All', dropna = True, normalize = False)
```

主要参数含义如下。

index、columns 是必选参数，分别是行索引、列索引。crosstab 归根结底就是按照指定的 index 和 columns 统计数据框中出现（index，columns）的频次，也可以理解为分组。

margins＝True 表示添加行/列小计和总计（默认为 False）。

下面用交叉表来探索一下性别和习惯之间的关系。其中，性别作为交叉表行分组数据，惯用手（左手/右手）作为交叉表列分组数据，统计结果是每个性别分组出现在惯用手分组的次数。样本数据如图 8-8 所示。

```
In[1]:
import pandas as pd
hand_data = pd.DataFrame(
    [[1, '男','右手'],
     [2,'男','左手'],
     [3,'女','右手'],
     [4,'男','右手'],
     [5,'女','左手'],
     [6,'女','右手'],
     [7,'男','右手'],
     [8,'女','右手'],
     [9,'男','左手'],
     [10,'男','右手'],],
    columns = ['样本', '性别', '惯用手'])
```

使用交叉表,统计男女生左右手习惯。

```
In[2]: pd.crosstab(hand_data['性别'],hand_data['惯用手'],margins = True)
```

结果如图 8-9 所示。

也可以使用透视表,通过 len()函数计算男女生使用左右手作为惯用手的出现次数(即频率),统计男女生左右手习惯。

```
In[3]: pd.pivot_table(hand_data,index = '性别',columns = '惯用手',aggfunc = len,margins = True )
```

结果如图 8-10 所示。

	样本	性别	惯用手
0	1	男	右手
1	2	男	左手
2	3	女	右手
3	4	男	右手
4	5	女	左手
5	6	女	右手
6	7	男	右手
7	8	女	右手
8	9	男	左手
9	10	男	右手

图 8-8　样本数据

惯用手 性别	右手	左手	All
女	3	1	4
男	4	2	6
All	7	3	10

图 8-9　使用交叉表统计男女生左右手习惯

惯用手 性别	右手	左手	All
女	3	1	4
男	4	2	6
All	7	3	10

图 8-10　使用透视表统计男女生左右手习惯

可见结果是一样的。

总结:透视表 pivot_table()是一种进行分组统计的函数,统计类型由参数 aggfunc 决定;交叉表 crosstab()是一种特殊的 pivot_table(),专用于计算分组频率。

8.6　Pandas 数据导入导出

视频讲解

8.6.1　导入 CSV 文件

CSV(Comma-Separated Values,逗号分隔值)有时也称字符分隔值(因为分隔字符也可以不是逗号),其文件以纯文本形式存储表格数据(数字和文本)。纯文本意味着该文件是一个字符序列,不含必须像二进制数字那样被解读的数据。CSV 文件由任意数目的记录组成,记录间以某种换行符分隔;每条记录由字段组成,字段间的分隔符是其他字符或字符串,最常见的是逗号或制表符。通常,所有记录都有完全相同的字段序列。

CSV 是一种通用的、相对简单的文件格式,在表格类型的数据中用途很广泛,很多关系型数据库都支持这种类型文件的导入导出,并且 Excel 这种常用的数据表格也能和 CSV 文件之间转换。

```
import pandas as pd
df = pd.read_csv("marks.csv")
```

还有另外一种方法：

```
df = pd.read_table("marks.csv", sep = ",")
```

8.6.2　读取其他格式数据

CSV 是常用来存储数据的格式之一，此外常用的还有 Excel 格式的文件，以及 JSON 和 XML 格式的数据等，它们都可以使用 Pandas 来轻易读取。

1. 导入 Excel 文件

```
pd.read_excel(filename)
```

从 Excel 文件导入数据，例如：

```
xls = pd.read_excel("marks.xlsx")
sheet1 = xls.parse("Sheet1")
```

sheet1 就是一个 DataFrame 对象。
读取或导出 Excel 文件时需要使用 openpyxl 模块。
用 pip 安装 openpyxl 模块：

```
pip install openpyxl
```

2. 导入 JSON 格式文件

Pandas 提供的 read_json()函数，可以用来创建 Series 或者 Pandas DataFrame 数据结构。
1）利用 JSON 字符串

```
import pandas as pd
json_str = '{"country":"china","city":"zhengzhou"}'
df = pd.read_json(json_str,typ = 'series')
s = df.to_json()     ＃to_json()方法将其从 Pandas Series 转换成 JSON 字符串
```

上面的例子中是利用 JSON 字符串来创建 Pandas Series 的。
2）利用 JSON 文件
调用 read_json()函数时既可以向其传递 JSON 字符串，也可以指定一个 JSON 文件。

```
data = pd.read_json('aa.json',typ = 'series')      ＃导入 JSON 格式文件
```

8.6.3　导出 Excel 文件

```
data.to_ excel(filepath, header = True, index = True)
```

filepath 为文件路径,参数 index＝False 表示导出时去掉行名称,默认为 True。Header 表示是否导出列名,默认为 True。

```
import pandas as pd
df = pd.DataFrame([[1,2,3],[2,3,4],[3,4,5]])
#给 DataFrame 增加行列名
df.columns = ['col1','col2','col3']
df.index = ['line1','line2','line3']
df.to_excel("aa.xlsx", index = True)
```

8.6.4　导出 CSV 文件

```
data.to_ csv(filepath,sep = "," ,header = True, index = True)
```

filepath 为生成的 CSV 文件路径,参数 index＝False 表示导出时去掉行名称,默认为 True。Header 表示是否导出列名,默认为 True。sep 参数是 CSV 分隔符,默认为逗号。

用 pip 安装 openpyxl 模块:

```
pip install openpyxl
import pandas as pd
df = pd.DataFrame([[1,2,3],[2,3,4],[3,4,5]] ,columns = ['col1','col2','col3'] ,index =
['line1','line2','line3'] )
df.to_csv("aa.csv", index = True)
```

8.6.5　Pandas 读取和写入数据库

Pandas 连接数据库进行查询和更新的方法如下。

read_ sql _ table(table _ name,con[,schema,…]):把数据表里的数据转换成 DataFrame。

read_sql_query(sql,con[,index_col,…]):用 sql 查询数据到 DataFrame 中。

read_sql(sql,con[,index_col,…]):同时支持上面两个功能。

DataFrame.to_sql(self,name,con[,schema,…]):把记录数据写到数据库里。

有时需要存储 DataFrame 到数据库文件,这里以 SQLite3 数据库为例说明。代码如下。

```
#保存到数据库
import sqlite3
con = sqlite3.connect("database.db")
df.to_sql('exam', con)
```

保存到数据库,不是创建一个新文件,而是使用 con 数据库连接将一个新表插入数据库中。

要从数据库中读取加载数据,可以使用 Pandas 的 read_sql_query()方法。

```
#读取数据库
import sqlite3
con = sqlite3.connect("database.db")
df = pd.read_sql_query("SELECT * FROM exam", con)   #读取数据库的记录到 DataFrame
```

假如 Pandas 要读取 MySQL 数据库中的数据，首先要安装 PyMySql 模块(命令行运行 pip install PyMySql)。假设数据库安装在本地，用户名为 root，密码为 123456，要读取 mydb 数据库中的数据，对应的代码如下。

```
import pandas as pd
import pymysql
db_connect = pymysql.connect(host = 'localhost', port = 3306, user = 'root', passwd = '123456', db =
'mydb', charset = 'utf8')
sql = 'select * from student'
df = pd. read_sql(sql, con = db_connect)
db_connect.close()
```

可以看出，读取不同种类数据库的方法基本相同。

视频讲解

🔑 8.7　Pandas 日期处理

日常工作中，日期格式有多种表达形式，如年份开头或是月份开头 2022/6/4、6/4/2022 等，通过 Pandas 的日期数据处理，可以将不同的日期格式进行统一，并进行过滤分类分析等操作，方便后续工作使用。

1. DataFrame 的日期数据转换

pandas. to_datetime()将字符串或日期时间数据转换成指定格式的日期数据。格式如下。

```
pandas. to_datetime(arg, eerors = 'ignore', dayfirst = False, yearfirst = False, utc = None, box =
Ture, format = None, exact = Ture, unit = None, infer_datetime_format = False, origin = 'unix', cache =
False)
```

主要参数含义如下。

arg：字符串、日期时间等。

dayrirst：类型为布尔值，默认为 False；如果为 True 解析第一个为天，例如，01/05/2022 解析为 2022-05-01。

yearfirst：类型为布尔值，默认为 False；如果为 True 解析第一个为年，例如，22-05-01 解析为 2022-05-01。

format：类型为字符串，格式化显示时间的格式。内容如下：%Y——年份；%m——月份；%d——日；%H——小时；%M——分钟；%S——秒。

例如：

```
import pandas as pd
pd. set_option('display.unicode.east_asian_width', True)    # 设置日期显示格式
df = pd. DataFrame({'原日期':['01 - Mar - 22', '05/01/2022', '2022.05.01', '2022/05/01', '20220501']})
df['日期'] = pd. to_datetime(df['原日期'])
print(df)
```

运行结果如下。

```
      原日期          日　期
0   01 - Mar - 22    2022 - 03 - 01
1   05/01/2022      2022 - 05 - 01
2   2022.05.01      2022 - 05 - 01
3   2022/05/01      2022 - 05 - 01
4   20220501        2022 - 05 - 01
```

2. 访问器对象

dt 对象是 Series 对象中用于获取日期属性的一个访问器对象,使用它可以获取日期中的年月日、星期和季度等,还可以判断日期是否属于年底。

dt 对象的属性方法如下。

- dt. year:获取日期中的年。
- dt. month:获取日期中的月。
- dt. day:获取日期中的日。
- dt. dayofweek 和 dt. weekday:返回一周中的星期几,0 代表星期一,6 代表星期日。
- dt. dayofyear:返回一年的第几天。
- dt. weekofyear:返回一年的第几周。新版本用 dt. isocalendar(). week 替代。
- dt. is_leap_year:判断是否为闰年。返回 True 或 False。
- dt. quater:获取日期所属的季度。返回 1,2,3,4,分别代表 4 个季度。
- dt. month_name():返回月份的英文名称。
- dt. is_year_start 和 dt. is_year_end:判断日期是否是年初第一天或年底最后一天。返回 True 或 False。
- dt. is_month_start 和 dt. is_month_end:判断日期是否是每月的第一天或最后一天。返回 True 或 False。
- dt. day_name():获取日期是星期几。例如,Monday,Tuesday。

获取年、月、日,具体代码如下。

```
df['年'] = df['日期'].dt.year
df['月'] = df['日期'].dt.month
df['日'] = df['日期'].dt.day
```

获取日期是星期几:

```
df['星期几'] = df['日期'].dt.day_name()      # Monday
```

判断日期是否在年底最后一天:

```
df['是否年底'] = df['日期'].dt.is_year_end
```

获取日期所属的季度:

```
df['季度'] = df['日期'].dt.quarter            # 返回季度
```

假设有如图 8-11 所示的工资表 Excel 文件(工资表. xlsx),从工作日期起计算出工龄。

	A	B	C	D	E	F	G	H	I	J	K
1	编号	姓名	性别	部门	工作日期	工龄	基本工资	工龄工资	奖金	水电费	实发工资
2	0101	张明真	女	市场部	1990/11/12		7200		500	80	
3	0102	陈小红	女	市场部	1996/5/13		8900		390	80	
4	0103	刘奇峥	男	市场部	1991/8/8		7100		435	55	
5	0104	孙浩	男	市场部	1990/1/25		7200		580	80	
6	0201	赵亚辉	女	销售部	2000/3/16		6800		280	76	
7	0202	李明亮	男	销售部	2001/8/17		6700		235	35	
8	0203	周文明	男	销售部	1993/6/14		7000		410	100	
9	0301	吴一非	女	开发部	1992/10/8		8100		498	68	
10	0302	郑光荣	男	开发部	2003/9/23		7700		269	75	
11	0303	王海明	男	开发部	1998/4/30		8850		356	81	
12	0304	冯小刚	男	开发部	1997/6/15		8800		379	32	
13	0305	东方白	女	开发部	2000/9/1		8750		298	44	
14	0401	欧阳东	男	测试部	1996/5/5		7950		386	24	
15	0402	谢大鹏	男	测试部	1994/1/14		7100		405	69	
16	0403	葛陆飞	女	测试部	1998/12/10		6950		330	54	

图 8-11　工资表.xlsx

```
In[1]:
import pandas as pd
df2 = pd.read_excel('d:\\工资表.xlsx')
df2.工作日期                           #或者 df2['工作日期']
```

运行结果如下。

```
0     1990 - 11 - 12
1     1996 - 05 - 13
2     1991 - 08 - 08
3     1990 - 01 - 25
4     2000 - 03 - 16
5     2001 - 08 - 17
6     1993 - 06 - 14
7     1992 - 10 - 08
8     2003 - 09 - 23
9     1998 - 04 - 30
10    1997 - 06 - 15
11    2000 - 09 - 01
12    1996 - 05 - 05
13    1994 - 01 - 14
14    1998 - 12 - 10
Name: 工作日期, dtype: datetime64[ns]
```

获取工作的年份:

```
In[2]: df2.工作日期.dt.year            #或者 df2['工作日期'].dt.year
```

运行结果如下。

```
0     1990
1     1996
2     1991
3     1990
4     2000
5     2001
6     1993
7     1992
```

```
8       2003
9       1998
10      1997
11      2000
12      1996
13      1994
14      1998
Name: 工作日期, dtype: int64
```

从工作日期起计算出工龄：

```
In[3]: df2['工龄'] = 2023 - df2['工作日期'].dt.year
In[4]: df2[:5]
```

运行结果如图 8-12 所示。

	编号	姓名	性别	部门	工作日期	工龄	基本工资	工龄工资	奖金	水电费	实发工资
0	101	张明真	女	市场部	1990-11-12	33	7200	960	500	80	8580
1	102	陈小红	女	市场部	1996-05-13	27	8900	780	390	80	9990
2	103	刘奇峰	男	市场部	1991-08-08	32	7100	930	435	55	8410
3	104	孙浩	男	市场部	1990-01-25	33	7200	960	580	80	8660
4	201	赵亚辉	女	销售部	2000-03-16	23	6800	660	280	76	7664

图 8-12　计算工龄

3. 日期数据转换成字符串

dt.strftime('%Y-%m-%d')将日期数据转换成字符串。
例如，工作日期列转换成字符串。

```
In[5]: df2['工作日期'].dt.strftime('%Y-%m-%d')
```

运行结果如下。

```
0       1990 - 11 - 12
1       1996 - 05 - 13
2       1991 - 08 - 08
3       1990 - 01 - 25
4       2000 - 03 - 16
5       2001 - 08 - 17
6       1993 - 06 - 14
7       1992 - 10 - 08
8       2003 - 09 - 23
9       1998 - 04 - 30
10      1997 - 06 - 15
11      2000 - 09 - 01
12      1996 - 05 - 05
13      1994 - 01 - 14
14      1998 - 12 - 10
Name: 工作日期, dtype: object
```

'%Y-%m-%d'中%Y 代表年份；%m 代表月份；%d 代表日,通过格式字符串控制转换后字符串内容。

例如,转换后字符串内容仅包含月日。

```
In[6]: df2['工作日期'].dt.strftime('%m/%d') + "日"
```

运行结果如下。

```
0      11/12 日
1      05/13 日
2      08/08 日
3      01/25 日
4      03/16 日
5      08/17 日
6      06/14 日
7      10/08 日
8      09/23 日
9      04/30 日
10     06/15 日
11     09/01 日
12     05/05 日
13     01/14 日
14     12/10 日
Name: 工作日期, dtype: object
```

视频讲解

🔑 8.8　数据运算

8.8.1　简单算术运算

通过对各字段进行加、减、乘、除四则算术运算,将计算出的结果作为新的字段。

例如,对成绩表增加总分列。

```
In[1]:
import pandas as pd
df = pd.DataFrame([ [199901, '张海', '男',100, 100, 25, 72],
                    [199902, '赵大强', '男', 95, 54, 44, 88],
                    [199903, '李梅', '女', 54, 76, 13, 91],
                    [199904, '吉建军', '男', 89, 78, 26, 100]] ,
                    columns = ['xuehao', 'name', 'sex', 'physics', 'python', 'math', 'english'])
df['总分'] = df['physics'] + df['python'] + df['math'] + df['english']
df
```

运行结果如图 8-13 所示。

	xuehao	name	sex	physics	python	math	english	总分
0	199901	张海	男	100	100	25	72	297
1	199902	赵大强	男	95	54	44	88	281
2	199903	李梅	女	54	76	13	91	234
3	199904	吉建军	男	89	78	26	100	293

图 8-13　成绩表增加总分列

例如,计算总分、工龄工资和实发工资等。

```
In[2]:
df2 = pd.read_excel('d:\\工资表.xlsx')
df2['工龄'] = 2023 - df2['工作日期'].dt.year
df2['工龄工资'] = df2['工龄'] * 30
df2['实发工资'] = df2['基本工资'] + df2['工龄工资'] + df2['奖金'] - df2['水电费']
df2[:5]
```

运行结果如图 8-14 所示。

	编号	姓名	性别	部门	工作日期	工龄	基本工资	工龄工资	奖金	水电费	实发工资
0	101	张明真	女	市场部	1990-11-12	33	7200	990	500	80	8610
1	102	陈小红	女	市场部	1996-05-13	27	8900	810	390	80	10020
2	103	刘奇峰	男	市场部	1991-08-08	32	7100	960	435	55	8440
3	104	孙浩	男	市场部	1990-01-25	33	7200	990	580	80	8690
4	201	赵亚辉	女	销售部	2000-03-16	23	6800	690	280	76	7694

图 8-14　计算总分、工龄工资和实发工资

8.8.2　应用函数运算

如果希望将函数应用到系列 Series 和数据框 DataFrame 对象的行或列时,可以使用 apply()。使用 apply()时,通常传入一个 Lambda 函数表达式或一个函数作为操作运算。

```
DataFrame.apply(self, func, axis = 0, ** kwds)
```

参数含义如下。

func:传入的函数或 Lambda 表达式。

axis:处理行或列,该参数默认为 0(按列处理)。axis 参数值为 0 表示函数处理的是每一列;为 1 表示函数处理的是每一行。

apply()是经过传入的函数处理后,数据以 Series 或 DataFrame 格式返回。

1. 计算每个元素的平方根

这里为了方便,直接用到 NumPy 的 sqrt 函数。

```
import pandas as pd
import numpy as np
df = pd.DataFrame([[4,9] , [4,9] , [4,9]],columns = ['A','B'])
print(df)
```

运行结果如下。

```
   A  B
0  4  9
1  4  9
2  4  9
df.apply(np.sqrt)
```

运行结果如下。

```
    A    B
0   2.0  3.0
1   2.0  3.0
2   2.0  3.0
```

2. 计算每一行元素的平均值

这里传入数据是以列的形式存在的,所以 axis=0,即可以省略。

```
df.apply(np.mean)
```

运行结果如下。

```
A    4.0
B    9.0
```

3. 计算每一列元素的平均值

与计算每一行元素不同的是,这里传入数据以行形式传入,要加一个参数 axis=1。

```
df.apply(np.mean,axis = 1)
```

运行结果如下。

```
0    6.5
1    6.5
2    6.5
dtype: float64
```

4. 添加新列 C,其值分别为列 A、B 之和

实现这个功能,最简单的一行代码即可实现。

```
df['C'] = df.A + df.B                    ♯ 或者 df['C'] = df['A'] + df['B']
```

但这里如果要用 apply()来实现,实现对列间操作的用法,操作步骤分为下面两步。

(1) 先定义一个函数实现列 A+列 B。

(2) 利用 apply()添加该函数,且数据需要逐行加入,因此设置 axis=1。

```
def Add(x):
    return x.A + x.B
df['C'] = df.apply(Add,axis = 1)
print(df)
```

运行结果如下。

```
    A  B   C
0   4  9  13
1   4  9  13
2   4  9  13
```

5. Series 系列使用 apply( )

Series 系列使用 apply( )函数与 DataFrame 用法相似。

1）Series 系列使用函数

```
import pandas as pd
s = pd.Series([2,3,4,5,6])
s.apply(lambda x:x + 1)                    # 所有元素加 1
```

运行结果如下。

```
0    3
1    4
2    5
3    6
4    7
dtype: int64
s.apply(np.sqrt)                           # 平方根
```

运行结果如下。

```
0    1.414214
1    1.732051
2    2.000000
3    2.236068
4    2.449490
dtype: float64
```

2）数据框 DataFrame 的一列使用 apply 函数

数据框 DataFrame 的一列就是一个 Series，通过 DataFrame.列名即可使用 apply( )函数。例如，df 的列 A 中所有元素实现加 1 操作。

如果列 A 中所有元素实现加 1 操作：

```
df.A = df.A + 1                            # 不用 apply( )方法
```

利用 apply( )函数进行操作，这里传入一个 Lambda 函数。

```
df.A = df.A.apply(lambda x:x + 1)
print(df)
```

运行结果如下。

```
   A  B   C
0  5  9  13
1  5  9  13
2  5  9  13
```

如果判断列 A 中元素是否能够被 2 整除，用 Yes 或 No 在旁边标注。

```
df.A = df.A.apply(lambda x:str(x) + " Yes" if x % 2 == 0 else str(x) + "\tNo")
print(df)
```

运行结果如下。

```
    A  B
0  5 No  9
1  5 No  9
2  5 No  9
```

apply()的大部分用法就是上面几点,这里的例子较简单,但对于基础用法理解上已经足够。

视频讲解

8.9　**Pandas** 数据分析应用案例——学生成绩统计分析

本节使用 Pandas 进行简单的学生成绩统计分析。假设有一个成绩单文件 score.xlsx,如表 8-8 所示,完成如下功能。

表 8-8　计算机 05 成绩单文件 score.xlsx

学号	姓名	班级	出生日期	年龄	高数	英语	计算机	总分	等级
050101	田晴	计算机 051	2001/8/19		86.0	71.0	87.0		
050102	杨庆红	计算机 051	2002/10/8		61.0	75.0	70.0		
050201	王海茹	计算机 052	2004/12/16		作弊	88.0	81.0		
050202	陈晓英	计算机 052	2003/6/25		65.0	缺考	66.0		
050103	李秋兰	计算机 051	2001/7/6		90.0	78.0	93.0		
050104	周磊	计算机 051	2002/5/10		56.0	68.0	86.0		
050203	吴涛	计算机 052	2001/8/18		87.0	81.0	82.0		
050204	赵文敏	计算机 052	2002/9/17		80.0	93.0	91.0		

(1) 统计每个学生的总分。

由于存在作弊、缺考、缺失值的情况,所以应该预先处理这些情况。

```
import pandas as pd
from pandas import DataFrame, Series
import numpy as np
df = pd.read_excel("score.xls")
#1.观察数据,有重复先去重
df = df.drop_duplicates()
#2.将缺失值和汉字替换掉
df1 = df.fillna(value = 0)
df2 = df1.replace(["作弊","缺考"],[0,0])
```

以上将作弊、缺考值替换成 0 值,缺失值也替换成 0 值。

```
#3.计算各科总分
df2["总分"] = df2.高数 + df2.英语 + df2.计算机
print(df2)
```

(2) 按照总成绩分为优秀(≥240)、良好(≥180)、一般(<180)三个等级。

根据区间[最低分-1,180,240,最高分+1]将总成绩分成三个等级。

```
#2.计算等级
bins = [df2["总分"].min() - 1,180,240,df2["总分"].max() + 1]
print(bins)
lable = ["一般","较好","优秀"]
df2["等级"] = pd.cut(df2["总分"],bins,right = False,labels = lable)
print(df2)
```

（3）计算出每个人的年龄。

```
#3.计算机出每人的年龄
方法一:
#出生日期是 Timestamp 类型,Timestamp.year 获取年份
df2["年龄"] = [2021 - x.year for x in df["出生日期"]]
print(df2["年龄"])
方法二:
#出生日期采用 astype('str')强制类型转换成字符串,取前 4 个字符后转换成数值型
df2["年龄 2"] = 2021 - df2["出生日期"].astype('str').str[0:4].apply(pd.to_numeric)
print(df2["年龄 2"])
```

（4）按班级进行汇总每班的高数、英语、计算机成绩的平均分。

```
m = df2.groupby(by = '班级').size()
print(m)                              #每个班的人数
math = df2.groupby(by = '班级')['高数'].agg(np.mean)
print(math)
english = df2.groupby(by = '班级')['英语'].agg(np.mean)
print(english)
three = df2.groupby(by = '班级')[['高数','英语','计算机']].agg(np.mean)
print(three)
```

运行结果:

```
班级
计算机 051    4
计算机 052    4
dtype: int64
班级
计算机 051    73.25
计算机 052    58.00
Name: 高数, dtype: float64
班级
计算机 051    73.0
计算机 052    65.5
Name: 英语, dtype: float64
班级         高数    英语    计算机
计算机 051   73.25  73.0   84.0
计算机 052   58.00  65.5   80.0
```

（5）按班级进行总分降序排序。

```
#仅指定按总分降序排序
print(df2.sort_values(by = "总分",ascending = False))
#分别指定班级升序和总分降序
df2 = df2.sort_values(by = ["班级","总分"],ascending = [True,False])
print(df2)
```

运行结果:

	学号	姓名	班级	出生日期	年龄	高数	英语	计算机	总分	等级
4	50103	李秋兰	计算机 051	2001 - 07 - 06	20	90	78	93	261	优秀
0	50101	田晴	计算机 051	2001 - 08 - 19	20	86	71	87	244	优秀
5	50104	周磊	计算机 051	2002 - 05 - 10	19	56	68	86	210	较好
1	50102	杨庆红	计算机 051	2002 - 10 - 08	19	61	75	70	206	较好
7	50204	赵文敏	计算机 052	2002 - 09 - 17	19	80	93	91	264	优秀
6	50203	吴涛	计算机 052	2001 - 08 - 18	20	87	81	82	250	优秀
2	50201	王海茹	计算机 052	2004 - 12 - 16	17	0	88	81	169	一般
3	50202	陈晓英	计算机 052	2003 - 06 - 25	18	65	0	66	131	一般

(6) 统计高数各分数段人数,例如,60~80 分人数,60 分以下人数,80 分以上人数。

```
#6.统计高数分数段人数
m1 = df2.loc[(df2['高数']> = 60) & (df2['高数']< = 80)].高数.count()
print("60 到 80 分之间人数",m1)
m2 = df2.loc[(df2['高数']> = 0) & (df2['高数']< 60)].高数.count()
print("60 分以下人数",m2)
m3 = df2.loc[(df2['高数']> 80)].高数.count()
print("80 分以上人数",m3)
```

运行结果:

```
60 到 80 分之间人数 3
60 分以下人数 2
80 分以上人数 3
```

(7) 统计每科的平均分、最高分和最低分。

```
#7. 统计每科的平均分、最高分和最低分
print("统计每科的平均分、最高分和最低分\n")
print("统计高数的平均分:",df2['高数'].mean())
print("统计高数的最高分:",df2['高数'].max())
print("统计高数的最低分:",df2['高数'].min())
print("统计每科的平均分:\n",df2[['高数','英语','计算机']].mean())
print("统计每科的最高分:\n",df2[['高数','英语','计算机']].max())
print("统计每科的最低分:\n",df2[['高数','英语','计算机']].min())
```

运行结果:

```
统计高数的平均分: 65.625
统计高数的最高分: 90
统计高数的最低分: 0
统计每科的平均分:
高数      65.625
英语      69.250
计算机     82.000
统计每科的最高分:
高数      90
英语      93
计算机     93
统计每科的最低分:
高数       0
```

英语	0
计算机	66

🔑 实验八　Pandas 数据分析应用案例——学生数据处理

一、实验目的

通过本实验,了解数据处理和数据分析的意义,掌握使用 Pandas 库对数据进行分析加工的方法和过程,从大量杂乱无章、难以理解的数据中去除缺失、重复、错误和异常的数据,并对处理过的数据进行简单分析。

二、实验要求

(1) 掌握使用 Pandas 库进行数据清理的过程,删除空列和重复列等。
(2) 掌握使用 NumPy 库实现数据的函数变换和标准化处理。
(3) 掌握使用 NumPy 库进行简单的数据分析。

三、实验内容与步骤

(1) 读入数据源。读入数据文件 score.csv 并输出前 5 行数据。

```
In[1]:
import pandas as pd
from pandas import Series,DataFrame
# 文件路径中有中文时,打开文件的处理方式
f = open(r'score.csv',encoding = 'utf - 8')
stu_score = pd. read_csv(f,header = 0)
previous_col = stu_score.shape[1]
print(previous_col)                    # 文件数据列数:17
In[2]:
stu_score[ :5]
```

运行结果如图 8-15 所示。

	学号/工号	学生姓名	院系	专业	班级	课程ID	课程名称	分数	状态	领取时间	提交时间	IP	考试离开次数	学生排名	其他 (满分100.0)	批阅教师	批阅ip
0	201928301	于逸飞	软件学院	软件工程	RB软工互193	222855134	计算机专业英语	86	已完成	2022/6/12 9:01	2022/6/12 10:19	115.60.89.119/河南	0	40	86	王琳	10.0.16.158
1	201928302	张子冉	软件学院	软件工程	RB软工互193	222855134	计算机专业英语	88	已完成	2022/6/12 9:00	2022/6/12 10:15	39.163.71.27/河南	0	29	88	王琳	10.0.16.158
2	201928303	杨菲	软件学院	软件工程	RB软工互193	222855134	计算机专业英语	87	已完成	2022/6/12 9:01	2022/6/12 10:30	223.91.69.121/河南	0	37	87	王琳	202.196.32.91
3	201928304	王佳雯	软件学院	软件工程	RB软工互193	222855134	计算机专业英语	95	已完成	2022/6/12 9:01	2022/6/12 10:21	202.196.32.91/河南	0	2	95	王琳	10.0.16.158
4	201928305	余博	软件学院	软件工程	RB软工互193	222855134	计算机专业英语	89	已完成	2022/6/12 9:00	2022/6/12 10:26	10.0.16.158/	0	23	89	王琳	10.0.16.158

图 8-15　读取数据

（2）对学生数据进行数据清洗。

① 删除重复行。

```
In[3]:
stu_score.duplicated()
stu_score.drop_duplicates()
```

② 删除空列。

```
In[4]:
♯删除全空列
stu_score.dropna(axis = 1, how = 'all', inplace = True)
```

（3）对学生数据进行描述性统计。

```
In[5]: stu_score.describe()
```

运行结果如图 8-16 所示。

	学号/工号	课程ID	分数	考试离开次数	学生排名	其他 (满分100.0)
count	6.700000e+01	67.0	67.000000	67.000000	67.000000	67.000000
mean	2.019284e+08	222855134.0	86.880597	0.253731	31.805970	86.880597
std	5.052525e+01	0.0	6.008888	0.893466	19.246597	6.008888
min	2.019283e+08	222855134.0	65.000000	0.000000	1.000000	65.000000
25%	2.019283e+08	222855134.0	84.000000	0.000000	17.000000	84.000000
50%	2.019283e+08	222855134.0	88.000000	0.000000	29.000000	88.000000
75%	2.019284e+08	222855134.0	90.000000	0.000000	50.000000	90.000000
max	2.019284e+08	222855134.0	96.000000	6.000000	67.000000	96.000000

图 8-16　对学生数据进行描述性统计

（4）对学生数据进行数据类型转换。

```
In[6]:
♯将领取时间和提交时间转换为日期时间型
stu_score['领取时间'] = pd.to_datetime(stu_score['领取时间'])
stu_score['提交时间'] = pd.to_datetime(stu_score['提交时间'])
stu_score[['领取时间', '提交时间']].dtypes
```

运行结果如下。

```
领取时间     datetime64[ns]
提交时间     datetime64[ns]
dtype: object
```

```
In[7]:
♯将分数列转换为数值类型
stu_score['分数'] = pd.to_numeric(stu_score['分数'])
stu_score['分数'].dtype
```

运行结果如下。

```
dtype('int64')
```

（5）将不符合考试规定的学生成绩修改为 0 分，并将修改后数据保存到 CSV 文件中。

```
In[8]:
#查找考试时间少于 30 分钟的学生
#stu_trick = stu_score['提交时间'] - stu_score['领取时间']<'00:30:00'
min_test = pd.Timedelta(minutes = 30)
stu_trick = stu_score['提交时间'] - stu_score['领取时间']< min_test
stu_score[stu_trick]
In[9]:
#将不符合考试要求的学生成绩改为 0 分
stu_score.loc[stu_score[stu_trick].index,'分数'] = 0
stu_score[stu_trick]
In[10]:
stu_score.to_csv('stu_score.csv')          #修改后数据保存到 CSV 文件中
```

（6）对学生数据进行统计分析。

① 统计最早交卷和最晚交卷的学生。

```
In[11]:
#最早交卷的学生
print('最早交卷: ',stu_score['提交时间'].min())
stu_score[stu_score['提交时间'] == stu_score['提交时间'].min()]
```

运行结果如图 8-17 所示。

```
In[12]:
print('最晚交卷: ',stu_score['提交时间'].max())
stu_score[stu_score['提交时间'] == stu_score['提交时间'].max()]
```

最早交卷: 2022-06-12 09:46:00

	学号/工号	学生姓名	院系	专业	班级	课程ID	课程名称	分数	状态	领取时间	提交时间	IP	考试离开次数	学生排名	其他(满分100.0)	批阅教师	批阅ip
11	201928312	王金旭	软件学院	软件工程	RB软工互193	222855134	计算机专业英语	65	已完成	2022-06-12 09:00:00	2022-06-12 09:46:00	39.162.254.115/河南	0	67	65	王琳	10.0.16.158

图 8-17　统计最早交卷的学生

运行结果如图 8-18 所示。

最晚交卷: 2022-06-12 10:30:00

	学号/工号	学生姓名	院系	专业	班级	课程ID	课程名称	分数	状态	领取时间	提交时间	IP	考试离开次数	学生排名	其他(满分100.0)	批阅教师	批阅ip
2	201928303	杨菲	软件学院	软件工程	RB软工互193	222855134	计算机专业英语	87	已完成	2022-06-12 09:01:00	2022-06-12 10:30:00	223.91.69.121/河南	0	37	87	王琳	202.196.32.91
37	201928403	王孟贾	软件学院	软件工程	RB软工互194	222855134	计算机专业英语	84	已完成	2022-06-12 09:02:00	2022-06-12 10:30:00	117.136.36.205/河南	0	50	84	王琳	202.196.32.91
49	201928415	康炜琼	软件学院	软件工程	RB软工互194	222855134	计算机专业英语	88	已完成	2022-06-12 09:00:00	2022-06-12 10:30:00	223.91.109.56/河南	0	29	88	王琳	10.0.16.158
62	201928428	李河汉	软件学院	软件工程	RB软工互194	222855134	计算机专业英语	89	已完成	2022-06-12 09:00:00	2022-06-12 10:30:00	223.88.23.151/河南	0	23	89	王琳	202.196.32.91

图 8-18　统计最晚交卷的学生

② 按班级分组，统计成绩的最高分、最低分和平均分。

```
In[13]:
import numpy as np
stu_score_grp = stu_score[['班级','分数']].groupby(by = '班级')
# for s in stu_score_grp:
#     print(s)
stu_score_grp.agg([np.max, np.min, np.mean])
```

分组统计运行结果如图 8-19 所示。

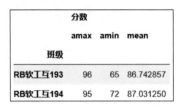

	分数		
	amax	amin	mean
班级			
RB软工互193	96	65	86.742857
RB软工互194	95	72	87.031250

图 8-19　分组统计

③ 按成绩进行降序排序。

```
In[13]:stu_score.sort_values(by = '分数', ascending = False)
```

④ 创建以班级为行索引的透视表。

```
In[14]:
# 创建以班级为行索引的透视表
stu_score.pivot_table(index = '班级', columns = '学生姓名', values = '分数', aggfunc = 'max',
margins = True)
```

运行结果如图 8-20 所示。

学生姓名	丁罩辉	于逸飞	任成斌	余博	兰帅斌	冯朔	刘义豪	刘宇航	刘廷菲	刘正林	…	邱子贯	郭一航	郭迅佳	闫俊峰	陈志广	陈晨	陈鹏程	马启航	马硕	All
班级																					
RB软工互193	NaN	86.0	86.0	89.0	NaN	79.0	NaN	NaN	NaN	NaN	…	NaN	NaN	84.0	92.0	92.0	88.0	NaN	86.0	NaN	96
RB软工互194	94.0	NaN	NaN	NaN	87.0	NaN	93.0	84.0	89.0	89.0	…	86.0	91.0	NaN	NaN	NaN	NaN	88.0	NaN	85.0	95
All	94.0	86.0	86.0	89.0	87.0	79.0	93.0	84.0	89.0	89.0	…	86.0	91.0	84.0	92.0	92.0	88.0	88.0	86.0	85.0	96

3 rows × 68 columns

图 8-20　创建透视表

⑤ 创建交叉表。

```
In[15]: pd.crosstab(stu_score['班级'], stu_score['分数'], margins = True)
```

运行结果如图 8-21 所示。

分数	65	70	72	74	79	83	84	85	86	87	88	89	90	91	92	93	94	95	96	All
班级																				
RB软工互193	1	1	0	1	1	1	4	0	5	2	5	3	3	1	2	1	1	2	1	35
RB软工互194	0	0	2	0	1	1	5	2	3	1	3	3	3	1	3	1	2	1	0	32
All	1	1	2	1	2	2	9	2	8	3	8	6	6	2	5	2	3	3	1	67

图 8-21　创建交叉表

🔑 习题

1. 按要求进行如下 Series 练习。

(1) 创建一个名称为 series_a 的 series 数组,其中,值为[1,2,3,4],对应的索引为['n', 'l', 'a', 'x']。

(2) 创建一个名称为 dict_a 的字典,其中应包含{'t':1,'s':2,'d':32,'x':44}。

(3) 将 dict_a 字典转换为 series 数组(名称为 series_b)。

2. 按要求进行如下 DataFrame 练习。

(1) 创建一个 5 行 3 列的名称为 df1 的 DataFrame 数组,列名为['province','city', 'community'],行名为['one','two','three','four','five']。

(2) 在 df1 中添加新列,列名为 new_add,值为[7,6,5,4,3]。

3. 已知表格数据如下。

```
s1 = Series([41, 23, 76, 32, 58], index = ['z', 'y', 'j', 'i', 'e'])
d1 = DataFrame({'e': [14, 23, 46, 15], 'f': [0, 15, 43, 22]})
```

按要求进行如下练习。

(1) 对代码中的 s1 进行按索引排序,并将结果存储到 s2。

(2) 对代码中的 d1 进行按值排序(index 为 f),并将结果存储到 d2。

4. 已知表格数据如下。

```
s1 = Series([5, 22, 4, 10], index = ['v', 'a', 'b', 'c'])
d1 = DataFrame(np.arange(9).reshape(3,3), columns = ['aa','bb','cc'])
```

按要求进行如下练习。

(1) 在 s1 中删除 c 行,并赋值到 s2。

(2) 在 d1 中删除 cc 列,并赋值到 d2。

5. 假设有如表 8-9 所示用户数据表 users.csv,试以此完成如下练习。

表 8-9　用户数据 users.csv

id	user_id	age	gender	occupation	zip_code
0	1	24	M	technician	85711
1	2	53	F	other	94043
2	3	23	M	writer	32067
…	…	…	…	…	…
942	943	22	M	student	77841

(1) 加载数据(users.csv)。

(2) 以 occupation 分组,求每种职业所有用户的平均年龄。

(3) 求每种职业男性的占比,并按照从低到高的顺序排列。

(4) 获取每种职业对应的最大、最小用户年龄。

6. 假设有如表 8-10 所示订单表 order.csv,以此实现订单表数据的过滤与排序。

表 8-10   订单数据表 order. csv

id	order_id	quantity	item_name	item_price
0	1	1	Chips and Fresh Tomato Salsa	$ 2. 39
1	1	1	Izze	$ 3. 39
2	2	2	Chicken Bowl	$ 16. 98
3	3	1	Canned Soda	$ 10. 98
...	...	...	...	...

（1）导入数据计算出大于 10 美元的商品数量。

（2）根据商品的价格对数据进行排序。

（3）在所有商品中,最贵商品的数量(quantity)是多少?

（4）在该商品订购单中,商品 Chicken Bowl 的订单数目是多少?

（5）在所有订单中,购买商品 Canned Soda 数量大于 1 的订单数是多少?

第9章

Python爬取网页数据

CHAPTER 9

　　网页爬取,就是把 URL 地址中指定的网络资源从网络流中读取出来,保存到本地。类似于使用程序模拟 IE 浏览器的功能,把 URL 作为 HTTP 请求的内容发送到服务器端,然后读取服务器端的响应资源。本章详细介绍网页爬取和 BeautifulSoup 库来分析、处理网页内容,从而获取数据分析所需要的数据集。

视频讲解

🔑 9.1　相关 HTTP 知识

　　HTTP(HyperText Transfer Protocol,超文本传输协议)是用于从 WWW 服务器传输超文本到本地浏览器的传送协议,可以使浏览器更加高效。它不仅保证计算机正确快速地传输超文本文档,还确定传输文档中的哪一部分,以及哪部分内容首先显示(如文本先于图形)等。

1．HTTP 的请求响应模型

　　HTTP 永远都是客户端发起请求,服务器回送响应。这样就限制了使用 HTTP,无法实现在客户端没有发起请求的时候,服务器将消息推送给客户端。

　　HTTP 是一个无状态的协议,同一个客户端的本次请求和上次请求是没有对应关系的。

2．工作流程

　　一次 HTTP 操作称为一个事务,其工作过程(如图 9-1 所示)可分为以下 4 步。

　　(1) 客户机与服务器需要建立连接。只要单击某个超链接,HTTP 的工作就开始了。

　　(2) 建立连接后,客户机发送一个请求给服务器,请求方式的格式为：统一资源标识符(URL)、协议版本号,后边是 MIME 信息,包括请求修饰符、客户机信息和可能的内容。

　　(3) 服务器接到请求后,给予相应的响应信息,其格式为一个状态行,包括信息的协议版本号、一个成功或错误的代码,后边是 MIME 信息,包括服务器信息、实体信息和可能的内容。

　　(4) 客户端接收服务器所返回的信息通过浏览器显示在用户的显示屏上,然后客户机与服务器断开连接。

建立连接
发出请求信息
回送响应信息
关闭连接

客户端　　　　　　　　　　　　服务器

图 9-1　HTTP 工作流程

　　如果在以上过程中的某一步出现错误,那么产生错误的信息将返回到客户端,由显示屏输出。对于用户来说,这些过程是由 HTTP 自己完成的,用户只要用鼠标单击,等待信息显示就可以了。

3．网络爬虫

　　网络爬虫,也叫网络蜘蛛(Web Spider),如果把互联网比喻成一个蜘蛛网,Spider 就是一只在网上爬来爬去的蜘蛛,是搜索引擎抓取系统的重要组成部分。爬虫的主要目的是将互联网的网页下载到本地形成一个互联网内容的镜像备份。网络爬虫就是根据网页的地址来寻找网页的,也就是 URL。举一个简单的例子,我们在浏览器的地址栏中输入的字符串就是 URL,例如 https://www.baidu.com/。URL 就是统一资源定位符(Uniform Resource

Locator），它的一般格式如下（带方括号[]的为可选项）。

```
protocol :// hostname[:port] / path / [;parameters][?query]#fragment
```

URL 的格式由以下三部分组成。

（1）protocol：第一部分就是协议，例如，百度使用的就是 HTTPS 协议。

（2）hostname[:port]：第二部分就是主机名（还有端口号为可选参数），一般网站默认的端口号为 80，例如，百度的主机名就是 www.baidu.com，这个就是服务器的地址。

（3）path：第三部分就是主机资源的具体地址，如目录和文件名等。

网络爬虫就是根据这个 URL 来获取网页信息的。网络爬虫应用一般分为两个步骤：①通过网络链接获取网页内容；②对获得的网页内容进行处理。这两个步骤分别使用不同的库：urllib（或者 requests）和 BeautifulSoup4。

🔑 9.2　urllib 库

9.2.1　urllib 库简介

urllib 是 Python 标准库中最为常用的 Python 网页访问的模块，它可以让你像访问本地文本文件一样读取网页的内容。Python 2 系列使用的是 urllib2，Python 3 后将其全部整合为 urllib；在 Python 3.x 中，可以使用 urlib 这个库抓取网页。

urllib 库提供了一个网页访问的简单易懂的 API，还包括一些函数方法，用于对参数编码、下载网页等操作。这个模块的使用门槛非常低，初学者也可以尝试去抓取和读取或者保存网页。urllib 是一个 URL 处理包，这个包中集合了一些处理 URL 的模块，如下。

（1）urllib.request 模块是用来打开和读取 URL 的。

（2）urllib.error 模块包含一些由 urllib.request 产生的错误，可以使用 try 进行捕捉处理。

（3）urllib.parse 模块包含一些解析 URL 的方法。

（4）urllib.robotparser 模块用来解析 robots.txt 文本文件。它提供了一个单独的 RobotFileParser 类，通过该类提供的 can_fetch()方法测试爬虫是否可以下载一个页面。

视频讲解

9.2.2　urllib 库的基本使用

下面例子中将结合使用 urllib.request 和 urllib.parse 这两个模块，说明 urllib 库的使用方法。

1. 获取网页信息

使用 urllib.request.urlopen()这个函数可以很轻松地打开一个网站，读取并打印网页信息。

urlopen()函数格式：

```
urllib.request.urlopen(url, data = None,[timeout],cafile = None, capath = None, context = None)
```

对 HTTP 和 HTTPS 请求来说，urlopen()返回一个 HTTPResponse 对象，然后像本地文件一样操作这个 HTTPResponse 对象来获取远程数据。其中，参数 url 表示远程数据的路径，一般是网址；data 表示以 post 方式提交到 URL 服务器的数据（提交数据的两种方式：post 与 get，一般情况下很少用到这个参数）；timeout 用于设置一个超时时间，而不是让程序一直在等待结果。urlopen 还有一些可选参数，具体信息可以查阅 Python 自带的文档。

urlopen()返回的 HTTPResponse 对象提供了如下方法。

read()，readline()，readlines()，fileno()，close()：这些方法的使用方式与文件对象完全一样。

info()：返回一个 HTTPMessage 对象实例，表示远程服务器返回的头信息。

getcode()：返回 HTTP 状态码。如果是 HTTP 请求，200 表示请求成功完成；404 表示网址未找到。

geturl()：返回请求的 URL。

了解到这些，就可以写一个简单的爬取网页的程序。

```
# urllib_test01.py
from urllib import request
if __name__ == "__main__":
    response = request.urlopen("http://fanyi.baidu.com")
    html = response.read()
    html = html.decode("utf-8")       # decode()命令将网页的信息进行解码,否则会出现乱码
    print(html)
```

urllib 使用 request. urlopen()打开和读取 URL 信息，返回的对象 response 如同一个文本对象，我们可以调用 read()进行读取，再通过 print()将读到的信息打印出来。

运行 py 程序文件，输出信息如图 9-2 所示。

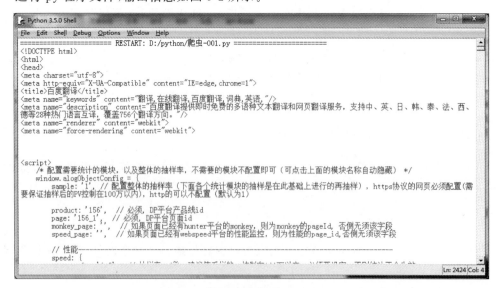

图 9-2　读取的百度翻译网页源码

其实这就是浏览器接收到的信息，只不过我们在使用浏览器的时候，浏览器已经将这些

信息转换成了界面信息供我们浏览。浏览器就是作为客户端从服务器端获取信息,然后将信息解析,再展示给我们的。

这里通过 decode()命令将网页的信息进行解码:

```
html = html.decode("utf-8")
```

当然这个前提是我们已经知道了这个网页是使用 utf-8 编码的,怎么查看网页的编码方式呢? 非常简单的方法是使用浏览器查看网页源码,只需要找到 head 标签开始位置的 chareset,就知道网页是采用何种编码了。

需要说明的是,urlopen()函数中 url 参数不仅可以是一个字符串,如 http://www.baidu.com,也可以是一个 Request 对象,这就需要先定义一个 Request 对象,然后将这个 Request 对象作为 urlopen()的参数使用,方法如下。

```
req = request.Request("http://fanyi.baidu.com/")        # Request 对象
response = request.urlopen(req)
html = response.read()
html = html.decode("utf-8")
print(html)
```

注意,如果要把对应文件下载到本地,可以使用 urlretrieve()函数。

```
from urllib import request
request.urlretrieve("https://www.zut.edu.cn/images/xylj01.png","aaa.png")
```

上例就可以把网络上中原工学院的图片资源 xylj01.png 下载到本地,生成 aaa.png 图片文件。

2. 获取服务器响应信息

和浏览器的交互过程一样,request.urlopen()代表请求过程,它返回的 HTTPResponse 对象代表响应。返回内容作为一个对象更便于操作,HTTPResponse 对象的 status 属性返回请求 HTTP 后的状态,在处理数据之前要先判断状态情况。如果请求未被响应,需要终止内容处理。reason 属性非常重要,可以得到未被响应的原因;url 属性是返回页面 URL。 HTTPResponse.read()是获取请求的页面内容的二进制形式。

也可以使用 getheaders()返回 HTTP 响应的头信息,例如:

```
from urllib import request
f = request.urlopen('http://fanyi.baidu.com ')
data = f.read()
print('Status:', f.status, f.reason)
for k, v in f.getheaders():
    print('%s: %s' % (k, v))
```

可以看到 HTTP 响应的头信息。

```
Status: 200 OK
Content-Type: text/html
Date: Sat, 15 Jul 2017 02:18:26 GMT
P3p: CP = " OTI DSP COR IVA OUR IND COM "
```

```
Server: Apache
Set - Cookie: locale = zh; expires = Fri, 11 - May - 2018 02:18:26 GMT; path = /; domain = .baidu.com
Set - Cookie: BAIDUID = 2335F4F896262887F5B2BCEAD460F5E9: FG = 1; expires = Sun, 15 - Jul - 18
02:18:26 GMT; max - age = 31536000; path = /; domain = .baidu.com; version = 1
Vary: Accept - Encoding
Connection: close
Transfer - Encoding: chunked
```

同样也可以使用 response 对象的 geturl()方法、info()方法、getcode()方法获取相关的 URL、响应信息和响应 HTTP 状态码。

```
# - * - coding: UTF - 8 - * -
from urllib import request
if __name__ == "__main__":
    req = request.Request("http://fanyi.baidu.com/")
    response = request.urlopen(req)
    print("geturl 打印信息: % s" % (response.geturl()))
    print('****************************************************** ')
    print("info 打印信息: % s" % (response.info()))
    print('****************************************************** ')
    print("getcode 打印信息: % s" % (response.getcode()))
```

可以得到如下运行结果。

```
geturl 打印信息: http://fanyi.baidu.com/
******************************************************
info 打印信息: Content - Type: text/html
Date: Sat, 15 Jul 2017 02:42:32 GMT
P3p: CP = " OTI DSP COR IVA OUR IND COM "
Server: Apache
Set - Cookie: locale = zh; expires = Fri, 11 - May - 2018 02:42:32 GMT; path = /; domain = .baidu.com
Set - Cookie: BAIDUID = 976A41D6B0C3FD6CA816A09BEAC3A89A: FG = 1; expires = Sun, 15 - Jul - 18
02:42:32 GMT; max - age = 31536000; path = /; domain = .baidu.com; version = 1
Vary: Accept - Encoding
Connection: close
Transfer - Encoding: chunked
******************************************************
getcode 打印信息: 200
```

已经学会了使用简单的语句对网页进行抓取。接下来学习如何向服务器发送数据。

3. 向服务器发送数据

可以使用 urlopen()函数的 data 参数,向服务器发送数据。根据 HTTP 规范,GET 用于信息获取,POST 是向服务器提交数据的一种请求,再换句话说:从客户端向服务器提交数据使用 POST;从服务器获得数据到客户端使用 GET。然而 GET 也可以提交,它与 POST 的区别如下。

(1) GET 方式可以通过 URL 提交数据,待提交数据是 URL 的一部分;采用 POST 方式,待提交数据放置在 HTML HEADER 内。

(2) GET 方式提交的数据最多不超过 1024B,POST 没有对提交内容的长度进行限制。

如果没有设置 urlopen()函数的 data 参数,HTTP 请求采用 GET 方式,也就是从服务器获取信息,如果设置 data 参数,HTTP 请求采用 POST 方式,也就是向服务器传递数据。

data 参数有自己的格式,它是一个基于 application/x-www. form-urlencoded 的格式,具体格式不用了解,因为可以使用 urllib. parse. urlencode()函数将字符串自动转换成上面所说的格式。

下面是发送 data 的实例,向"百度翻译"发送要翻译的数据,得到翻译结果。

使用百度翻译需要向 http://api. fanyi. baidu. com/api/trans/vip/translate 地址通过 POST 或 GET 方法发送表 9-1 中的请求参数来访问服务。

表 9-1　请求参数

参数名	类型	必填参数	描　　述	备　　注
q	TEXT	Y	请求翻译 query	UTF-8 编码
from	TEXT	Y	翻译源语言	语言列表(可设置为 auto)
to	TEXT	Y	译文语言	语言列表(不可设置为 auto)
appid	INT	Y	APP ID	可在管理控制台查看
salt	INT	Y	随机数	
sign	TEXT	Y	签名	appid+q+salt+密钥的 MD5 值

sign 签名是为了保证调用安全,使用 MD5 算法生成的一段字符串,生成的签名长度为 32 位,签名中的英文字符均为小写格式。为保证翻译质量,请将单次请求长度控制在 6000B 以内(汉字约为 2000 个)。

签名生成方法如下。

(1) 将请求参数中的 APP ID(appid)、翻译 query(q,注意为 UTF-8 编码)、随机数(salt),以及平台分配的密钥(可在管理控制台查看)按照 appid+q+salt+密钥的顺序拼接得到字符串 1。

(2) 对字符串 1 做 MD5,得到 32 位小写的 sign。

注意:

(1) 请先将需要翻译的文本转换为 UTF-8 编码。

(2) 在发送 HTTP 请求之前需要对各字段做 URL encode。

(3) 在生成签名拼接 appid+q+salt+密钥字符串时,q 不需要做 URL encode,在生成签名之后,发送 HTTP 请求之前才需要对要发送的待翻译文本字段 q 做 URL encode。

例如,将 apple 从英文翻译成中文过程如下。

请求参数:

```
q = apple
from = en
to = zh
appid = 2015063000000001
salt = 1435660288
平台分配的密钥: 12345678
```

生成签名参数 sign:

(1) 首先拼接字符串 1。

```
拼接 appid = 2015063000000001 + q = apple + salt = 1435660288 + 密钥 = 12345678
得到字符串 1 = 2015063000000001apple143566028812345678
```

（2）然后计算签名 sign(对字符串 1 做 MD5 加密，注意在计算 MD5 之前，串 1 必须为 UTF-8 编码)。

```
sign = md5(2015063000000001apple143566028812345678)
sign = f89f9594663708c1605f3d736d01d2d4
```

通过 Python 提供的 hashlib 模块中的 hashlib. md5()可以实现签名计算。例如：

```
import hashlib
m = '2015063000000001apple143566028812345678'
m_MD5 = hashlib.md5(m)
sign = m_MD5.hexdigest()
print( 'm = ',m)
print('sign = ',sign)
```

得到签名之后，按照百度文档中的要求，生成 URL 请求，提交后可返回翻译结果。
完整请求为

```
http://api. fanyi. baidu. com/api/trans/vip/translate? q = apple&from = en&to = zh&appid =
2015063000000001&salt = 1435660288&sign = f89f9594663708c1605f3d736d01d2d4
```

也可以使用 POST 方法传送需要的参数。
本案例采用 urllib. request. urlopen()函数中的 data 参数，向服务器发送数据。
下面是发送 data 实例，向"百度翻译"发送要翻译的数据 data，得到翻译结果。

```
from urllib import request
from urllib import parse
import json
import hashlib
def translate_Word(en_str):
    URL = 'http://api. fanyi. baidu. com/api/trans/vip/translate'
    # en_str = input("请输入要翻译的内容:")
    # 创建 Form_Data 字典,存储向服务器发送的 Data
    # Form_Data = {'from':'en', 'to':'zh', 'q':en_str, ''appid'':'2015063000000001', 'salt':
'1435660288'}
    Form_Data = {}
    Form_Data['from'] = 'en'
    Form_Data['to'] = 'zh'
    Form_Data['q'] = en_str                        # 要翻译数据
    Form_Data['appid'] = '2015063000000001'        # 申请的 APP ID
    Form_Data['salt'] = '1435660288'
    Key = "12345678"                               # 平台分配的密钥
    m = Form_Data['appid'] + en_str + Form_Data['salt'] + Key
    m_MD5 = hashlib.md5(m.encode('utf8'))
    Form_Data['sign'] = m_MD5.hexdigest()

    data = parse.urlencode(Form_Data).encode('utf - 8')   # 使用 urlencode 方法转换标准格式
    response = request.urlopen(URL,data)                  # 传递 Request 对象和转换完格式的数据
    html = response.read().decode('utf - 8')              # 读取信息并解码
    translate_results = json.loads(html)                  # 使用 JSON
    print(translate_results)                              # 打印出 JSON 数据
    translate_results = translate_results['trans_result'][0]['dst']   # 找到翻译结果
    # print("翻译的结果是: % s" % translate_results)       # 打印翻译信息
```

```
    return translate_results
if __name__ == "__main__":
    en_str = input("输入要翻译的内容:")
    response = translate_Word(en_str)
    print("翻译的结果是: % s" % (response))
```

这样即可查看翻译结果,具体如下。

输入要翻译的内容:I　am　a　teacher

翻译的结果是:我是个教师。

得到的 JSON 数据如下。

```
{'from': 'en', 'to': 'zh', 'trans_result': [{'dst': '我是个教师.', 'src': 'I　am　a　teacher'}]}
```

返回结果是 JSON 格式,包含表 9-2 中的字段。

表 9-2　翻译结果的 JSON 字段

字　段　名	类　　型	描　　述
from	TEXT	翻译源语言
to	TEXT	译文语言
trans_result	MIXED LIST	翻译结果
src	TEXT	原文
dst	TEXT	译文

其中,trans_result 包含 src 和 dst 字段。

JSON 是一种轻量级的数据交换格式,这里面保存着想要的翻译结果,我们需要从爬取到的内容中找到 JSON 格式的数据,再将得到的 JSON 格式的翻译结果解析出来。

这里向服务器发送数据 Form_Data 也可以直接写成:

```
Form_Data = {'from':'en','to':'zh','q':en_str,''appid'':'2015063000000001','salt': '1435660288'}
```

现在只做了英文翻译成中文,稍微改下就可以中文翻译英文了。

```
Form _Data = {'from':'zh','to':'en','q':en_str,''appid'':'2015063000000001','salt': '1435660288'}
```

该行中的 from 和 to 的取值可以用于其他语言之间的翻译。如果源语言语种不确定时可设置为 auto,目标语言语种不可设置为 auto。

读者请查阅资料编程向"有道翻译"发送要翻译数据 data,得到翻译结果。

9.3　BeautifulSoup 库

视频讲解

9.3.1　网页信息分析工具 BeautifulSoup 库概述

BeautifulSoup 是一个 Python 用于处理 HTML/XML 的函数库,是 Python 内置的网页分析工具,用来快速地转换被抓取的网页。它产生一个转换后 DOM 树,尽可能和原文档内容含义一致,这种措施通常能够满足搜集数据的需求。

BeautifulSoup 提供一些简单的方法以及类 Python 语法来查找、定位、修改一棵转换后 DOM 树。BeautifulSoup 自动将送进来的文档转换为 Unicode 编码,而且在输出的时候转换为 UTF-8。BeautifulSoup 可以找出"所有的链接<a>",或者"所有 class 是×××的链接<a>",再或者是"所有匹配.cn 的链接 url"。

1. BeautifulSoup 安装

使用 pip 直接安装 beautifulsoup4:

```
pip3 install beautifulsoup4
```

推荐在现在的项目中使用 BeautifulSoup4(bs4),导入时需要 import bs4。

2. BeautifulSoup 的基本使用方式

下面使用一段代码演示 BeautifulSoup 的基本使用方式。

```
from bs4 import BeautifulSoup
＃doc 可以是一个 HTML 内容的字符串,本例是列表需要转换成字符串
doc = ['< html >< head >< title > The story of Monkey </title ></head >',
       '< body >< p id = "firstpara" align = "center"> This is one paragraph </p >',
       '< p id = "secondpara" align = "center"> This is two paragraph </p >',
       '</html >']
soup = BeautifulSoup(''.join(doc), "html.parser")
                                        ＃提供字符串信息,''.join(doc)将其合并为字符串
print(soup.prettify())
```

使用时 BeautifulSoup 首先必须要导入 bs4 库:

```
from bs4 import BeautifulSoup
```

创建 BeautifulSoup 对象:

```
soup = BeautifulSoup(html)
```

另外,还可以用本地 HTML 文件来创建对象,例如:

```
soup = BeautifulSoup(open('index.html') , "html.parser")    ＃提供本地 HTML 文件
```

上面这句代码便是将本地 index.html 文件打开,用它来创建 soup 对象。
也可以使用网址 URL 获取 HTML 文件,例如:

```
from urllib import request
response = request.urlopen("http://www.baidu.com")
html = response.read()
html = html.decode("utf - 8")             ＃decode()命令将网页的信息进行解码否则会出现乱码
soup = BeautifulSoup(html , "html.parser")     ＃远程网站上的 HTML 文件
```

程序段最后格式化输出 BeautifulSoup 对象的内容。

```
print(soup.prettify())
```

运行结果是：

```
< html >
< head >
< title > The story of Monkey </title >
</head >
< body >
< p align = "center" id = "firstpara">
    This is one paragraph
</p >
< p align = "center" id = "secondpara">
     This is two paragraph
</p >
</body >
</html >
```

以上便是输出结果，格式化打印出了 BeautifulSoup 对象（DOM 树）的内容。

9.3.2　BeautifulSoup 库的四大对象

BeautifulSoup 将复杂 HTML 文档转换成一个复杂的树状结构，每个节点都是 Python 对象，所有对象可以归纳为以下 4 种。

1. Tag 对象

Tag 是什么？通俗点讲就是 HTML 中的一个个标签，例如：

```
< title > The story of Monkey </title >
< a href = "http://example.com/elsie" id = "link1"> Elsie </a >
```

上面的< title >< a >等 HTML 标签加上里面包括的内容就是 Tag，下面用 BeautifulSoup 来获取 Tags。

```
print(soup.title)
print(soup.head)
```

输出：

```
< title > The story of Monkey </title >
< head >< title > The story of Monkey </title ></head >
```

可以利用 BeautifulSoup 对象 soup 加标签名轻松地获取这些标签的内容，不过要注意，它查找的是在所有内容中的第一个符合要求的标签，如果要查询所有的标签，我们在后面进行介绍。

可以验证一下这些对象的类型。

```
print(type(soup.title))              # 输出: < class 'bs4.element.Tag'>
```

对于 Tag，它有两个重要的属性 name 和 attrs，下面分别来感受一下。

```
print(soup.name)                     # 输出: [document]
print(soup.head.name)                # 输出: head
```

soup 对象本身比较特殊,它的 name 即为[document],对于其他内部标签,输出的值便为标签本身的名称。

```
print(soup.p.attrs)          #输出: {'id': 'firstpara', 'align': 'center'}
```

在这里,把 p 标签的所有属性打印输出了,得到的类型是一个字典。

如果想要单独获取某个属性,可以这样,例如,获取它的 id:

```
print(soup.p['id'] )          #输出: firstpara
```

还可以这样,利用 get()方法,传入属性的名称,二者是等价的。

```
print(soup.p.get('id') )          #输出: firstpara
```

可以对这些属性和内容等进行修改,例如:

```
soup.p['class'] = "newClass"
```

还可以对这个属性进行删除,例如:

```
del soup.p['class']
```

2. NavigableString 对象

NavigableString 对象是解析文档树中的字符串,与 Python 中 Unicode 字符串相同。当 BeautifulSoup 解析标签penguin时,它会为"penguin"字符串创建一个 NavigableString 对象。

得到标签的内容后,可以用.string 获取标签内部的文字,也就是返回一个 NavigableString 对象。BeautifulSoup 中用 NavigableString 类来处理字符串。例如:

```
print(soup.title.string)           #输出: The story of Monkey
print(type(soup.title.string))     #输出: <class 'bs4.element.NavigableString'>
```

这样就轻松获取到了<title>标签里面的内容,如果用正则表达式则麻烦得多。

Tag 对象中包含的字符串如何修改? 可以通过 NavigableString 类提供的 replace_with()方法。

```
soup.title.string.replace_with('welcome to BeautifulSoup')
```

这样将 HTML 文档标题改成'welcome to BeautifulSoup'。

3. BeautifulSoup 对象

BeautifulSoup 对象表示的是一个文档的全部内容。大部分时候可以把它当作 Tag 对象,是一个特殊的 Tag,下面的代码可以分别获取它的类型、名称,以及属性。

```
print(type(soup))          #输出: <class 'bs4.BeautifulSoup'>
print(soup.name )          #输出: [document]
print(soup.attrs )         #输出空字典: {}
```

4．Comment 对象

Comment 注释对象是一个特殊类型的 NavigableString 对象,其内容不包括注释符号,如果不好好处理它,可能会对文本处理造成意想不到的麻烦。

9.3.3　BeautifulSoup 库操作解析文档树

1．遍历文档树

1)．contents 属性和．children 属性获取直接子节点

tag 的．contents 属性可以将 tag 的子节点以列表的方式输出。

```
print(soup.body.contents)
```

输出:

```
[<p align = "center" id = "firstpara"> This is one paragraph </p>,
 <p align = " center " id = "secondpara"> This is two paragraph </p>]
```

输出为列表,可以用列表索引来获取它的某一个元素。

```
print(soup.body.contents[0])                    # 获取第一个<p>
```

输出:

```
<p align = "center" id = "firstpara"> This is one paragraph </p>
```

而．children 属性返回的不是一个列表,它是一个列表生成器对象。不过可以通过遍历获取所有子节点。

```
for child in soup.body.children:
    print(child)
```

输出:

```
<p align = "center" id = "firstpara"> This is one paragraph </p>
<p align = " center " id = "secondpara"> This is two paragraph </p>
```

2)．descendants 属性获取所有子孙节点

．contents 和．children 属性仅包含 tag 的直接子节点,．descendants 属性可以对所有 tag 的子孙节点进行递归循环,和 children 类似,也需要遍历获取其中的内容。

```
for child in soup.descendants:
    print(child)
```

从运行结果可以发现,所有的节点都被打印出来了,先是最外层的 HTML 标签,其次从 head 标签一个个剥离,以此类推。

3)节点内容

如果一个标签里面没有标签了,那么．string 就会返回标签里面的内容。如果标签里

面只有唯一的一个标签,那么.string 也会返回最里面标签的内容。

如果 tag 包含多个子标签节点,tag 就无法确定.string 方法应该调用哪个子标签节点的内容,.string 的输出结果是 None。

```
print(soup. title. string )          #输出< title >标签里面的内容
print(soup. body. string )           #< body >标签包含多个子节点,所以输出 None
```

输出:

```
The story of Monkey
None
```

4) 多个内容

.strings 获取多个内容,不过需要遍历获取,如下面的例子:

```
for string in soup.body.strings:
    print(repr(string))
```

输出:

```
'This is one paragraph'
'This is two paragraph'
```

输出的字符串中可能包含很多空格或空行,使用.stripped_strings 可以去除多余空白内容。

5) 父节点

.parent 属性获取父节点。

```
p = soup.title
print(p.parent.name)                 #输出父节点名 Head
```

输出:

```
Head
```

6) 兄弟节点

兄弟节点可以理解为和本节点处在同一级的节点,.next_sibling 属性获取了该节点的下一个兄弟节点,.previous_sibling 则与之相反,如果节点不存在,则返回 None。

注意:实际文档中的 tag 的.next_sibling 和.previous_sibling 属性通常是字符串或空白,因为空白或者换行也可以被视作一个节点,所以得到的结果可能是空白或者换行。

7) 全部兄弟节点

通过.next_siblings 和.previous_siblings 属性可以对当前节点的兄弟节点迭代输出。

```
for sibling in soup.p.next_siblings:
    print(repr(sibling))
```

以上是遍历文档树的基本用法。

2. 搜索文档树

1) find_all(name,attrs,recursive,text,limit, ** kwargs)

find_all()方法搜索当前 tag 的所有 tag 子节点,并判断是否符合过滤器的条件。

(1) name 参数:可以查找所有名字为 name 的标签。

```
    print(soup.find_all('p'))                    ♯输出所有<p>标签
    [< p align = "center" id = "firstpara"> This is one paragraph </p>, < p align = "center" id = "secondpara"> This is two paragraph </p>]
```

如果 name 参数传入正则表达式作为参数,BeautifulSoup 会通过正则表达式的 match()来匹配内容。下面例子中找出所有以 h 开头的标签。

```
for tag in soup.find_all(re.compile("^h")):
    print(tag.name , end = " ")                    ♯ html   head
```

输出:

```
html   head
```

这表示< html >和< head >标签都被找到。

(2) attrs 参数:按照 tag 标签属性值检索,需要列出属性名和值,采用字典形式。

```
soup.find_all('p',attrs = {'id':"firstpara"})或者 soup.find_all('p', {'id':"firstpara"})
```

都是查找属性值 id 是"firstpara"的< p >标签。

也可以采用关键字形式 soup.find_all('p', id＝"firstpara"})。

(3) recursive 参数。

调用 tag 的 find_all()方法时,BeautifulSoup 会检索当前 tag 的所有子孙节点,如果只想搜索 tag 的直接子节点,可以使用参数 recursive＝False。

(4) text 参数。

通过 text 参数可以搜索文档中的字符串内容。

```
print(soup.find_all(text = re.compile("paragraph")))        ♯ re.compile()正则表达式
```

输出:

```
['This is one paragraph', 'This is two paragraph']
```

re. compile("paragraph")正则表达式,表示所有含有"paragraph"的字符串都匹配。

(5) limit 参数。

find_all()方法返回全部的搜索结构,如果文档树很大,那么搜索会很慢。如果不需要全部结果,可以使用 limit 参数限制返回结果的数量。当搜索到的结果数量达到 limit 的限制时,就停止搜索返回结果。

文档树中有两个 tag 符合搜索条件,但结果只返回了一个,因为限制了返回数量。

```
soup.find_all("p", limit = 1)
[< p align = "center" id = "firstpara"> This is one paragraph </p>]
```

2) find(name,attrs,recursive,text)

它与 find_all()方法唯一的区别是 find_all()方法返回全部结果的列表,而后者 find()
方法返回找到的第一个结果。

3. 用 CSS 选择器筛选元素

在写 CSS 时,标签名不加任何修饰,类名前加点,id 名前加♯,在这里也可以利用类似
的方法来筛选元素,用到的方法是 soup.select(),返回类型是列表 list。

1) 通过标签名查找

```
soup.select('title')                           ♯选取< title >元素
```

2) 通过类名查找

```
soup.select('.firstpara')                      ♯选取 class 是 firstpara 的元素
soup.select_one(".firstpara")                  ♯查找 class 是 firstpara 的第一个元素
```

3) 通过 id 名查找

```
soup.select('♯firstpara')                      ♯选取 id 是 firstpara 的元素
```

以上的 select()方法返回的结果都是列表形式,可以遍历形式输出,然后用 get_text()
方法或 text 属性来获取它的内容。

```
soup = BeautifulSoup(html, 'html.parser')
print(type(soup.select('div')))
print(soup.select('div')[0].get_text())        ♯输出首个< div >元素的内容
for title in soup.select('div'):
    print( title.text)                         ♯输出所有< div >元素的内容
```

处理网页需要对 HTML 有一定的理解,BeautifulSoup 库是一个非常完备的 HTML 解
析函数库,有了 BeautifulSoup 库的知识,就可以进行网络爬虫实战了。

🔑 9.4   requests 库

视频讲解

9.4.1   requests 库的使用

requests 库和 urllib 库的作用相似且使用方法基本一致,都是根据 HTTP 操作各种消
息和页面。使用 requests 库比 urllib 库更简单些。

1. requests 库安装

使用 pip 直接安装 requests 库:

```
pip3 install requests
```

安装后进入 Python 导入模块测试是否安装成功。

```
import requests
```

没有出错即安装成功。

requests 库的使用请参阅中文官方文档 http://cn.python-requests.org/zh_CN/latest/。

2．发送请求

发送请求很简单，首先要导入 requests 模块：

```
>>> import requests
```

接下来获取一个网页，例如，中原工学院的首页：

```
>>> r = requests.get('http://www.zut.edu.cn')
```

接下来，就可以使用这个 r 的各种方法和函数了。

另外，HTTP 请求还有很多类型，如 POST、PUT、DELETE、HEAD、OPTIONS。也都可以用同样的方式实现。

```
>>> r = requests.post("http://httpbin.org/post")
>>> r = requests.head("http://httpbin.org/get")
```

3．在 URLs 中传递参数

有时候需要在 URL 中传递参数，例如，在采集百度搜索结果时，wd 参数（搜索词）和 rn 参数（搜索结果数量）可以通过字符串连接的形式手工组成 URL，但 requests 也提供了一种简单的方法。

```
>>> payload = {'wd': '夏敏捷', 'rn': '100'}
>>> r = requests.get("http://www.baidu.com/s", params = payload)
>>> print(r.url)
```

结果是：

```
http://www.baidu.com/s?wd = % E5 % A4 % 8F % E6 % 95 % 8F % E6 % 8D % B7&rn = 100
```

上面 wd＝的乱码就是"夏敏捷"的 URL 转码形式。

POST 参数请求例子如下。

```
requests.post('http://www.itwhy.org/wp - comments - post.php', data = {'comment': '测试 POST'})
                                                                         # POST 参数
```

4．获取响应内容

```
>>> r = requests.get('http://www.baidu.com')          # 返回一个 response 对象 r
>>> r.text
```

使用 get()方法后,会返回一个 response 对象,其存储了服务器响应的内容。如上实例中已经提到的 r. text、r. status_code、……。

用户可以通过 r. text 来获取网页的内容。

结果是:

```
'<! DOCTYPE html >\r\n <!-- STATUS OK -- >< html >< head >< meta http - equiv = content - type
content = text/html;charset = utf - 8 >< meta http - equiv = X - UA - Compatible content = IE =
Edge >< meta content = always name = referrer >...'
```

另外,还可以通过 r. content 来获取页面内容。

```
>>> r.content
```

r. content 是以字节的方式去显示,所以在 IDLE 中以 b 开头。

```
>>> r.encoding                              # 可以使用 r.encoding 来获取网页编码
```

结果是:

```
'utf - 8'
```

当你发送请求时,requests 会根据 HTTP 头部来获取网页编码,当你使用 r. text 时,requests 就会使用这个编码。当然还可以修改 requests 的编码形式。

```
>>> r = requests.get('http://www.zhidaow.com')
>>> r.encoding
'utf - 8'
>>> r.encoding = 'ISO - 8859 - 1'
```

像上面的例子,对 encoding 修改后就直接会用修改后的编码去获取网页内容。

5. JSON

如果用到 JSON,就要引入新模块如 json 和 simplejson,但在 requests 中已经有了内置的函数 json()。以查询 IP 的 API 为例:

```
>>> url = 'http://whois.pconline.com.cn/ipJson.jsp?ip = 202.196.32.7&json = true'
>>> r = requests.get(url)
>>> r.json()
{'ip': '202.196.32.7', 'pro': '河南省', 'proCode': '410000', 'city': '郑州市', 'cityCode': '410100',
'region': '', 'regionCode': '0', 'addr': '河南省郑州市 中原工学院', 'regionNames': '', 'err': ''}
>>> r.json()['city']
'郑州市'
```

6. 网页状态码

可以用 r. status_code 来检查网页的状态码。

```
>>> r = requests.get('http://www.mengtiankong.com')
>>> r.status_code
200
```

```
>>> r = requests.get('http://www.mengtiankong.com/123123/')
>>> r.status_code
404
```

能正常打开网页的返回 200，不能正常打开的返回 404。

7. 响应的头部内容

可以通过 r.headers 来获取响应的头部内容。

```
>>> r = requests.get('http://www.zhidaow.com')
>>> r.headers
{
    'content - encoding': 'gzip',
    'transfer - encoding': 'chunked',
    'content - type': 'text/html; charset = utf - 8';
    ...
}
```

可以看到是以字典的形式返回了全部内容，也可以访问部分内容。

```
>>> r.headers['Content - Type']
'text/html; charset = utf - 8'
>>> r.headers.get('content - type')
'text/html; charset = utf - 8'
```

8. 设置超时时间

可以通过 timeout 属性设置超时时间，一旦超过这个时间还没获得响应内容，就会提示错误。

```
>>> requests.get('http://github.com', timeout = 0.001)
Traceback(most recent call last):
  File "< stdin >", line 1, in < module >
requests.exceptions.Timeout: HTTPConnectionPool(host = 'github.com', port = 80): Request timed
out.(timeout = 0.001)
```

9. 代理访问

采集时为避免被封 IP，经常会使用代理。requests 也有相应的 proxies 属性。

```
import requests
proxies = {
  "http": "http://10.10.1.10:3128",
  "https": "http://10.10.1.10:1080",
}
requests.get("http://www.zhidaow.com", proxies = proxies)
```

如果代理需要账户和密码，则需这样：

```
proxies = {
    "http": "http://user:pass@10.10.1.10:3128/",
}
```

10. 请求头内容

请求头内容可以用 r.request.headers 来获取。

```
>>> r.request.headers
{'Accept-Encoding': 'identity, deflate, compress, gzip',
'Accept': '*/*', 'User-Agent': 'python-requests/1.2.3 CPython/2.7.3 Windows/XP'}
```

11. 自定义请求头部 header

伪装请求头部是爬虫采集信息时经常用的,可以用这个方法来隐藏自己。

```
>>> r = requests.get('http://www.zhidaow.com')
>>> print( r.request.headers['User-Agent'])          ＃输出 python-requests/2.13.0
>>> headers = {'User-Agent': 'xmj'}
>>> r = requests.get('http://www.zhidaow.com', headers = headers)   ＃伪装的请求头部
>>> print( r.request.headers['User-Agent'])          ＃输出 xmj,避免被反爬虫
```

再例如另一个定制 header 的例子:

```
import requests
import json
data = {'some': 'data'}
headers = {'content-type': 'application/json', 'User-Agent': 'Mozilla/5.0 (X11; Ubuntu;
Linux x86_64; rv:22.0) Gecko/20100101 Firefox/22.0'}
r = requests.post('https://api.github.com/some/endpoint', data = data, headers = headers)
print(r.text)
```

视频讲解

9.4.2　requests 库的应用案例

下面用 requests 库多页面爬取当当网的书籍信息并保存到 CSV 文件中。

这里爬取当当网中关于"python"的书籍信息,内容包括书籍名称、作者、出版社、当前价格。具体开发步骤如下。

(1) 打开当当网,搜索"python",等待页面加载,获取当前网址"http://search.dangdang.com/?key=python&act=input"

(2) 单击鼠标右键,在弹出的快捷菜单中选择"检查"(经过 JavaScript 处理过的网页源代码)或者"查看网页源代码",获取当前页面的网页信息。

(3) 分析网页代码,可见截取的内容如图 9-3 所示。

所有图书信息位于< ul class="bigimg" id="component_59">中,其内部的每一项< li>即一本书的信息,如下。

```
< li ddt-pit = "1" class = "line1" id = "p29280602">
< a title = " Python 编程从入门到实践" href = " http://product.dangdang.com/29280602.html "
target = "_blank">< img src = " http://img3m0.ddimg.cn/67/4/24003310-1_b_7.jpg" alt =
"Python 编程从入门到实践">< p class = "cool_label"></p></a>
< p class = "price">< span class = "search_now_price"> ￥62.00 </span>< a class = "search_
discount" style = "text-decoration:none;">定价: </a>< span class = "search_pre_ price">
￥89.00 </span>< span class = "search_discount">  (6.97 折)</span></p>
...
< li
```

图 9-3　图书信息所在标签位置

从中可以获取每本图书对应详细信息的页面，例如，上面的< li >内部是"Python 编程从入门到实践"，对应详细信息的页面链接 URL 为 http://product. dangdang. com/29280602. html，图书封面图片 URL 为 http://img3m0. ddimg. cn/67/4/24003310-1_b_7. jpg，定价为 89.00 元。

（4）爬取相关书籍的链接 URL 后，再遍历每个 URL，从该书籍的具体页面中寻找书籍名称、作者、出版社、当前价格信息（如果仅仅是爬取书名、定价这些内容，可以不用进入每本书籍的详细信息链接页面获取，只要在搜索出来的图 9-3 页面中获取即可）。查找书籍名称、作者、出版社、当前价格信息标签位置方法同上。

代码如下。

```python
import requests
from bs4 import BeautifulSoup
def get_all_books():                                     ♯获取每本图书的链接 URL
    """
获取该页面所有符合要求的图书的链接
    """
    url = 'http://search. dangdang. com/?key = python&act = input'
    book_list = []
    r = requests. get(url, timeout = 30)
    soup = BeautifulSoup(r. text, 'lxml')

    book_ul = soup. find_all('ul', {'class': 'bigimg'})
    book_ps = book_ul[0]. find_all('p',{'class':'name','name':'title'})
    for book_p in book_ps:
        book_a = book_p. find('a')
        book_url = book_a. get('href')                   ♯对应详细信息的页面链接 URL
        book_title = book_a. get('title')                ♯书名
        ♯print(book_title + "\n" + book_url)
        book_list. append(book_url)
    return book_list
```

```python
def get_book_information(book_url):
    """
        获取每本书籍的信息
    """
    print(book_url)
    headers = {
     'User-Agent': 'MMozilla/5.0 (Windows NT 6.1; WOW64; rv:31.0) Gecko/20100101 Firefox/31.0'
    }
    r = requests.get("http:" + book_url, headers = headers)    #现在此处 book 网址有变化,
                                                               #少了 http:开头
    #r = requests.get(book_url, timeout = 60)
    soup = BeautifulSoup(r.text, 'lxml')                        #pip3 install lxml 直接安装 lxml 库
    book_info = []
    #获取书籍名称
    div_name = soup.find('div', {'class': "name_info",'ddt-area':"001"})
    h1 = div_name.find('h1')
    book_name = h1.get('title')
    book_info.append(book_name)
    #获取书籍作者
    div_author = soup.find('div',{'class':'messbox_info'})
    span_author = div_author.find('span',{'class':'t1','dd_name':'作者'})
    book_author = span_author.text.strip()[3:]
    book_info.append(book_author)
    #获取书籍出版社
    div_press = soup.find('div',{'class':'messbox_info'})
    span_press = div_press.find('span',{'class':'t1','dd_name':'出版社'})
    book_press = span_press.text.strip()[4:]
    book_info.append(book_press)
    #获取书籍价格
    div_price = soup.find('div',{'class':'price_d'})
    book_price = div_price.find('p',{'id':'dd-price'}).text.strip()
    book_info.append(book_price)
    return book_info
import csv
#获取每本书的信息,并把信息保存到 CSV 文件中
def main():
    header = ['书籍名称','作者','出版社','当前价格']
    with open('DeepLearning_book_info.csv','w',encoding = 'utf-8',newline = '') as f:
        writer = csv.writer(f)
        writer.writerow(header)
        books = get_all_books()
        for i,book in enumerate(books):
            if i%10 == 0:
                print('获取了{}条信息,一共{}条信息'.format(i,len(books)))
            l = get_book_information(book)
            writer.writerow(l)
if __name__ == '__main__':
    main()
```

运行以上程序,可以获取"python"图书书籍名称、作者、出版社、当前价格保存到 DeepLearn_book_info.csv 文件中,用记事本打开查看,便得到如图 9-4 所示的内容。

```
1  书籍名称,作者,出版社,当前价格
2  Python编程 从入门到实践,[美]埃里克·马瑟斯（Eric Matthes）,人民邮电出版社,¥62.00
3  Python学习手册（原书第5版）,[美]马克·卢茨,机械工业出版社,¥173.00
4  Python基础教程（第3版）,[挪]芒努斯·利·海特兰德（Magnus Lie Hetland）,人民邮电出版社,¥78.20
5  Python编程快速上手 让繁琐工作自动化（Python3编程从入门到实践 新手学习必备用书）,[美] Al Sweigart 斯维加特,人民邮电出版社,¥47.60
6  利用Python进行数据分析（原书第2版）,[美]韦斯·麦金尼（Wes McKinney）,机械工业出版社,¥80.90
7  Python从菜鸟到高手,李宁,清华大学出版社,¥101.10
8  Python核心编程 第3版,[美]卫斯理 春（Wesley Chun）,人民邮电出版社,¥68.30
9  Python从小白到大牛,关东升,清华大学出版社,¥70.30
10 笨办法学Python 3,[美]泽德 A. 肖（Zed A. Shaw）,人民邮电出版社,¥40.70
11 Python神经网络编程,[英]塔里克·拉希德（Tariq Rashid）,人民邮电出版社,¥47.60
12 Python编程（第四版）,[美]Mark Lutz,中国电力出版社,¥136.60
13 Python 3网络爬虫开发实战,崔庆才,人民邮电出版社,¥78.20
14 Python深度学习,[美] 弗朗索瓦·肖莱（Francois Chollet）,人民邮电出版社,¥54.50
15 Python编程从入门到精通,叶维忠,人民邮电出版社,¥54.50
16 物联网应用设计与实战,[日] 武藏佳恭（Yoshiyasu Takefuji）,机械工业出版社,¥46.60
17 Python Cookbook（第3版）中文版,[美] 比斯利、[美] 琼斯 陈新 诺维奇,人民邮电出版社,¥74.50
18 Python编程自启通 专业程序员的养成,[美]科里·奥尔索夫（Cory Althoff）,人民邮电出版社,¥40.70
19 Python 3标准库,[美]道格·赫尔曼（Doug Hellmann）,机械工业出版社,¥157.20
20 教孩子学编程 Python语言版,[美] Bryson Payne,人民邮电出版社,¥40.70
21 Python量化交易实战,王晓华,清华大学出版社,¥62.40
22 疯狂Python讲义,李刚,电子工业出版社,¥81.40
23 Python金融大数据分析,（德）希尔皮施科 著,姚军 译,人民邮电出版社,¥68.30
24 Python编程从零基础到项目实战（微课视频版）,刘瑜,水利水电出版社,¥57.10
25 Python统计分析,[奥地利]托马斯·哈斯尔万特（Thomas Haslwanter）,人民邮电出版社,¥54.50
26 Python从入门到精通,明日科技 著,清华大学出版社,¥63.00
27 Python算法教程,[挪威]赫特兰（Magnus Lie Hetland）,人民邮电出版社,¥47.60
28 Python机器学习实战案例,魏贞原,清华大学出版社,¥47.60
29 精通Python爬虫框架Scrapy,[美]迪米特里奥斯 考祖斯-劳卡斯（Dimitrios Kouzis-Loukas）,人民邮电出版社,¥40.70
30 你也能看得懂的Python算法书,王硕 等,电子工业出版社,¥40.70
31 Python数据可视化编程实战,[美]伊戈尔·米洛万诺维奇（Igor Milovanovi?）[法]迪米,人民邮电出版社,¥47.60
32 Python数据分析与挖掘实战,张良均 王路 谭立云 苏剑林等,机械工业出版社,¥54.50
```

图 9-4　获取的所有"python"图书信息

视频讲解

9.5　爬虫实战案例——Python 爬取豆瓣电影 TOP250 评分

　　本案例爬取豆瓣电影 TOP250 的网页地址为 https://movie.douban.com/top250。打开网页后用户可观察到,TOP250 的电影被分成 10 个页面来展示,每个页面有 25 个电影。

　　那么要爬取所有电影的信息,就需要知道另外 9 个页面的 URL 链接。通过第一页底部数字页码,可以得到如下链接。

第一页：https://movie.douban.com/top250

第二页：https://movie.douban.com/top250?start=25&filter=

第三页：https://movie.douban.com/top250?start=50&filter=

以此类推。

这里以首页（第一页）为例分析网页源代码。

从图 9-5 观察后可以发现：

```
<ol class="grid_view">
    <li>
        <div class="item">
            <div class="pic">
                <em class="">1</em>
                <a href="https://movie.douban.com/subject/1292052/">
                    <img width="100" alt="肖申克的救赎" src="https://img2.doubanio.com/view/photo/s_ratio_poster/public/p480747492.webp" class="">
                </a>
            </div>
            <div class="info">
                <div class="hd">
                    <a href="https://movie.douban.com/subject/1292052/" class="">
                        <span class="title">肖申克的救赎</span>
                        <span class="title"> / The Shawshank Redemption</span>
                        <span class="other"> / 月黑高飞(港)  /  刺激1995(台)</span>
                    </a>

                    <span class="playable">[可播放]</span>
                </div>
                <div class="bd">
                    <p class="">
                        导演: 弗兰克·德拉邦特 Frank Darabont   主演: 蒂姆·罗宾斯 Tim Robbins /...<br>
                        1994 / 美国 / 犯罪 剧情
                    </p>

                    <div class="star">
                        <span class="rating5-t"></span>
                        <span class="rating_num" property="v:average">9.7</span>
                        <span property="v:best" content="10.0"></span>
                        <span>2796287人评价</span>
                    </div>

                    <p class="quote">
                        <span class="inq">希望让人自由。</span>
                    </p>
                </div>
            </div>
        </div>
    </li>
```

图 9-5　豆瓣电影 TOP250 首页网页源代码

- 所有电影信息在一个< ol class＝"grid_view">标签之内，该标签的 class 属性值为 grid_view。
- 每个电影在一个< li >标签里面。
- 每个电影的电影名称在< div class＝"hd">标签下的第一个 class 属性值为 title 的 < span >标签里。
- 每个电影的评分在< span class＝"rating_num" property＝"v:average">标签里。
- 每个电影的评价人数在< div class＝"star">标签中的最后一个< span >标签里。
- 每个电影的短评在每个电影对应< li >标签里一个 class 属性值为 inq 的< span >标签里。

根据以上分析写出如下代码。

```
import requests                              # requests 模块
from bs4 import BeautifulSoup                # BeautifulSoup4 模块
import re                                    # 正则表达式模块
import time                                  # 时间模块
import sys                                   # 系统模块
"""获取 html 文档"""
def getHTMLText(url, k):
    try:
        if(k == 0):                          # 首页
            kw = {}
        else:                                # 其他页
            kw = {'start':k, 'filter':''}
        r = requests.get(url, params = kw, headers = {'User - Agent': 'Mozilla/4.0'})
        r.raise_for_status()
        r.encoding = r.apparent_encoding
        return r.text
    except:
        print("Failed!")


"""解析 HTML 网页数据"""
def getData(html):
    soup = BeautifulSoup(html, "html.parser")
    movieList = soup.find('ol', attrs = {'class':'grid_view'})
                                             # 找到 class 为 grid_view 的 ol 标签
    moveInfo = []
    for movieLi in movieList.find_all('li'):     # ol 标签内部找到所有 li 标签
        data = []
        # 得到电影名字
        movieHd = movieLi.find('div', attrs = {'class':'hd'})
                                             # 找到 class 属性值为 hd 的 div 标签
        # < div class = "hd"> div 标签内部找到 class 属性值为 title 的< span class = "title">
        movieName = movieHd.find('span', attrs = {'class':'title'}).getText()
                                             # 也可使用 .string 方法
        data.append(movieName)

        # 得到电影的评分
        movieScore = movieLi.find('span', attrs = {'class':'rating_num'}).getText()
        data.append(movieScore)
        # 得到电影的评价人数
        movieEval = movieLi.find('div', attrs = {'class':'star'})
        movieEvalNum = re.findall(r'\d + ', str(movieEval))[ - 1]
```

```
        data.append(movieEvalNum)
        #得到电影的短评
        movieQuote = movieLi.find('span', attrs = {'class': 'inq'})
        if(movieQuote):
            data.append(movieQuote.getText())
        else:
            data.append("无")
        #将一部电影信息写入 CSV 文件
myfile.write(','.join(data) + "\n")#在同一行的数据元素之间加上逗号间隔

#主程序
myfile = open('test2new.csv', 'a')              #新建 CSV 文件并以追加模式打开
myfile.write('电影名称' + ',' + '评分' + ',' + '评论人数' + ',' + '短评' + "\n")
basicUrl = 'https://movie.douban.com/top250'
k = 0
while k <= 225:
    html = getHTMLText(basicUrl, k)
    time.sleep(2)
    k += 25
    getData(html)
myfile.close()                                  #文件关闭
```

程序运行生成评分 CSV 文件 test2new.csv，其内容如图 9-6 所示。

	A	B	C	D	E	F	G	H	I	J
1	电影名称	评分	评论人数	短评						
2	肖申克的	9.7	2796300	希望让人自由。						
3	霸王别姬	9.6	2069358	风华绝代。						
4	阿甘正传	9.5	2094989	一部美国近现代史。						
5	泰坦尼克	9.5	2056758	失去的才是永恒的。						
6	这个杀手	9.4	2230085	怪蜀黍和小萝莉不得不说的故事。						
7	美丽人生	9.6	1287167	最美的谎言。						
8	千与千寻	9.4	2170901	最好的宫崎骏，最好的久石让。						
9	辛德勒的	9.6	1072563	拯救一个人，就是拯救整个世界。						
10	盗梦空间	9.4	2002369	诺兰给了我们一场无法盗取的梦。						
11	星际穿越	9.4	1759560	爱是一种力量，让我们超越时空感知它的存在。						
12	楚门的世	9.4	1635335	如果再也不能见到你，祝你早安，午安，晚安。						
13	忠犬八公	9.4	1360330	永远都不能忘记你所爱的人。						
14	海上钢琴	9.3	1630395	每个人都要走一条自己坚定了的路，就算是粉身碎骨。						
15	三傻大闹	9.2	1808503	英俊版憨豆，高情商版谢尔顿。						
16	放牛班的	9.3	1274557	天籁一般的童声，是最接近上帝的存在。						
17	机器人总	9.3	1279098	小瓦力，大人生。						
18	无间道	9.3	1314573	香港电影史上永不过时的杰作。						

图 9-6　生成评分 CSV 文件

🔑 实验九　Python 爬取网页信息

一、实验目的

通过本实验，掌握爬虫程序开发需要的相关库，理解如何从网页中将用户所需数据从对应标签提取出来的方法，并能通过网站提供的 API 获取 JSON 数据，从而实现获取数据分析所需的数据集。

二、实验要求

（1）理解爬虫程序的开发过程，掌握 urllib 库的使用。

（2）掌握网页数据信息提取和图片文件下载方法。

（3）掌握从网站提供的 API 获取 JSON 数据以及 JSON 模块数据解析方法。

三、知识要点

1. urllib 库的使用

urllib 库提供了网页访问的函数和方法，用于对参数编码、下载网页等操作。这个模块的使用门槛非常低，初学者也可以抓取和读取或者保存网页。

2. 图片文件下载到本地

图片文件下载到本地有以下两种方法。

1）使用 request. urlretrieve()函数

要把对应图片文件下载到本地，可以使用 urlretrieve()函数。

```
from urllib import request
request.urlretrieve("https://www.zut.edu.cn/images/yqlj05.jpg","aaa.jpg")
```

上例就可以把网络上中原工学院的图片资源 yqlj05.jpg 下载到本地，生成 aaa.jpg 图片文件。

2）Python 的文件操作 write()函数写入文件

```
from urllib import request
import urllib
url = 'https://www.zut.edu.cn/images/yqlj05.jpg '
url1 = urllib.request.Request(url)              # Request 对象
page = urllib.request.urlopen(url1).read()      # 将 url 页面的源代码保存成字符串
# open().write()方法原始且有效
open('aa.jpg', 'wb').write(page)                # 写入 aa.jpg 文件中
```

3. JSON 使用

前端和后端进行数据交互，其实往往就是通过 JSON 进行的。因为 JSON 易于被识别的特性，常被作为网络请求的返回数据格式。在爬取动态网页时，会经常遇到 JSON 格式的数据，Python 中可以使用 json 模块来对 JSON 数据进行解析。

四、实验内容与步骤

（1）使用 urllib 库和 BeautifulSoup 编写简单的爬取图片程序。在程序中输入一个网址（例如当当网），则自动下载指定网址页面中所有的图片到本机的 img2 文件夹下。

分析：首先用 urllib 库来模拟浏览器访问网站的行为，由给定的网站链接（URL）得到对应网页的源代码（HTML 标签）。第三方库 BeautifulSoup 可以根据标签的名称来对网页内容进行截取匹配表示图片链接的字符串，返回一个列表。最后循环列表，根据图片链接将图片保存到本地。

```
from bs4 import BeautifulSoup
import urllib.request
def getHtmlCode(url):                              #该方法传入 url,返回 url 的 HTML 的源码
    headers = {
        'User - Agent': 'MMozilla/5.0 (Windows NT 6.1; WOW64; rv:31.0) Gecko/20100101 Firefox/31.0'
}
    url1 = urllib.request.Request(url, headers = headers)
                                                   #Request 函数将 url 添加到头部,模拟浏览器访问
    page = urllib.request.urlopen(url1).read()  #将 url 页面的源代码保存成字符串
    page = page.decode('GB2312')               #字符串转码
    return page
def getImg(page,localPath):   #该方法传入 HTML 的源码,截取其中的 img 标签,将图片保存到本机
    soup = BeautifulSoup(page,'html.parser')            #按照 HTML 格式解析页面
    imgList = soup.find_all('img')                      #返回包含所有 img 标签的列表
    x = 0
    for imgUrl in imgList:                              #列表循环
        if url.startswith('//'):
            url = "http:" + url
            print(url)
        print('正在下载: % s'% imgUrl.get('src'))
        #urlretrieve(url,local)方法根据图片的 url 将图片保存到本机
        urllib.request.urlretrieve(imgUrl.get('src'),localPath + '% d.jpg'% x)
        x += 1
if __name__ == '__main__':
    url = 'http://product.dangdang.com/28486010.html'    #指定网址
    localPath = './img2/'
    page = getHtmlCode(url)
    getImg(page,localPath)
```

可见使用 BeautifulSoup 非常简单地找到所有 img 标签。如果爬虫程序不仅获取图片,还需获取价格、出版社等信息,这时使用 BeautifulSoup 比较方便,使用 BeautifulSoup 可以轻松获取当当网中所搜图书的书名、价格、作者、出版社等信息。

(2) 编写爬虫程序爬取各城市天气预报信息。许多网站提供了 API,用户通过 API 可获取网站提供的信息,例如,天气预报信息、股票交易信息以及火车售票信息等。中国天气网向用户提供国内各城市天气数据,并提供 API 供程序获取所需的天气数据,返回数据的格式为 JSON。

中国天气网提供的 API 网址类似于 http://t.weather.itboy.net/api/weather/city/101180101,其中,101180101 为郑州市的城市编码。城市编码可通过网络搜索获取。

下面的代码为调用 API 在中国天气网获取郑州市当天天气预报数据的实例。

```
import urllib.request                             #导入 urllib 中的模块 request
import json                                       #导入 json 模块
code = '101180101'                                #郑州市的城市编码
#用字符串变量 url 保存合成的网址
#url = 'http://www.weather.com.cn/data/cityinfo/% s.html'% code
url = 'http://t.weather.itboy.net/api/weather/city/% s'% code
print('url = ',url)
obj = urllib.request.urlopen(url)  #调用函数 urlopen()打开合成的网址,结果保存到对象 obj 中
print('type(obj) = ',type(obj))    #输出 obj 的类型
data_b = obj.read()                #调用函数 read()从对象 obj 中读取内容,内容为字节流数据
#print('字节流数据 = ',data_b)
```

```
data_s = data_b. decode('utf - 8')                 # 字节流数据转换为字符串数据
# print('字符串数据 = ',data_s)
# 调用 json 模块的函数 loads()将 data_s 中保存的字符串数据转换为字典型数据
data_dict = json. loads(data_s)
print('data_dict = ',data_dict)                    # 输出字典 data_dict 的内容
rt = data_dict['data']                             # 取得键为"data"的内容
twoweekday = rt['forecast']                        # 获取两周天气
today = twoweekday[0]                              # twoweekday[0]是今天
print('today = ',today)                            # twoweekday[0]仍然为字典型变量
# 获取城市名称、日期、天气状况、最高温和最低温
my_rt = ('% s, % s, % s, % s ～ % s')% (data_dict['cityInfo']['city'],data_dict['date'], today
['type'],today['high'],today['low'])
print(my_rt)
```

上述代码中，用字符串变量 url 保存合成的网址，该网址为给定城市编码对应原城市的 API 网址。调用函数 urlopen()打开合成的网址，结果保存到对象 obj 中。调用函数 read() 从对象 obj 中读取天气预报内容，最后调用 json 模块的函数 loads()将天气预报信息转换为字典型数据，保存到字典型变量 data_dict 中。从字典型变量 data_dict 中取得键为"data"的内容，保存到变量 rt 中，rt 仍然为字典型变量，rt['forecast']存储两周天气。

天气状况、最高温度和最低温度，这些内容均从字典型变量 today 中取得，键分别为 "type""high""low"。

代码运行结果如下。

```
url = http://t. weather. itboy. net/api/weather/city/101180101
type(obj) = < class 'http. client. HTTPResponse'>
data_dict = {'message': 'success 感谢又拍云(upyun.com)提供 CDN 赞助', 'status': 200, 'date':
'20231220', 'time': '2023 - 12 - 20 20:40:28', 'cityInfo': {'city': '郑州市', 'citykey': '101180101',
'parent': '河南', 'updateTime': '19:31'}, 'data': {'shidu': '46 %', 'pm25': 42.0, 'pm10': 58.0,
'quality': '良', 'wendu': '- 7', 'ganmao': '极少数敏感人群应减少户外活动', 'forecast': [{'date':
'20','high': '高温 0℃', 'low': '低温 - 7℃', 'ymd': '2023 - 12 - 20', 'week': '星期三', 'sunrise':
'07:28', 'sunset': '17:17', 'aqi': 62, 'fx': '东北风', 'fl': '2 级', 'type': '晴', 'notice': '愿你
拥有比阳光明媚的心情'}, {'date': '21', 'high': '高温 - 3℃', 'low': '低温 - 10℃', 'ymd': '2023
- 12 - 21', 'week': '星期四', 'sunrise': '07:29', 'sunset': '17:18', 'aqi': 78, 'fx': '西北风',
'fl': '3 级', 'type': '晴', 'notice': '愿你拥有比阳光明媚的心情'}, ……}
today = {'date': '20', 'high': '高温 0℃', 'low': '低温 - 7℃', 'ymd': '2023 - 12 - 20', 'week': '星
期三', 'sunrise': '07:28', 'sunset': '17:17', 'aqi': 62, 'fx': '东北风', 'fl': '2 级', 'type': '晴',
'notice': '愿你拥有比阳光明媚的心情'}
郑州市,20231220,晴,高温 0℃ ～低温 - 7℃
```

从结果可知，函数 urlopen()的返回值为来自服务器的响应对象，调用其 read()函数可 得字节流类型的数据，将字节流类型的数据转换为字符串类型，即 JSON 数据。调用 json 模块函数 loads()可将 JSON 数据转换为字典型数据，而中国天气网返回的数据为嵌套的字 典型数据，因此，首先从嵌套的字典 data_dict 取得城市两周天气的数组列表，从而获取今天 天气预报信息字典型数据 today，再通过 today['type']、today['high']和 today['low']取得具 体的数据。

五、编程并上机调试

（1）Python 实现爬取京东手机商品名称、价格、好评总数、差评总数。

（2）使用 Python 爬取中国大学排名。

提示：通过查看 2023 年中国最好大学排名（https：//www. shanghairanking. cn/rankings/bcur/2023）网页源代码，"排名""学校""总分"等信息出现在标签 td 中，而某一所大学信息相关的标签都在 tr 标签内，通过遍历 tr 标签就找到所有学校的"排名""学校""总分"。

习题

1. 爬取"中国大学排名"。
2. 爬取新浪国外新闻或者某所高校的新闻。
3. 分析百度图片搜索返回结果的 HTML 代码，编写爬虫抓取图片并下载形成专题图片库。
4. 爬取链家郑州二手房价格信息并存入 CSV 文件。

第10章

数据处理与数据分析

CHAPTER *10*

　　在大数据环境下,对海量的数据进行收集、整理、加工和分析,提炼出有价值的信息,能够科学完整地反映客观问题,帮助人们制定出理性正确的决策和计划,这就是数据处理和数据分析的意义。Pandas 是进行数据处理和分析的重要工具,提供了日常应用中的众多数据处理和分析方法,在工程学、社会科学、金融、统计等各个领域都有着广泛的应用。

🔑 10.1　数据处理概念

　　当今现实世界的数据库极易受噪声、缺失值和不一致数据的侵扰。数据清理可以清除数据中的噪声,纠正不一致。数据集成将数据由多个数据源合并成一致的数据存储。数据归约可以通过如聚集、删除冗余特征或聚类来降低数据的规模。数据变换(如规范化)可以用来把数据压缩到较小的区间,如 0.0~1.0。这可以提高涉及距离度量的挖掘算法的精确率和效率。这些技术不是相互排斥的,可以一起使用。例如,数据清理可能涉及纠正错误数据的变换,如通过把一个数据字段的所有项都变换成公共格式进行数据清理。

　　数据如果能满足其应用要求,那么它是高质量的。数据质量涉及许多因素,包括准确性、完整性、一致性、时效性、可信性和可解释性。

　　数据处理主要步骤:数据清理、数据集成、数据变换与数据离散化。

10.1.1　数据清理

　　现实世界的数据一般是不完整的、有噪声的和不一致的。数据清理试图填充缺失的值,光滑噪声和识别或删除离群点,并纠正数据中的不一致来"清理"数据。

1. 缺失值

　　假设分析某公司 AllElectronics 的销售和顾客数据,发现许多记录的一些属性(如顾客的 income)没有记录值。怎样处理该属性缺失的值? 可用的处理方法如下。

　　(1) 删除记录。删除属性缺少的记录简单直接,代价和资源较少,并且易于实现,然而直接删除记录浪费该记录中被正确记录的属性。当属性缺失值的记录百分比很大时,它的性能特别差。

　　(2) 人工填写缺失值。一般地说,该方法很费时,并且当数据集很大、缺少很多值时,该方法可能行不通。

　　(3) 使用一个全局常量填充缺失值。将缺失的属性值用同一个常量(如"Unknown"或"-")替换。如果缺失的值都用"Unknown"替换,则挖掘程序可能误以为它们形成了一个有趣的概念,因为它们都具有相同的值——"Unknown"。因此,尽管该方法简单,但是并不十分可靠。

　　(4) 使用属性的中心度量(如均值或中位数)填充缺失值。对于正常的(对称的)数据分布而言,可以使用均值,而倾斜数据分布应该使用中位数。例如,假定 AllElectronics 的顾客的平均收入为 $18 000,则使用该值替换 income 中的缺失值。

　　(5) 使用与属性缺失的记录属同一类的所有样本的属性均值或中位数。例如,如果将顾客按 credit_risk 分类,则用具有相同信用风险的顾客的平均收入替换 income 中的缺失值。如果给定类的数据分布是倾斜的,则中位数是更好的选择。

　　(6) 使用最可能的值填充缺失值。可以用回归,使用贝叶斯形式化方法的推理工具或决策树归纳确定。例如,利用数据集里其他顾客的属性,可以构造一棵判定树,来预测 income 的缺失值。

方法(3)～方法(6)使数据有偏差,填入的值可能不正确。然而方法(6)是最流行的策略。与其他方法相比,它使用已有记录(数据)的其他部分信息来推测缺失值。在估计 income 的缺失值时,通过考虑其他属性的值,有更大的机会保持 income 和其他属性之间的联系。

在某些情况下,缺失值并不意味着有错误。理想情况下,每个属性都应当有一个或多个关于空值条件的规则。这些规则可以说明是否允许空值,并且说明这样的空值应当如何处理或转换。

2. 噪声数据与离群点

噪声是被测量变量的随机误差(一般指错误的数据)。离群点是数据集中包含一些数据对象,它们与数据的一般行为或模型不一致(正常值,但偏离大多数数据)。例如,图 10-1 中系统用户年龄的分析中出现负年龄(噪声数据),以及 85～90 岁的用户(离群点)。

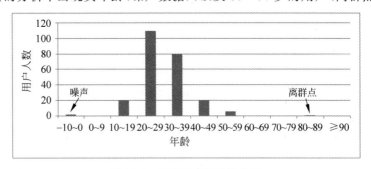

图 10-1　系统用户年龄的分析

给定一个数值属性,可以采用下面的数据光滑技术"光滑"数据,去掉噪声。

1) 分箱

分箱方法通过考查数据的"近邻"(即周围的值)来光滑有序数据值。这些有序的值被分布到一些"桶"或箱中。由于分箱方法考察近邻的值,因此它进行局部光滑。

(1) 用箱均值光滑:箱中每一个值被箱中的平均值替换。

(2) 用箱边界光滑:箱中的最大值和最小值同样被视为边界。箱中的每一个值被最近的边界值替换。

(3) 用箱中位数光滑:箱中的每一个值被箱中的中位数替换。

如图 10-2 所示,数据首先排序并被划分到大小为 3 的等深的箱中。对于用箱均值光滑,箱中每一个值都被替换为箱中的均值。类似地,可以使用箱中位数光滑或者用箱边界光滑等。

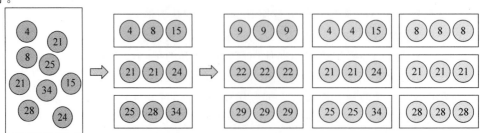

图 10-2　数据光滑的分箱方法

上面分箱的方法采用等深分箱(每个"桶"的样本个数相同),也可以是等宽分箱(其中每个箱值的区间范围相同)。一般而言,宽度越大,光滑效果越明显。分箱也可以作为一种离散化技术使用。

2) 回归

回归(Regression)用一个函数拟合数据使数据曲线变得平滑。线性回归涉及找出拟合两个属性(或变量)的"最佳"直线,使得一个属性能够预测另一个。图 10-3 即对数据进行线性回归拟合。此图中已知 10 个点,此时获得信息将在横坐标 7 的位置出现一个新的点,却不知道纵坐标。请预测最有可能的纵坐标值。这是典型的预测问题,可以通过回归来实现。预测结果如图 10-3 所示,预测点采用菱形标出。

多线性回归是线性回归的扩展,它涉及多于两个属性,并且数据拟合到一个多维面。使用回归,找出适合数据的拟合函数,能够帮助消除噪声。

离群点分析可以通过如聚类来检测离群点。聚类将类似的值组织成群或"簇"。直观地,落在簇集合之外的值被视为离群点。

图 10-4 显示了三个数据簇。可以将离群点看作落在簇集合之外的值来检测。

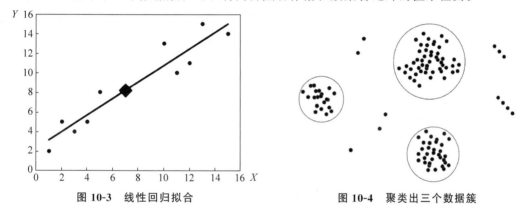

图 10-3　线性回归拟合　　　　　　　图 10-4　聚类出三个数据簇

许多数据光滑的方法也用于数据离散化(一种数据变换方式)和数据归约。例如,上面介绍的分箱技术减少了每个属性不同值的数量。对于基于逻辑的数据挖掘方法(决策树归纳),这充当了一种形式的数据归约。概念分层是一种数据离散化形式,也可以用于数据平滑。

3. 不一致数据

对于有些事务,所记录的数据可能存在不一致。有些数据不一致可以根据其他材料上信息人工地加以更正。例如,数据输入时的错误可以使用纸上的记录加以更正。也可以用纠正不一致数据的程序工具来检测违反限制的数据。例如,知道属性间的函数依赖,可以查找违反函数依赖的值。

10.1.2　数据集成

上述数据清理方法一般应用于同一数据源的不同数据记录上。在实际应用中,经常会遇到来自不同数据源的同类数据,且在用于分析之前需要进行合并操作。实施这种合并操作的步骤称为数据集成。有效的数据集成过程有助于减少合并后的数据冲突,降低数据冗

视频讲解

余程度等。

　　数据集成需要解决的问题如下。

1. 属性匹配

　　对于来自不同数据源的记录，需要判定记录中是否存在重复记录。而首先需要做的是确定不同数据源中数据属性间的对应关系。例如，从不同销售商收集的销售记录可能对用户 id 的表达有多种形式（销售商 A 使用"cus_id"，数据类型为字符串；销售商 B 使用"customer_id_number"，数据类型为整数），在进行销售记录集成之前，需要先对不同的表达方式进行识别和对应。

2. 冗余去除

　　数据集成后产生的冗余包括两个方面：①数据记录的冗余，例如，Google 街景车在拍摄街景照片时，不同的街景车可能有路线上的重复，这些重复路线上的照片数据在进行集成时便会造成数据冗余（同一段街区被不同车辆拍摄）；②因数据属性间的推导关系而造成数据属性冗余，例如，调查问卷的统计数据中，来自地区 A 的问卷统计结果注明了总人数和男性受调查者人数，而来自地区 B 的问卷统计结果注明了总人数和女性受调查者人数，当对两个地区的问卷统计数据进行集成时，需要保留"总人数"这一数据属性，而"男性受调查者人数"和"女性受调查者人数"这两个属性保留一个即可，因为两者中任一属性可由"总人数"与另一属性推出，从而避免了在集成过程中由于保留所有不同数据属性（即使仅出现在部分数据源中）而造成的属性冗余。

3. 数据冲突检测与处理

　　来自不同数据源的数据记录在集成时因某种属性或约束上的冲突，导致集成过程无法进行。例如，当来自两个不同国家的销售商使用的交易货币不同时，无法将两份交易记录直接集成（涉及货币单位不同这一属性冲突）。

　　数据挖掘和数据可视化经常需要数据集成——合并来自多个数据存储的数据。谨慎集成有助于减少结果数据集的冗余和不一致。这有助于提高其后挖掘和数据可视化过程的准确性和速度。

10.1.3　数据变换与数据离散化

　　在数据处理阶段，数据被变换或统一，使得数据可视化分析更有效，挖掘的模式可能更容易理解。数据离散化是一种数据变换形式。

1. 数据变换策略概述

　　数据变换策略包括如下几种。

　　（1）光滑：去掉数据中的噪声。这种技术包括分箱、聚类和回归。

　　（2）属性构造（或特征构造）：可以由给定的属性构造新的属性并添加到属性集中，以帮助挖掘过程。

　　（3）聚集：对数据进行汇总和聚集。例如，可以聚集日销售数据，计算月和年销售量。

通常这一步用来为多个抽象层的数据分析构造数据立方体。

(4) 规范化：把属性数据按比例缩放，使之落入一个特定的小区间，如 $-1.0 \sim 1.0$ 或 $0.0 \sim 1.0$。

(5) 离散化：数值属性(例如，年龄)的原始值用区间标签(例如，$0 \sim 10$，$11 \sim 20$ 等)或概念标签(例如，youth、adult、senior)替换。这些标签可以递归地组织成更高层概念，导致数值属性的概念分层。

(6) 由标称数据产生概念分层：属性如 street，可以泛化到较高的概念层，如 city 或 country。

2．通过规范化变换数据

规范化数据可赋予所有属性相等的权重。有许多数据规范化的方法，常用的是最小-最大规范化、z-score 规范化和小数定标规范化。

下面令 A 是数值属性，具有 n 个值 $v_1, v_2, \cdots, v_n$。

(1) 最小-最大规范化是对原始数据进行线性变换。假定 $\max_A$ 和 $\min_A$ 分别为属性 A 的最大值和最小值。最小-最大规范化通过计算公式：

$$v_i' = \frac{v_i - \min_A}{\max_A - \min_A}(\text{new\_max}_A - \text{new\_min}_A) + \text{new\_min}_A$$

把 A 的值 v_i 映射到区间 $[\text{new\_min}_A, \text{new\_max}_A]$ 中的 v_i'。最小-最大规范化保持原始数据值之间的联系。如果属性 A 的实际测试值落在 A 的原数据值域 $[\min_A, \max_A]$ 之外，则该方法将面临"越界"错误。

(2) 在 z-score 规范化(或零-均值规范化)中，基于 A 的平均值和标准差规范化。A 的值 v_i 被规范化为 v_i'，由下式计算：

$$v_i' = \frac{v_i - \text{avg}_A}{\delta_A}$$

其中，avg_A 和 δ_A 分别为属性 A 的平均值和标准差。当属性 A 的实际最大值和最小值未知，或离群点左右了最小-最大规范化时，该方法是有用的。

3．通过分箱离散化

分箱是一种基于指定的箱个数的自顶向下的分裂技术。前面光滑噪声时已经介绍。

分箱并不使用分类信息，因此是一种非监督的离散化技术。它对用户指定的箱个数很敏感，也容易受离群点的影响。

4．通过直方图分析离散化

像分箱一样，直方图分析也是一种非监督离散化技术，因为它也不使用分类信息。直方图把属性 A 的值划分成不相交的区间，称作桶或箱。桶安放在水平轴上，而桶的高度(和面积)是该桶所代表值的出现频率。通常，桶表示给定属性的一个连续区间。

可以使用各种划分规则定义直方图。例如，在如图 10-5 所示等宽直方图中，将值分成相等分区或区间(例如属性 price，其中每个桶宽度为 10 美元)。

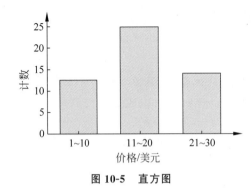

图 10-5　直方图

5. 通过聚类、决策树离散化

聚类分析是一种流行的离散化方法。通过将属性 A 的值划分成簇或组,聚类算法可以用来离散化数值属性 A。聚类考虑 A 的分布以及数据点的邻近性,因此可以产生高质量的离散化结果。

为分类生成决策树的技术可以用来离散化。这类技术使用自顶向下的划分方法。离散化的决策树方法是监督的,因为它使用分类标号。其主要思想是选择划分点使得一个给定的结果分区包含尽可能多的同类记录。

视频讲解

10.2　Pandas 数据清理

Pandas 数据清理包括处理缺失数据以及清除无意义的数据,如删除原始数据集中的无关数据、重复数据,平滑噪声数据,处理异常值。

10.2.1　处理缺失值

1. 查找数据中的缺失值

在 Pandas 中可以使用 isna()方法来查找 DataFrame 对象以及 Series 对象中的缺失值。它可以将查找结果以 DataFrame 对象或者 Series 对象的形式进行返回。

DataFrame.isna()返回的是 DataFrame 对象,Series.isna()返回的就是 Series 对象。

返回对象中的内容都是布尔值,缺失数据会用 True 来表示,False 则代表这里的数据不缺失。

下面的代码读取如表 10-1 所示的成绩单文件 score.xlsx,查看缺失内容。

表 10-1　成绩单 score.xlsx

学号	姓名	班级	出生日期	年龄	高数	英语	计算机	总分	等级
50101	田晴	计算机 051	2001-08-19		86	71	87		
50102	杨庆红	计算机 051	2002-10-08		61	75	70		
50201	王海茹	计算机 052	2004-12-16		作弊	88	81		
50202	陈晓英	计算机 052	2003-06-25		65	缺考	66		
50103	李秋兰	计算机 051	2001-07-06		90	78	93		
50104	周磊	计算机 051	2002-05-10		56	68	86		
50203	吴涛	计算机 052	2001-08-18		87	81	82		
50204	赵文敏	计算机 052	2002-09-17		80	93	91		

```
In[1]:
import pandas as pd
from pandas import DataFrame,Series
```

```
import numpy as np
df = pd.read_excel("d:\\score.xlsx")
#查看 df
print(df)
```

运行结果如图 10-6 所示。

	学号	姓名	班级	出生日期	年龄	高数	英语	计算机	总分	等级
0	50101	田晴	计算机051	2001-08-19	NaN	86	71	87	NaN	NaN
1	50102	杨庆红	计算机051	2002-10-08	NaN	61	75	70	NaN	NaN
2	50201	王海茹	计算机052	2004-12-16	NaN	作弊	88	81	NaN	NaN
3	50202	陈晓英	计算机052	2003-06-25	NaN	65	缺考	66	NaN	NaN
4	50103	李秋兰	计算机051	2001-07-06	NaN	90	78	93	NaN	NaN
5	50104	周磊	计算机051	2002-05-10	NaN	56	68	86	NaN	NaN
6	50203	吴涛	计算机052	2001-08-18	NaN	87	81	82	NaN	NaN
7	50204	赵文敏	计算机052	2002-09-17	NaN	80	93	91	NaN	NaN

图 10-6　查看成绩单

Pandas 中 NaN 代表的就是缺失数据。对于缺失值,最简单的方法就是将含有缺失值的行直接删除,也可以给缺失值填充数据。

```
In[2]:
#查看 df 的缺失值
df.isna()
```

运行结果如图 10-7 所示。

	学号	姓名	班级	出生日期	年龄	高数	英语	计算机	总分	等级
0	False	False	False	False	True	False	False	False	True	True
1	False	False	False	False	True	False	False	False	True	True
2	False	False	False	False	True	False	False	False	True	True
3	False	False	False	False	True	False	False	False	True	True
4	False	False	False	False	True	False	False	False	True	True
5	False	False	False	False	True	False	False	False	True	True
6	False	False	False	False	True	False	False	False	True	True
7	False	False	False	False	True	False	False	False	True	True

图 10-7　查看 df 的缺失值情况

从结果中可以直接看到数据的缺失情况,其中,True 的位置表示该位置的数据为缺失值。在 Pandas 中,可以使用 df.head()或 df.tail()方法查看数据。

对 DataFrame 对象使用 df.head()方法默认可以查看数据的前 5 行,df.tail()方法则默认可以查看数据的后 5 行。除了默认查看 5 行还可以在 df.head()及 df.tail()括号中填写数字,指定要看的行数。

例如,df.head(10)查看前 10 行。

2. 删除数据中的缺失值

在 Pandas 中可以使用 dropna()方法直接删除 DataFrame 对象和 Series 对象中含有缺

失值的数据。执行 df.dropna()可以将 DataFrame 对象中包含缺失值的每一行全部删掉。

dropna()语法格式如下。

```
DataFrame.dropna(axis = 0, how = 'any', subset = None,inplace = False)
```

参数说明如下。

axis：默认为 0,表示逢空值删除整行,如果设置参数 axis=1,表示逢空值去掉整列。

how：默认为'any',如果一行(或一列)里任何一个数据出现 NaN 就去掉整行(整列);如果设置 how='all',则一行(或一列)都是 NaN 才删掉整行(整列)。

subset：设置要检查缺失值的列。如果是多个列,可以使用列名的列表 list 作为参数。

inplace：默认为 False,dropna()方法返回一个新的 DataFrame,不会修改源数据。如果参数为 True,修改源数据 DataFrame。

例如：

```
df.dropna()                          ♯删除所有缺失值
```

df.dropna()返回的是一个删掉所有缺失数据的 DataFrame 对象,但原 df 数据并没有改变,需要将 df.dropna()的运行结果重新赋值给 df 变量,这样就可以将删掉后的结果保存。

```
df = df.dropna()                     ♯删除所有缺失值
df.info()                            ♯查看数据基本信息
```

如果需要针对某几列的缺失数据进行删除,就用到 df.dropna()的 subset 参数。把要指定的列名写进方括号[]中,然后赋值给 subset 参数,就可以限定 dropna()方法的删除范围。

例如,删除 df 中'总分'和'等级'两列数据有缺失的行,可以如下书写代码。

```
df.dropna(subset = ['总分', '等级'])
```

subset 参数应是列表的形式。

3. 填充数据中的缺失值

有时候直接删去空数据会影响分析的结果,这时可以对空数据进行填充,如使用数值或者任意字符替代缺失值。

df.fillna()主要用来对缺失值进行填充,可以选择填充具体值或者选择邻近值填充。

1) 固定值填充

```
df.fillna(value = None, method = None, axis = None, inplace = False, ** kwargs)
```

主要参数说明如下。

value：填充的值,可以是一个常量或者字典等。如果是字典则可以指定某些列填充的具体值。

method：填充的方法,backfill 和 bfill 代表用缺失值后一个数据值替代 NaN,ffill 和 pad 代表用缺失值前一个数据值替代 NaN。

```
df.fillna(value = '?')                      #或者 df.fillna('?')
```

运行结果如图 10-8 所示。

	学号	姓名	班级	出生日期	年龄	高数	英语	计算机	总分	等级
0	50101	田晴	计算机051	2001-08-19	?	86	71	87	?	?
1	50102	杨庆红	计算机051	2002-10-08	?	61	75	70	?	?
2	50201	王海茹	计算机052	2004-12-16	?	作弊	88	81	?	?
3	50202	陈晓英	计算机052	2003-06-25	?	65	缺考	66	?	?
4	50103	李秋兰	计算机051	2001-07-06	?	90	78	93	?	?
5	50104	周磊	计算机051	2002-05-10	?	56	68	86	?	?
6	50203	吴涛	计算机052	2001-08-18	?	87	81	82	?	?
7	50204	赵文敏	计算机052	2002-09-17	?	80	93	91	?	?

图 10-8　用问号? 填充数据中的缺失值

再例如：

```
In[1]:
import numpy as np
import pandas as pd
df2 = pd.DataFrame([[np.nan,22,23,np.nan],[31,np.nan,12,34],[np.nan,np.nan,np.nan,23],
                    [15,17,66,np.nan]],columns = list('ABCD'))
print(df2)
```

运行结果如图 10-9 所示。

```
In[2]:
df2.fillna(value = 1)                       #缺失值填充为 1
df2.fillna(value = {'A':2,'B':3})           #传入一个字典,指定某列填充的具体值
```

{'A':2,'B':3}字典表示 A 列缺失值用 2 替换,B 列缺失值用 3 替换。运行结果如图 10-10 所示。

	A	B	C	D
0	NaN	22.0	23.0	NaN
1	31.0	NaN	12.0	34.0
2	NaN	NaN	NaN	23.0
3	15.0	17.0	66.0	NaN

图 10-9　数据中的缺失值

	A	B	C	D
0	2.0	22.0	23.0	NaN
1	31.0	3.0	12.0	34.0
2	2.0	3.0	NaN	23.0
3	15.0	17.0	66.0	NaN

图 10-10　指定某列填充的具体值

2）邻近值填充

```
In[3]:
df2 = pd.DataFrame([[np.nan,22,23,np.nan],[31,np.nan,12,34],[np.nan,np.nan,np.nan,23],
                    [15,17,66,np.nan]],columns = list('ABCD'))
print(df2.fillna(method = 'ffill'))          #向前填充
```

运行结果如图 10-11 所示。

注意此处默认参数 axis＝0,所以空值是填充上一行的数据,而不是前一列。

3) 描述性统计量填充

假设 data 是销售表,也可以使用均值、中位数等方式填充缺失值。

```
In[4]:
data = pd.DataFrame([['商品 A1',803,25,23], ['商品 A2',900,75,78],
                     ['商品 B1',700,75, np.nan],[ '商品 B2',890,95,98],
                     ['商品 C1',780, np.nan,135],[ '商品 C2', np.nan,570,560]],
                     columns = ['商品名','月销量', '现价', '原价'])
print(data)
```

运行结果如图 10-12 所示。

	A	B	C	D
0	NaN	22.0	23.0	NaN
1	31.0	22.0	12.0	34.0
2	31.0	22.0	12.0	23.0
3	15.0	17.0	66.0	23.0

图 10-11 邻近值填充

	商品名	月销量	现价	原价
0	商品A1	803.0	25.0	23.0
1	商品A2	900.0	75.0	78.0
2	商品B1	700.0	75.0	NaN
3	商品B2	890.0	95.0	98.0
4	商品C1	780.0	NaN	135.0
5	商品C2	NaN	570.0	560.0

图 10-12 销售表

利用月销量的均值来对 NaN 值进行填充。

```
data["月销量"].fillna(data["月销量"].mean())
```

利用月销量的中位数来对 NaN 值进行填充。

```
data["月销量"].fillna(data["月销量"].median())
```

对于一些商品的现价和原价没有的数据,可采用现价填充原价,原价填充现价。

```
data["现价"] = data["现价"].fillna(data["原价"])
data["原价"] = data["原价"].fillna(data["现价"])
```

当然,缺失值的处理方法远不止这几种,这里只是简单地介绍一般操作,还有其他更高级的操作,如随机森林插值、拉格朗日插值、牛顿插值等。针对这些高难度的插值方法,有兴趣的读者可以自行去了解。

10.2.2 处理重复值

1. 查找重复值

直接使用 df.duplicated()方法来查找 DataFrame 对象中的重复数据。

使用 df.duplicated()方法会返回一个 Series 对象,找出所有重复值。重复为 True,不重复为 False。

例如:

```
In[5]:
data = pd.DataFrame([['商品 A1',803,25,23], ['商品 A2',900,75,78],
```

```
              ['商品 B1',700,75, np.nan],['商品 B1',700,75, np.nan],
              ['商品 C1',780, np.nan,135],[ '商品 C2', np.nan,570,560]],
              columns = ['商品名','月销量', '现价', '原价'])
#查找 data 中的重复行
print(data.duplicated())
```

运行结果如下。

```
0     False
1     False
2     False
3      True
4     False
5     False
dtype: bool
```

可以将 data. duplicated()返回的结果放入方括号[ ]中,用来索引 data 数据,查看 data 数据中重复的行。

```
In[6]:
#查看 data 中的重复数据
data[data.duplicated()]
```

运行结果如图 10-13 所示。

可以看到,这份数据中含有完全重复的行,这种重复数据并不具备分析的意义,而且有可能影响数据分析的结果,因此需要直接删除。

2. 删除重复值

使用 df. drop_duplicates()方法直接删除 DataFrame 对象中重复出现的整行数据。例如:

```
In[7]:
#直接删除所有重复值
data = data.drop_duplicates()
#查看 data
print(data)
```

运行结果如图 10-14 所示。

	商品名	月销量	现价	原价
0	商品A1	803.0	25.0	23.0
1	商品A2	900.0	75.0	78.0
2	商品B1	700.0	75.0	NaN
4	商品C1	780.0	NaN	135.0
5	商品C2	NaN	570.0	560.0

	商品名	月销量	现价	原价
3	商品B1	700.0	75.0	NaN

图 10-13　查看重复数据　　　图 10-14　删除所有重复值后结果

在运行结果中能看到这里已经没有重复数据,索引号为 3 的数据行已被删除。

df. drop_duplicates()方法并不会将所有重复的行都删除。只有重复出现的数据才会被判定为重复数据。df. drop_duplicates()方法删除的也都是重复出现的行,因此所有重复数据的第一行都会保留。

10.2.3　处理格式错误

数据格式错误的单元格会使数据分析变得困难,甚至不可能。可以将包含空单元格在内的行或者列中的所有单元格转换为相同格式的数据。

以下实例格式化日期数据。

```
import pandas as pd
#第三个日期格式错误
data = {
  "Date": ['2020/12/01', '2020/12/02', '20201226'],
  "duration": [50, 40, 45]
}
df = pd.DataFrame(data, index = ["day1", "day2", "day3"])
df['Date'] = pd.to_datetime(df['Date'])
print(df.to_string())
```

运行结果如下。

```
          Date    duration
day1 2020 - 12 - 01        50
day2 2020 - 12 - 02        40
day3 2020 - 12 - 26        45
```

10.2.4　处理错误数据

数据错误也是很常见的情况,可以对错误的数据进行替换或移除。

以下实例会替换错误年龄的数据。

```
import pandas as pd
person = {
  "name": ['Google', 'Runoob', 'Taobao'],
  "age": [50, 40, 245]                    #245 年龄数据是错误的
}
df = pd.DataFrame(person)
df.loc[2, 'age'] = 30                      #修改数据
print(df.to_string())
```

结果如下。

```
      name   age
0   Google   50
1   Runoob   40
2   Taobao   30
```

也可以设置条件语句,将 age 大于 120 的设置为 120。

```
import pandas as pd
person = {
```

```
    "name": ['Google', 'Runoob', 'Taobao'],
    "age": [50, 40, 245]                    #245 年龄数据是错误的
}
df = pd.DataFrame(person)
for x in df.index:
    if df.loc[x, "age"] > 120:
        df.loc[x, "age"] = 120
print(df.to_string())
```

结果如下。

```
     name    age
0  Google    50
1  Runoob    40
2  Taobao   120
```

也可以将错误数据的行删除。将 age 大于 120 的行删除。

```
import pandas as pd
person = {
    "name": ['Google', 'Runoob', 'Taobao'],
    "age": [50, 40, 245]                    #245 年龄数据是错误的
}
df = pd.DataFrame(person)
for x in df.index:
    if df.loc[x, "age"] > 120:
        df.drop(x, inplace = True)
print(df.to_string())
```

以上实例输出结果如下。

```
     name   age
0  Google   50
1  Runoob   40
```

10.2.5　处理异常值

异常值是指数据中个别数值明显偏离其余数值的数据,也称为离群点、野值。检测异常值就是监测数据中是否有录入错误以及是否有不合理的数据。

3σ 原则[拉依达准则]:假设一组检验数据只有随机误差,对原始数据进行计算处理得到标准差,按照一定的概率确定一个区间,认为误差超过这个区间就属于异常值。

3σ 原则仅适用于服从正态分布或者近似正态分布的数据。

$\mu-3\sigma < x < \mu+3\sigma$ 为正常区间的数据,此区间的概率值为 0.9973。

检测异常值的方法还有很多,如下这段代码是使用 z-score 标准化法后得到的数据值超过阈值标为异常。

```
import pandas as pd
df = pd.DataFrame({'col1':[1,120,3,5,2,12,13],
'col2':[12,17,31,53,22,32,43]})
```

```
#通过 z - score 方法判断异常值
df_zscore = df.copy()                              #复制一个用来存储 z_score 得分的数据框
cols = df.columns                                  #获得数据框的列名
for col in cols:                                   #循环读取每列
    df_col = df[col]
    z_score = (df_col - df_col.mean())/df_col.std()   #计算每列的 z_score 得分
    df_zscore[col] = z_score.abs() > 2.2              #判断 z_score 得分是否大于 2.2,
                                                       #如果是则为 True,否则为 False

print(df_zscore)
```

视频讲解

10.3　Pandas 数据集成

10.3.1　SQL 合并/连接

Pandas 具有功能全面的高性能连接操作，与 SQL 关系数据库非常相似。Pandas 提供了一个 merge()函数，实现 DataFrame 对象之间所有标准数据库连接操作。

```
merge(left, right, how = 'inner', on = None, left_on = None, right_on = None, left_index = False,
right_index = False, sort = True)
```

参数含义如下。

left——一个 DataFrame 对象(认为是左 DataFrame 对象)。

right——另一个 DataFrame 对象(认为是右 DataFrame 对象)。

on——列(名称)连接，必须在左和右 DataFrame 对象中存在(找到)。

left_on——左侧 DataFrame 中用于匹配的列(作为键)，可以是列名。

right_on——右侧 DataFrame 中用于匹配的列(作为键)，可以是列名。

left_index——如果为 True,则使用左侧 DataFrame 中的索引(行标签)作为其连接键。

right_index——与右 DataFrame 的 left_index 具有相同的用法。

how——它是 left、right、outer 以及 inner 之中的一个，默认为 inner。

sort——按照字典序通过连接键对结果 DataFrame 进行排序。默认为 True,设置为 False 时,在很多情况下可大大提高性能。

现在创建如图 10-15 所示的两个 DataFrame 并对其执行合并操作，介绍每种连接操作的用法。

	Name	id	subject_id
0	Alex	1	sub1
1	Amy	2	sub2
2	Allen	3	sub4
3	Alice	4	sub6
4	Ayoung	5	sub5

(a) left数据框

	Name	id	subject_id
0	Billy	1	sub2
1	Brian	2	sub4
2	Bran	3	sub3
3	Bryce	4	sub6
4	Betty	5	sub5

(b) right数据框

图 10-15　数据框

```
import pandas as pd
left = pd.DataFrame({
        'id':[1,2,3,4,5],
        'Name':['Alex','Amy','Allen','Alice','Ayoung'],
        'subject_id':['sub1','sub2','sub4','sub6','sub5']})
right = pd.DataFrame(
        {'id':[1,2,3,4,5],
        'Name':['Billy','Brian','Bran','Bryce','Betty'],
        'subject_id':['sub2','sub4','sub3','sub6','sub5']})
```

'id'列用作键合并两个数据框。

```
rs = pd.merge(left,right,on = 'id')
print(rs)
```

执行上面的示例代码，得到以下结果。

```
   id  Name_x  subject_id_x  Name_y  subject_id_y
0   1  Alex    sub1          Billy   sub2
1   2  Amy     sub2          Brian   sub4
2   3  Allen   sub4          Bran    sub3
3   4  Alice   sub6          Bryce   sub6
4   5  Ayoung  sub5          Betty   sub5
```

多列（这里是'id','subject_id'列）用作键合并两个数据框。

```
rs = pd.merge(left,right,on = ['id','subject_id'])
print(rs)
```

执行上面的示例代码，得到以下结果。

```
   id  Name_x  subject_id  Name_y
0   4  Alice   sub6        Bryce
1   5  Ayoung  sub5        Betty
```

可以使用"how"参数合并两个数据框。表 10-2 列出 how 选项和 SQL 等效名称。

表 10-2　how 选项和 SQL 等效名称

合 并 方 法	SQL 等效	描　　述
left	LEFT OUTER JOIN	使用左侧对象的键
right	RIGHT OUTER JOIN	使用右侧对象的键
outer	FULL OUTER JOIN	使用键的联合
inner	INNER JOIN	使用键的交集

下面学习 left 连接。示例如下。

```
rs = pd.merge(left, right, on = 'subject_id', how = 'left')
print(rs)
```

执行上面的示例代码，得到以下结果。

```
     id_x  Name_x   subject_id   id_y   Name_y
0     1    Alex        sub1       NaN     NaN
1     2    Amy         sub2       1.0     Billy
2     3    Allen       sub4       2.0     Brian
3     4    Alice       sub6       4.0     Bryce
4     5    Ayoung      sub5       5.0     Betty
```

right 连接示例：

```
rs = pd.merge(left, right, on = 'subject_id', how = 'right')
```

outer 连接示例：

```
rs = pd.merge(left, right, on = 'subject_id', how = 'outer')
```

inner 连接示例：

```
rs = pd.merge(left, right, on = 'subject_id', how = 'inner')
print(rs)
```

执行上面 inner 连接示例代码，得到以下结果。

```
     id_x  Name_x   subject_id   id_y   Name_y
0     2    Amy         sub2        1     Billy
1     3    Allen       sub4        2     Brian
2     4    Alice       sub6        4     Bryce
3     5    Ayoung      sub5        5     Betty
```

10.3.2　字段合并

字段合并是指将同一个数据框中的不同列进行合并，形成新的列。例如，当标签分散在不同字段时，想要将各个标签融合一起。

$$X = x1 + x2 + \cdots$$

x1：数据列 1；x2：数据列 2。返回值：数据框。

如果某一列是非 str 类型的数据，那么需要用 map(str)或者 astype(str)将那一列数据类型做转换。

例如，将年月日字段合并成出生日期一列。

```
import pandas as pd
df = pd.DataFrame([ [199901, '张海','男',1999 ,5, 25],
                    [199902, '赵大强','男', 1998, 9, 14],
                    [199903, '李梅', '女', 1998, 6, 13],
                    [199904, '吉建军', '男', 2000, 7, 26]] ,
                    columns = ['xuehao', 'name', 'sex', 'year', 'month', 'day'])
df['出生日期'] = df['year'].map(str) + "/" + df['month'].map(str) + "/" + df['day'].map(str)
print(df)
```

运行结果如图 10-16 所示。

	xuehao	name	sex	year	month	day	出生日期
0	199901	张海	男	1999	5	25	1999/5/25
1	199902	赵大强	男	1998	9	14	1998/9/14
2	199903	李梅	女	1998	6	13	1998/6/13
3	199904	吉建军	男	2000	7	26	2000/7/26

图 10-16　年月日字段合并成出生日期

10.3.3　记录合并

记录合并是指两个数据框合并成一个数据框,也就是在一个数据框中追加另一个数据框的数据记录。

1. concat

```
pd.concat(objs, axis = 0, join = 'outer', ignore_index = False, keys = None, … ])
```

参数 objs 表示需要连接的对象,如[dataFrame1,dataFrame2,…],需要将合并的数据框用列表表示。

axis＝0 表示拼接方式是上下堆叠,当 axis＝1 表示左右拼接。

join 参数控制的是外连接还是内连接,join＝'outer'表示外连接,保留两个数据框表中的所有信息;join＝"inner"表示内连接,拼接结果只保留两个数据框表共有的信息。

keys:可以给每个需要合并的 DataFrame 数据框一个标签。

concat 功能最强大,不仅可以纵向合并数据,还可以横向合并数据,而且支持很多其他条件设置。

(1) 相同字段的数据框表首尾相接(即上下方向)。

假设有 df1,df2,df3 数据框,字段列结构相同,按纵向合并成 Result,如图 10-17 所示。

```
import pandas as pd
♯先将表构成 list,然后再作为 concat 的参数
df1 = pd.DataFrame({'A': ['A0', 'A1', 'A2', 'A3'],
                    'B': ['B0', 'B1', 'B2', 'B3'],
                    'C': ['C0', 'C1', 'C2', 'C3'],
                    'D': ['D0', 'D1', 'D2', 'D3']},
                    index = [0, 1, 2,3])
df2 = pd.DataFrame({'A': ['A4', 'A5', 'A6', 'A7'],
                    'B': ['B4', 'B5', 'B6', 'B7'],
                    'C': ['C4', 'C5', 'C6', 'C7'],
                    'D': ['D4', 'D5', 'D6', 'D7']},
                    index = [4, 5, 6,7])
df3 = pd.DataFrame({'A': ['A8', 'A9', 'A10', 'A11'],
                    'B': ['B8', 'B9', 'B10', 'B11'],
                    'C': ['C8', 'C9', 'C10', 'C11'],
                    'D': ['D8', 'D9', 'D10', 'D11']},
                    index = [8, 9, 10,11])
frames = [df1, df2, df3]
result = pd.concat(frames)
print(result)
```

df1

	A	B	C	D
0	A0	B0	C0	D0
1	A1	B1	C1	D1
2	A2	B2	C2	D2
3	A3	B3	C3	D3

df2

	A	B	C	D
4	A4	B4	C4	D4
5	A5	B5	C5	D5
6	A6	B6	C6	D6
7	A7	B7	C7	D7

df3

	A	B	C	D
8	A8	B8	C8	D8
9	A9	B9	C9	D9
10	A10	B10	C10	D10
11	A11	B11	C11	D11

Result

	A	B	C	D
0	A0	B0	C0	D0
1	A1	B1	C1	D1
2	A2	B2	C2	D2
3	A3	B3	C3	D3
4	A4	B4	C4	D4
5	A5	B5	C5	D5
6	A6	B6	C6	D6
7	A7	B7	C7	D7
8	A8	B8	C8	D8
9	A9	B9	C9	D9
10	A10	B10	C10	D10
11	A11	B11	C11	D11

图 10-17 数据框合并

要在相接的时候再加上一个层次的 key 来识别数据源自哪个数据框,如图 10-18 所示,可以增加 keys 参数。

df1

	A	B	C	D
0	A0	B0	C0	D0
1	A1	B1	C1	D1
2	A2	B2	C2	D2
3	A3	B3	C3	D3

df2

	A	B	C	D
4	A4	B4	C4	D4
5	A5	B5	C5	D5
6	A6	B6	C6	D6
7	A7	B7	C7	D7

df3

	A	B	C	D
8	A8	B8	C8	D8
9	A9	B9	C9	D9
10	A10	B10	C10	D10
11	A11	B11	C11	D11

Result

		A	B	C	D
x	0	A0	B0	C0	D0
x	1	A1	B1	C1	D1
x	2	A2	B2	C2	D2
x	3	A3	B3	C3	D3
y	4	A4	B4	C4	D4
y	5	A5	B5	C5	D5
y	6	A6	B6	C6	D6
y	7	A7	B7	C7	D7
z	8	A8	B8	C8	D8
z	9	A9	B9	C9	D9
z	10	A10	B10	C10	D10
z	11	A11	B11	C11	D11

图 10-18 数据框加索引合并

```
result = pd.concat(frames, keys = ['x', 'y', 'z'])
print(result.index)
```

结果如下。

```
MultiIndex([('x',  0),
            ('x',  1),
            ('x',  2),
            ('x',  3),
            ('y',  4),
            ('y',  5),
            ('y',  6),
            ('y',  7),
            ('z',  8),
            ('z',  9),
            ('z', 10),
            ('z', 11)],
           )
```

（2）横向拼接（即左右方向）。

当轴 axis＝1 的时候，concat 就是横向拼接，将不同列名称的两张表合并。默认 join＝'outer'表示外连接，保留两个数据框表中的所有信息。

```
df4 = pd.DataFrame({'B': ['B2', 'B3', 'B6', 'B7'],
'D': ['D2', 'D3', 'D6', 'D7'],
'F': ['F2', 'F3', 'F6', 'F7']},
   index = [2, 3, 6, 7])
result = pd.concat([df1, df4], axis = 1)
print(result)
```

结果如图 10-19 所示。

图 10-19 数据框 outer 合并

可见按列横向拼接时，是根据索引进行横向拼接的。例如，result 中第 1 行索引为 0，由于 df1 有索引为 0 的行，df4 没有索引为 0 的行，所以横向拼接时此行对应处为 NaN。result 中第 3 行索引为 2，由于 df1 和 df4 都有索引为 2 的行，所以横向拼接时此行无 NaN。

当设置 join＝'inner'，则说明为取交集。

```
result = pd.concat([df1, df4], axis = 1, join = 'inner')
print(result)
```

结果如图 10-20 所示。

	df1					df4				Result						

图 10-20　数据框 inner 合并

2. append

append 主要用于追加数据,是比较简单直接的数据合并方式。格式如下。

```
df.append(
    other,
    ignore_index: 'bool' = False,
    verify_integrity: 'bool' = False,
    sort: 'bool' = False
)
```

各参数含义如下。

other:用于追加的数据,可以是 DataFrame 或 Series 或列表。

ignore_index:是否保留原有的索引。

verify_integrity:检测索引是否重复,如果为 True 则有重复索引会报错。

sort:并集合并方式下,对 columns 排序。

append()用于追加数据框,例如:

```
df1.append(df2)    # 仅把 df1 和 df2 叠起来,没有修改合并后的 df2 的 index
```

结果如图 10-21 所示。

图 10-21　append()追加数据框

当然也可以将多个 DataFrame 合并。

```
df1.append([df2,df3])                    #把 df1、df2 和 df3 叠起来
```

如果两个 DataFrame 的 index 索引都没有实际含义，可以将 ignore_index 参数置
True，合并两个 DataFrame 后会再重新生成一个新的 index 索引。

```
df1.append(df4, ignore_index = True)     #仅把 df1 和 df4 叠起来，修改合并后的 df4 的 index
```

结果如图 10-22 所示。

df1

	A	B	C	D
0	A0	B0	C0	D0
1	A1	B1	C1	D1
2	A2	B2	C2	D2
3	A3	B3	C3	D3

df4

	B	D	F
2	B2	D2	F2
3	B3	D3	F3
6	B6	D6	F6
7	B7	D7	F7

Result

	A	B	C	D	F
0	A0	B0	C0	D0	NaN
1	A1	B1	C1	D1	NaN
2	A2	B2	C2	D2	NaN
3	A3	B3	C3	D3	NaN
4	NaN	B4	NaN	D4	F2
5	NaN	B5	NaN	D5	F3
6	NaN	B6	NaN	D6	F6
7	NaN	B7	NaN	D7	F7

图 10-22 修改合并后的 df4 的 index

append() 也可以将 Series 和字典数据作为 DataFrame 的新一行插入。

```
s2 = pd.Series(['X0', 'X1', 'X2', 'X3'], index = ['A', 'B', 'C', 'D'])
result = df1.append(s2, ignore_index = True)
print(result)
```

结果如图 10-23 所示。

df1

	A	B	C	D
0	A0	B0	C0	D0
1	A1	B1	C1	D1
2	A2	B2	C2	D2
3	A3	B3	C3	D3

s2

A	X0
B	X1
C	X2
D	X3

Result

	A	B	C	D
0	A0	B0	C0	D0
1	A1	B1	C1	D1
2	A2	B2	C2	D2
3	A3	B3	C3	D3
4	X0	X1	X2	X3

图 10-23 DataFrame 数据框追加 Series 数据

视频讲解

10.4 Pandas 数据变换与离散化

数据变换主要有以下几点内容。

10.4.1 简单函数变换

例如,对数据开方、平方、取对数、倒数、差分、指数等。目的是为后续分析提供想要的数据和方便分析(根据实际情况而定)。

假设 df 是销售表。

```
import numpy as np
import pandas as pd
df = pd.DataFrame([['商品A1',803,20,23,2750], ['商品A2',700,75,78,1500],
                   ['商品B1',900,65,70,5090],[ '商品B2',810,90,98,920],
                   ['商品C1',780,105,135,3150],[ '商品C2',820,500,560,4065]],
                   columns = ['商品名','月销量', '现价', '原价','累计评价'])
```

由于"累计评价"的值太大,新增一列对"累计评价"取对数处理;同时插入一列,计算"优惠力度"。

```
df['对数_累计评价'] = np.log(df['累计评价'])        ♯对"累计评价"取对数
df['优惠力度'] = df['现价']/df['原价']              ♯计算"优惠力度"
```

执行上面的示例代码,查看 df 得到如图 10-24 所示结果。

	商品名	月销量	现价	原价	累计评价	对数_累计评价	优惠力度
0	商品A1	803	20	23	2750	7.919356	0.869565
1	商品A2	700	75	78	1500	7.313220	0.961538
2	商品B1	900	65	70	5090	8.535033	0.928571
3	商品B2	810	90	98	920	6.824374	0.918367
4	商品C1	780	105	135	3150	8.055158	0.777778
5	商品C2	820	500	560	4065	8.310169	0.892857

图 10-24   数据变换

10.4.2 数据标准化

一般数据之间有不同的量纲,如果不做处理,会造成数据间的差异很大。涉及空间距离计算或者相似度计算时,需要对不同特征数据标准化。数据标准化实际是将数据按比例缩放,使之落入特定区间,一般使用 0-1 标准化。

数据标准化是为了消除数据的量纲影响,为后续许多算法分析提供必要条件。常见的标准化方法很多,这里简单介绍两种。

1. min-max 标准化

min-max 标准化就是最小-最大规范化,又称离差标准化,对原始数据进行线性变换,使

结果映射到区间[0,1]且无量纲。计算公式为

$$X^* = (x - min)/(max - min)$$

设计计算离差标准化函数：

```
def MinMaxScale(data):
    return((data - data.min())/(data.max() - data.min()))
```

使用离差标准化函数：

```
df['标准化月销量'] = MinMaxScale(df['月销量'])
```

也可以不使用计算离差标准化函数，如下。

```
#不使用离差标准化函数
df['标准化月销量'] = df.月销量.transform(lambda x : (x - x.min())/(x.max() - x.min()))
```

执行上面的代码，查看 df 得到如图 10-25 所示结果。

	商品名	月销量	现价	原价	累计评价	对数_累计评价	优惠力度	标准化月销量
0	商品A1	803	20	23	2750	7.919356	0.869565	0.515
1	商品A2	700	75	78	1500	7.313220	0.961538	0.000
2	商品B1	900	65	70	5090	8.535033	0.928571	1.000
3	商品B2	810	90	98	920	6.824374	0.918367	0.550
4	商品C1	780	105	135	3150	8.055158	0.777778	0.400
5	商品C2	820	500	560	4065	8.310169	0.892857	0.600

图 10-25 离差标准化

2. z-score 标准化法

z-score 标准化根据原始数据的均值（Mean）和标准差（Standard Deviation），进行数据的标准处理。经过处理的数据符合标准正态分布，即均值为 0，标准差为 1。z-score 标准化公式为

$$X^* = (x - u)/\sigma$$

其中，u 表示所有样本数据的均值，σ 表示所有样本数据的标准差。将数据按属性（按列进行）减去均值，并除以标准差，得到的结果是每个属性（每列）的数据都聚集在 0 附近，标准差为 1。

```
#设计标准差标准化函数
def StandScale(data):
    return(data - data.mean())/data.std()
df['Z_月销量'] = StandScale(df['月销量'])
```

也可以不使用计算标准差标准化函数，如下。

```
#不使用函数
df['Z_月销量'] = df['月销量'].transform(lambda x : (x - x.mean())/x.std())
```

执行上面的代码，查看 df 得到如图 10-26 所示结果。

	商品名	月销量	现价	原价	累计评价	对数_累计评价	优惠力度	标准化月销量	Z_月销量
0	商品A1	803	20	23	2750	7.919356	0.869565	0.515	0.012895
1	商品A2	700	75	78	1500	7.313220	0.961538	0.000	-1.580958
2	商品B1	900	65	70	5090	8.535033	0.928571	1.000	1.513903
3	商品B2	810	90	98	920	6.824374	0.918367	0.550	0.121215
4	商品C1	780	105	135	3150	8.055158	0.777778	0.400	-0.343014
5	商品C2	820	500	560	4065	8.310169	0.892857	0.600	0.275958

图 10-26　z-score 标准化

10.4.3　数据离散化处理

连续值经常需要离散化或者分箱,方便数据的展示和理解,以及结果的可视化。例如,最常见就是日常生活中对年龄的离散化,将年龄分为幼儿、儿童、青年、中年、老年等。

```
♯新增一列,将月销量划分成 10 个等级,等距(等宽)分箱
df['df_cut'] = pd.cut(df['月销量'],bins = 10,labels = [1,2,3,4,5,6,7,8,9,10])
```

执行上面的代码,查看 df 得到如图 10-27 所示结果。

对比如下代码:

```
♯新增一列,将月销量划分成 10 个等级,等频分箱(按照数据分布进行分割,各箱数量相同)
df['df_qcut'] = pd.qcut(df['月销量'],q = 10,labels = [1,2,3,4,5,6,7,8,9,10])
```

执行上面的代码,查看 df 得到如图 10-28 所示结果。

	商品名	月销量	现价	原价	累计评价	df_cut
0	商品A1	803	20	23	2750	6
1	商品A2	700	75	78	1500	1
2	商品B1	900	65	70	5090	10
3	商品B2	810	90	98	920	6
4	商品C1	780	105	135	3150	4
5	商品C2	820	500	560	4065	6

	商品名	月销量	现价	原价	累计评价	df_qcut
0	商品A1	803	20	23	2750	4
1	商品A2	700	75	78	1500	1
2	商品B1	900	65	70	5090	10
3	商品B2	810	90	98	920	6
4	商品C1	780	105	135	3150	2
5	商品C2	820	500	560	4065	8

图 10-27　使用 cut 将月销量划分成 10 个等级　　图 10-28　使用 qcut 将月销量划分成 10 个等级

这两种都是对数据进行离散化,但通过结果仔细一看,这两者的结果是不同的。简单来说,一个是等距(等宽)分箱,另一个是等频分箱(分位数分箱),往往后者更常用。

🔑 10.5　Pandas 数据分析

前面所做的工作全是为数据分析和数据可视化做准备。这里只是进行一些简单的数据分析,关于模型、算法这些内容在第 11 章介绍。在掌握这些简单的分析之后,可以去理解更高深的分析方法。

10.5.1　描述性分析

视频讲解

1. 集中趋势

表示数据集中趋势的指标有平均值、中位数、众数、第一四分位数和第三四分位数。

假设 data 是销售表,下面通过定义一个函数,来查看数据的集中趋势。

```
import numpy as np
import pandas as pd
def f(x):
    return pd.DataFrame([x.mean(),x.median(),x.mode()[0],x.quantile(0.25),x.quantile(0.75)],
    index = ['mean','median','mode','Q1','Q3'])
data = pd.DataFrame([['商品 A1',803,20,23,2750], ['商品 A2',700,75,78,1500],
                     ['商品 B1',900,65,70,5090],[ '商品 B2',810,90,98,920],
                     ['商品 C1',780,105,135,3150],[ '商品 C2',900,500,560,4065]],
                     columns = ['商品名','月销量', '现价', '原价','累计评价'])
# 调用函数
print(f(data['月销量']))
```

运行结果如下。

```
           0
mean    815.50
median  806.50
mode    900.00
Q1      785.75
Q3      877.50
```

2. 离散程度

表示数据离散程度的有方差、标准差、极差、四分位间距。

下面通过定义一个函数,来查看数据的离散程度。

```
def k(x):
    return pd.DataFrame([x.var(),x.std(),x.max() - x.min(),x.quantile(0.75) - x.quantile(0.25)],
                        index = ['var','std','range','IQR'])
# 调用函数
print(k(data['现价']))
```

运行结果如下。

```
               0
var     31507.500000
std       177.503521
range     480.000000
IQR        33.750000
```

3. 分布形态

表示数据分布的有偏度和峰度。

```
def g(x):
    return pd.DataFrame([x.skew(),x.kurt()], index = ['skew','kurt'])
#调用函数
g(data['现价'])
```

运行结果如下。

```
         0
skew  2.300252
kurt  5.473541
```

视频讲解

10.5.2　分布分析

分布分析法又称直方图法。它是将搜集到的数据进行分组整理，绘制成频数分布直方图，用以描述分布状态的一种分析方法。分布分析法是比较常用的数据分析方法，可以比较快地找到数据规律，对数据有清晰的结构认识。例如，日常成绩分析中，统计各分数段人数（不及格人数，60～80，81～90，90分以上人数）了解学生学习情况，就是分布分析。

数据的分布描述了各个值出现的频繁程度。表示分布最常用的方法是直方图，这种图用于展示各个值出现的频数或概率。频数指的是数据集中一个值出现的次数。概率就是频数除以样本数量 n。频数除以 n 即可把频数转换成概率，这称为归一化。归一化之后的直方图称为 PMF（Probability Mass Function，概率质量函数），这个函数是值到其概率的映射。

分布分析应用场景如下。

（1）发现用户分布规律，优化产品和运营策略。例如，通过查看最近一个月用户支付订单金额在"100 元以下""100～200 元"和"200 元以上"的人数分布。企业可以使用分布分析进一步掌握用户特征。

（2）锁定核心用户群，实施精细化运营。例如，通过观察每个用户当天使用某核心功能时长的分布情况，找出深度使用者。

（3）去除极值影响，数据更接近整体真实表现。例如，统计在 5%～95% 的新用户中"登录次数"的分布情况。

分布分析一般按照以下步骤执行。

（1）找到数据中的最大值和最小值。

（2）决定组距与组数。

（3）决定分点（每个区间的端点，即每组的起点和终点）。

（4）得到频率分布表。

（5）绘制频率分布直方图。

遵循的原则如下。

（1）所有分组必须将所有数据包含在内。

（2）各组的组宽最好相等。

pandas.cut() 函数对数据从最小值到最大值进行分组区间划分，主要有 7 个参数。

```
pandas.cut(x, bins, right = True, labels = None, retbins = False, precision = 3, include_lowest = False)
```

其中：

　　x：一维数组（例如，销售业绩、某科成绩、身高、体重）或者系列 Series。

　　bins：整数、标量序列或者间隔索引，是进行分组的依据。

- 如果填入整数 n，则表示将 x 中的数值分成等宽的 n 份。
- 如果是数值序列，则序列中的数值表示用来分组的分界值。
- 如果是间隔索引，则 bins 的间隔索引必须不重叠。

　　right：布尔值，默认为 True 表示包含最右侧的数值。例如，当 right＝True 时，则 bins＝[10,20,30,40]表示(10,20],(20,30],(30,40]分组区间。当 bins 是一个间隔索引时，该参数被忽略。

　　labels：数组或布尔值，可选指定分箱（分组）的标签。

　　retbins：是否显示分箱的分界值，默认为 False。当 bins 取整数时可以设置 retbins＝True 以显示分界值，得到划分后的区间。

　　precision：整数，默认为 3，存储和显示分箱标签的精度。

　　include_lowest：布尔值，表示区间的左边是开还是闭，默认为 False，也就是不包含区间左边。

　　下面以学生体重信息进行分布分析，分成三组。

```
import numpy as np
import pandas as pd
import matplotlib.pyplot as plt
% matplotlib inline
stu_weights = np.array([ 48, 54, 47, 50, 53, 43, 45, 43, 44, 47, 58, 46, 46, 63, 49, 50, 48,
43, 46, 45, 50, 53, 51, 58, 52, 53, 47, 49, 45, 42, 51, 49, 58, 54, 45, 53, 50, 69, 44, 50, 58,
64, 40, 57, 51, 69, 58, 47, 62, 47, 40, 60, 48, 47, 53, 47, 52, 61, 55, 55, 48, 48, 46, 52, 45,
38, 62, 47, 55, 50, 46, 47, 55, 48, 50, 50, 54, 55, 48, 50])
bins = [35,45,60,70]                          # 决定组距与组数为 3 个
group_names = ['36~45 偏瘦','46~60 适中','61~70 偏胖']
cuts = pd.cut(stu_weights,bins,labels = group_names)
print(cuts)
```

　　结果如下。

```
['46~60 适中', '46~60 适中', '46~60 适中', '46~60 适中', '46~60 适中', …,'46~60 适中']
Length: 80
Categories(3, object): ['36~45 偏瘦'< '46~60 适中'< '61~70 偏胖']
```

　　计算分组区间频数：

```
counts = pd.value_counts(cuts)               # 统计每个区间人数
print(dict(counts))
```

　　结果如下。

```
{'46~60 适中': 59, '36~45 偏瘦': 14, '61~70 偏胖': 7}
```

　　画直方图，如图 10-29 所示。

```
plt.rcParams['font.sans - serif'] = ['SimHei']
cuts.value_counts().plot(kind = 'bar')
```

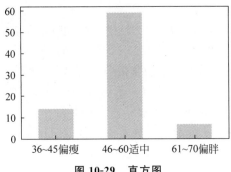

图 10-29　直方图

视频讲解

10.5.3　相关性分析

研究两个或两个以上随机变量之间相互依存关系的方向和密切程度的方法。线性相关关系主要采用皮尔逊（Pearson）相关系数 r 来度量连续变量之间线性相关强度；r＞0 时线性正相关；r＜0 时线性负相关；r＝0 时两个变量之间不存在线性关系，但是并不代表两个变量之间不存在任何关系，有可能是非线性相关。

```
#任意两列相关系数
data['月销量'].corr(data['累计评价'])
#因变量与所有变量的相关性
data.corrwith(data['月销量'])
```

结果如下。

```
0.7094891485021224
月销量      1.000000
现价 0.104744
原价 0.103568
累计评价 0.709489
dtype: float64
```

🔑 实验十　数据处理与数据分析

一、实验目的

通过本实验，了解数据处理和数据分析的意义，掌握对数据进行分析加工的方法和过程，从大量杂乱无章、难以理解的数据中去除缺失、重复、错误和异常的数据，并对处理过的数据进行变换、归纳和分析。

二、实验要求

（1）掌握使用 Pandas 进行数据清理的过程，包括处理缺失值、重复值、错误和异常数据等。

（2）掌握使用 Pandas 进行数据集成的方法，对不同数据源的数据合并存储。

（3）掌握使用 Pandas 实现数据的函数变换和标准化处理。

（4）掌握使用 Pandas 进行简单的数据分析。

三、实验内容与步骤

（1）创建如图 10-30 所示的三个学生成绩单（成绩可随机生成），对三组数据完成数据集成、数据清理以及简单的数据汇总工作。

	xuehao	name	math	english
0	199901	张海	97	70
1	199902	赵大强	59	78
2	199903	吉建军	98	81
3	199904	李梅	86	99
4	199905	孙亮	41	58

	xuehao	name	math	english
0	199906	王华	99	87
1	199907	李晓	70	79
2	199908	郑丽雯	66	91
3	199909	苏明明	82	46
4	199910	周鹏	91	70

	xuehao	name	python	physics
0	199901	张海	70	80
1	199903	吉建军	86	95
2	199911	王晓红	75	79

图 10-30　学生成绩单

① 建立三个 DataFrame 存储三组成绩，分别是 df1，df2，df3。代码如下。

```
import numpy as np
import pandas as pd
df1 = pd.DataFrame({'xuehao':range(199901,199906),
                    'name':['张海','赵大强','吉建军','李梅','孙亮'],
                    'math':np.random.randint(0,100,size = 5),  # 随机生成 0～100 的 5 个随机整数
                    'english':np.random.randint(0,100,size = 5)})
df2 = pd.DataFrame({'xuehao':range(199906,199911),
                    'name':['王华','李晓','郑丽雯','苏明明','周鹏'],
                    'math':np.random.randint(0,100,size = 5),
                    'english':np.random.randint(0,100,size = 5)})
df3 = pd.DataFrame({'xuehao':[199901,199903,199911],
                    'name':['张海','吉建军','王晓红'],
                    'python':[70,86,75],
                    'physics':[80,95,79]})
```

② df1 和 df2 两个数据框首尾连接合并成一个新的数据框 r1。

```
r1 = pd.concat([df1,df2],ignore_index = True)
print(r1)
```

也可以用 append() 实现：

```
r1 = df1.append(df2,ignore_index = True)
```

结果如下。

```
   xuehao   name   math   english
0  199901   张海    97     70
1  199902   赵大强   59     78
```

2	199903	吉建军	98	81
3	199904	李梅	86	99
4	199905	孙亮	41	58
5	199906	王华	99	87
6	199907	李晓	70	79
7	199908	郑丽雯	66	91
8	199909	苏明明	82	46
9	199910	周鹏	91	70

③ 依据"xuehao"和"name"两个键,完成 df1 和 df3 两个数据框的左右外连接,生成新的数据框 r2。

```
r2 = pd.merge(df1,df3,on = ['xuehao','name'],how = 'outer')
print(r2)
```

结果如下。

	xuehao	name	math	english	python	physics
0	199901	张海	97.0	70.0	70.0	80.0
1	199902	赵大强	59.0	78.0	NaN	NaN
2	199903	吉建军	98.0	81.0	86.0	95.0
3	199904	李梅	86.0	99.0	NaN	NaN
4	199905	孙亮	41.0	58.0	NaN	NaN
5	199911	王晓红	NaN	NaN	75.0	79.0

④ 将 r2 中的"python"和"pyhsics"两列中的缺失值 NaN 分别用两列的平均值填充,保留 1 位小数,同时删除"math"和"english"两列中有缺失值的行。

```
r2[['python','physics']] = r2[['python','physics']].fillna(r2[['python','physics']].mean().round(1))
r2 = r2.dropna(subset = ['math','english'])
print(r2)
```

结果如下。

	xuehao	name	math	english	python	physics
0	199901	张海	97.0	70.0	70.0	80.0
1	199902	赵大强	59.0	78.0	77.0	84.7
2	199903	吉建军	98.0	81.0	86.0	95.0
3	199904	李梅	86.0	99.0	77.0	84.7
4	199905	孙亮	41.0	58.0	77.0	84.7

⑤ 计算 r2 中每个人 4 门课程的平均成绩。

```
select_col = r2.columns[2:]
avg_scores = pd.DataFrame(r2[select_col].mean(axis = 1).round(1),columns = ['Average'])
print(avg_scores)
```

结果如下。

	Average
0	79.2
1	74.7
2	90.0

```
3      86.7
4      65.2
```

⑥ 将平均成绩 avg_scores 和 r2 合并。

```
r2 = pd.merge(r2,avg_scores,left_index = True,right_index = True)
print(r2)
```

结果如下。

```
   xuehao    name   math  english  python  physics  Average
0  199901    张海    97.0    70.0    70.0    80.0     79.2
1  199902   赵大强   59.0    78.0    77.0    84.7     74.7
2  199903   吉建军   98.0    81.0    86.0    95.0     90.0
3  199904    李梅    86.0    99.0    77.0    84.7     86.7
4  199905    孙亮    41.0    58.0    77.0    84.7     65.2
```

（2）假设有一个身体健康监测表 bmi.xlsx，如表 10-3 所示，完成以下一些数据变换与分析工作。

表 10-3　bmi.xlsx

number	sex	height	weight
101	男	1.80	75
102	女	1.71	52
103	女	1.68	61
104	男	1.78	73
105	女	1.62	57
106	男	1.73	55
107	女	1.52	63
108	男	1.82	90
109	男	1.79	78
110	女	1.66	48
111	男	1.70	69
112	女	1.67	50
113	男	1.85	82
114	男	1.51	52
115	女	1.45	41
116	女	1.56	70
117	男	1.65	67
118	女	1.70	51
119	女	1.65	61
120	女	1.55	46

① 读取健康监测文件 bmi.xlsx，并对 height 和 weight 两列原始数据进行 min-max 标准化变换。代码如下。

```
import numpy as np
import pandas as pd
```

```
import matplotlib.pyplot as plt
#定义 min - max 标准化函数
def MinMaxScale(data):
    return((data - data.min())/(data.max() - data.min()))
df1 = pd.read_excel("bmi.xlsx")              #读取文件
select_cols1 = ['height', 'weight']
min_max_scale = MinMaxScale(df1[select_cols1])
print(min_max_scale.head(6))                 #输出变换结果的前 6 行
```

运行结果如下。

```
     height   weight
0    0.875    0.693878
1    0.650    0.224490
2    0.575    0.408163
3    0.825    0.653061
4    0.425    0.326531
5    0.700    0.285714
```

② 对 height 和 weight 两列原始数据进行 z-score 标准化变换。

```
#定义 z - score 标准化函数
def StandScale(data):
    return(data - data.mean())/data.std()
stand_scale = StandScale(df1[select_cols1])
print(stand_scale.tail(6))                   #输出变换结果的后 6 行
```

运行结果如下。

```
      height       weight
14    - 1.991786   - 1.596533
15    - 0.995893     0.602966
16    - 0.181071     0.375432
17      0.271607   - 0.838085
18    - 0.181071   - 0.079637
19    - 1.086429   - 1.217309
```

③ 计算 BMI,并添加到数据框列中。BMI=体重/身高^2(体重单位: kg,身高单位: m)。

```
df1['BMI'] = df1['weight']/df1['height'] ** 2
```

④ 根据性别分组,计算 height、weight、BMI 的平均值,以及 weight 的标准差。

```
grouped = df1.groupby('sex')
select_cols2 = ['height', 'weight', 'BMI']
print(grouped[select_cols2].mean())
print(grouped['weight'].std())
```

运行结果如下。

```
     height     weight       BMI
sex
女    1.615455   54.545455   21.017712
男    1.736667   71.222222   23.481079
sex
```

```
女        8.594925
男       12.183778
Name: weight, dtype: float64
```

⑤ 根据 BMI 的取值,18.5 以下为"偏瘦",18.5～23.9 为"适中",24～27.9 为"偏胖",28 以上为"肥胖"。对 BMI 数值分布分析,将分析结果存储在新的一列中。

```
bins = [0,18.5,24,28,50]
bmi_groups = ['< 18.5 偏瘦','18.5～23.9 适中','24～27.9 偏胖','> = 28 肥胖']
cuts = pd.cut(df1['BMI'],bins,labels = bmi_groups,include_lowest = True)
                                        #对 BMI 数值进行区间划分
df1['assess'] = cuts
print(df1.head(10))                     #输出前 10 行
counts = pd.value_counts(cuts)          #统计每个区间人数
print(dict(counts))
```

运行结果如下。

```
   number sex  height  weight        BMI         assess
0     101   男    1.80      75   23.148148    18.5～23.9  适中
1     102   女    1.71      52   17.783250        <18.5  偏瘦
2     103   女    1.68      61   21.612812    18.5～23.9  适中
3     104   男    1.78      73   23.040020    18.5～23.9  适中
4     105   女    1.62      57   21.719250    18.5～23.9  适中
5     106   男    1.73      55   18.376825        <18.5  偏瘦
6     107   女    1.52      63   27.268006     24～27.9  偏胖
7     108   男    1.82      90   27.170632     24～27.9  偏胖
8     109   男    1.79      78   24.343809     24～27.9  偏胖
9     110   女    1.66      48   17.419074        <18.5  偏瘦
{'18.5～23.9 适中': 10, '<18.5 偏瘦': 5, '24～27.9 偏胖': 4, '> = 28 肥胖': 1}
```

⑥ 根据所有女性每个 BMI 区间的人数制作直方图。

```
df2 = df1.loc[df1['sex'] == '女']
cuts2 = df2['assess']
plt.rcParams['font.sans - serif'] = ['SimHei']
cuts2.value_counts().plot(kind = 'bar')
plt.show()
```

运行结果如图 10-31 所示。

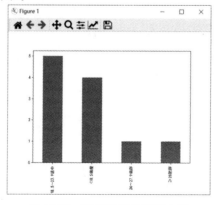

图 10-31 BMI 数值分布直方图

四、编程并上机调试

假设有如下水果信息表 fruit. xlsx(见表 10-4)和订单表 order. xlsx(见表 10-5),完成以下任务。

表 10-4   水果信息表 fruit. xlsx

fruit_id	fruit_name	price	region
001	苹果	8.5	华北
002	香蕉	5.6	华南
003	橙子	7.8	华中
004	梨	5.2	华北
005	葡萄	10.9	西北
…	…	…	…

表 10-5   订单表 order. xlsx

order_id	user_name	fruit_id	kilogram	year	month
S01	小王	002	169	2015	8
S02	小张	005		2015	7
S03	小刘	003	203		
S04	小周	002	265	2016	9
S05	小李	001	356	2016	5
S06	小吴	002		2017	5
S07	小赵	003	178	2017	12
…	…	…	…	…	…

(1) 查看订单表中数据的缺失情况,并删除 year、month 两列含有缺失数据的行。

(2) 查看订单表中是否有重复的行,并删除重复值。

(3) 订单表按 fruit_id 分组,将 kilogram 列缺失值填充为每一组的平均值。

(4) 将订单表 year、month 两列合并为 date 列。

(5) 将 fruit_id 字段用作键合并水果信息和订单两个数据框,生成新的数据框包括 order_id、user_name、fruit_id、fruit_name、kilogram、price、region、date 等列。

(6) 生成新的一列 amount,amount = price * kilogram。

(7) 对 amount 列进行 z_score 标准化变换。

(8) 计算并分析 amount 列的集中趋势相关指标。

🔑 习题

创建两个数据表"员工信息"和"工资情况",结构如图 10-32 所示,试完成以下操作。

(1) 输入数据,完善两个数据表。

(2) 查看"工资情况"数据表中的数据缺失情况,将"奖金"字段缺失的值填充为 0。

(3) 检查"工作日期"的格式是否符合"yyyy-mm-dd",将不符合的格式进行转换。

(4) 计算"实发工资",实发工资 = 基本工资 + 奖金。

图 10-32 数据表结构

（5）根据"编号"字段合并两个数据表，生成新数据表"员工工资"。

（6）对"基本工资"列进行 min-max 标准化变换。

（7）计算并分析"基本工资"列的离散程度相关指标。

（8）统计"实发工资"分别为 1000～2000、2001～3000、3001～4000、4001～5000 和 5000 以上的人数，并画出直方图。

第 **11** 章

sklearn构造数据分析模型

CHAPTER **11**

机器学习是研究使用计算机模拟或者实现人类学习活动的科学。Scikit-learn(简称 sklearn)是 Python 的一个开源机器学习模块,它建立在 NumPy 和 SciPy 模块之上,能够为用户提供各种机器学习算法接口,包括分类、回归、聚类等系列算法,主要算法有 SVM、Logistic 回归、朴素贝叶斯、K-Means、DBSCAN 等。可以让用户简单、高效地进行数据挖掘和数据分析。

🔑 11.1　机器学习基础

11.1.1　机器学习概念

人类学习是根据历史经验总结归纳出事物的发生规律,当遇到新的问题时,根据事物的发生规律来预测问题的结果,如图 11-1(a)所示。例如,"朝霞不出门,晚霞行千里""瑞雪兆丰年"等,这些都体现出人类的智慧。那么为什么朝霞出现会下雨,晚霞出现天气就会晴朗呢? 原因就是人类具有很强的归纳能力,根据每天的观察和经验,慢慢训练出分辨是否下雨的"分类器"或者说规律,从而预测未来。

而机器学习系统是从历史数据中不断调整参数训练出模型,输入新的数据从模型中计算出结果,如图 11-1(b)所示。

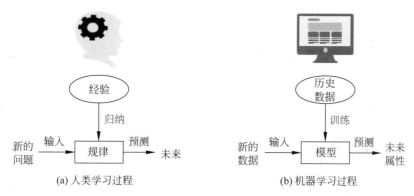

(a) 人类学习过程　　　　　　(b) 机器学习过程

图 11-1　人类和机器的学习过程

11.1.2　机器学习的分类

1. 监督学习

利用已知类别的样本,训练学习得到一个最优模型,使其达到所要求的性能,再利用这个训练所得模型,将所有的输入映射为相应的输出,对输出进行简单的判断,从而实现分类的目的,即可以对未知数据进行分类。

通俗地讲,我们给计算机一堆选择题(训练样本),并同时提供了它们的标准答案,计算机努力调整自己的模型参数,希望自己推测的答案与标准答案越相似越好,使计算机学会怎么做这类题。然后再让计算机去帮我们做没有提供答案的选择题(测试样本)。

有监督算法常见的有线性回归算法、BP 神经网络算法、决策树、支持向量机、K 近邻分类算法(KNN)等。

2. 无监督学习

对于没有标记的样本,学习算法直接对输入数据集进行建模,例如聚类,即"物以类聚,人以群分"。只需要把相似度高的东西放在一起,对于新来的样本,计算相似度后,按照相似程度进行归类就好。

通俗地讲,我们给计算机一堆物品(训练样本),但是不提供标准分类答案,计算机尝试分析这些物品之间的关系,对物品进行分类,计算机也不知道这几堆物品的类别分别是什么,但计算机认为每一个类别内的物品应该是相似的。

无监督算法常见的有层次聚类、K-Means算法(K均值聚类算法)、DBSCAN算法等。

3. 半监督学习

让学习系统自动地对大量未标记数据进行利用,以辅助少量有标记数据进行学习。

传统监督学习通过对大量有标记的训练样本进行学习,以建立模型用于预测新的样本的标记。例如,在分类任务中标记就是样本的类别,而在回归任务中标记就是样本所对应的实值输出。随着人类收集、存储数据能力的高度发展,在很多实际任务中可以容易地获取大批未标记数据,而对这些数据赋予标记则往往需要耗费大量的人力物力。半监督学习提供了一条利用"廉价"的未标记样本的途径。将大量的无标记的样例加入有限的有标记样本中一起训练来进行学习,期望能对学习性能起到改进的作用。

半监督学习算法常见的有标签传播算法(LPA)、生成模型算法、自训练算法、半监督SVM、半监督聚类等。

4. 强化学习

强化学习又称再励学习、评价学习或增强学习,是以"试错"的方式进行学习,通过与环境进行交互以使奖励信号(强化信号)函数值最大。强化学习中的监督学习,主要表现在强化信号上,强化学习中由环境提供的强化信号是对产生动作的好坏做一种评价(通常为标量信号),而不是告诉强化学习系统如何去产生正确的动作。由于外部环境提供的信息很少,强化学习系统必须靠自身的经历进行学习。

通俗地讲,我们给计算机一堆选择题(训练样本),但是不提供标准答案,计算机尝试去做这些题,我们作为老师批改计算机做得对不对,对的越多,奖励越多,则计算机努力调整自己的模型参数,希望自己推测的答案能够得到更多的奖励。不严谨地讲,可以理解为先无监督学习后有监督学习。

11.1.3 机器学习流程

机器学习的整体流程如图11-2所示。机器学习的整体流程是一个反馈迭代的过程。经历数据的采集获取数据集,对数据集中噪声数据、缺失数据进行清理后,进行问题的特征提取与选择,使用机器学习算法对特征进行计算训练出模型(算法),最后对模型进行评估,根据评估结果重新进行特征提取与选择,训练模型的反复迭代的过程。

图 11-2　机器学习的整体流程

本章并不会详细地介绍具体模型(算法)的实现细节以及数学推导过程,而是主要使用机器学习库 sklearn 中提供的方法来完成具体任务,进而熟悉并理解机器学习过程。

11.1.4　机器学习库 sklearn 的安装

下面介绍 Windows 操作系统上机器学习库 sklearn 的安装,而在 Ubuntu 系统中安装过程类似。

1. pip 直接安装

首先需要安装 NuMpy：pip3 install numpy

安装 SciPy：pip3 install scipy

安装 sklearn：pip3 install scikit-learn

这样,pip3 安装的库就在 D:\python 3.9\Lib\site-packages 路径下(D:\python 3.9 是 Python 安装路径)。最后输出 Successfully installed scikit-learn-1.0.2 表示安装完成。

在命令行里输入 pip3 list 测试,能列出 sklearn 这一项就是安装成功了。

2. 下载 whl 文件安装

首先下载 whl 文件,可以从 http://www.lfd.uci.edu/~gohlke/pythonlibs/网站中下载相关包文件,这是 Windows 下 Python 扩展包网站,进入页面直接按 Ctrl+F 组合键搜索需要的包文件进行下载。在此要注意所选择的版本以及对应的位数,下载后用命令行进入 whl 文件所在目录：pip3 install ***.whl(文件全名)。

例如,NumPy 文件：

numpy- 1.22.4+mkl- cp39- cp39- win_amd64.whl(64 位,Python 3.9)

numpy- 1.22.4+mkl- cp39- cp39- win32.whl　　(32 位,Python 3.9)

例如,SciPy 文件：

SciPy- 1.8.1- cp39- cp39- win_amd64.whl　　(64 位,Python 3.9)

SciPy- 1.8.1- cp39- cp39- win32.whl　　(32 位,Python 3.9)

例如,sklearn 文件：

scikit_learn- 1.0.2- cp39- cp39- win_amd64.whl　　(64 位,Python 3.9)

scikit_learn- 1.0.2- cp39- cp39- win32.whl　　(32 位,Python 3.9)

然后在 cmd 命令行中,进入刚刚下载的文件的路径,执行(以 64 位为例)：

pip3 install numpy- 1.22.4+mkl- cp39- cp39- win_amd64.whl

pip3 install SciPy- 1.8.1- cp39- cp39- win_amd64.whl

pip3 install scikit_learn- 1.0.2- cp39- cp39- win_amd64.whl

只要注意依赖包之间的安装顺序,安装工程会非常顺利。如果确实遇到问题,有可能是已安装的部分依赖包版本和待安装的依赖包所需的版本不一致,那么可尝试先卸载旧版本依赖包"pip3 uninstall(相应包)",之后再去下载对应最新包 whl 安装,这样应该会解决绝大多数环境配置问题。

🔑 11.2　机器学习库 sklearn 的应用

机器学习通常包括特征选择、训练模型、模型评估等步骤。使用 sklearn 工具可以方便地进行特征选择和模型训练工作,sklearn 库提供了数据预处理、监督学习、无监督学习、模型选择和评估等系列方法,包含众多子库或模块,例如,数据集 sklearn. datasets、特征预处理 sklearn. preprocessing、特征选择 sklearn. feature _ selection、特征抽取 feature _ extraction、模型评估(sklearn. metrics、sklearn. cross_validation)子库、实现机器学习基础算法的模型训练(sklearn. cluster、sklearn. semi _ supervised、sklearn. svm、sklearn. tree、sklearn. linear_model、sklearn. naive_bayes、sklearn. neural_network)子库等。sklearn 库常见的引用方式如下。

```
from sklearn import <模块名>
```

具体 sklearn 常用模块和类如表 11-1 所示。

表 11-1　**sklearn 常用模块和类**

库(模块)	类	类别	功 能 说 明
sklearn. preprocessing	StandardScaler	无监督	标准化
	MinMaxScaler	无监督	区间缩放
	Normalizer	无信息	归一化,可不依赖于 fit()
	Binarizer	无信息	定量特征二值化,可不依赖于 fit()
	OneHotEncoder	无监督	定性特征编码
	Imputer	无监督	缺失值计算
	PolynomialFeatures	无信息	多项式变换,可不依赖于 fit()
	FunctionTransformer	无信息	自定义函数变换
sklearn. feature_selection	VarianceThreshold	无监督	方差选择法
	RFE	有监督	递归特征消除法
	SelectFromModel	有监督	自定义模型训练选择法
sklearn. decomposition	PCA	无监督	PCA 降维
sklearn. lda	LDA	有监督	LDA 降维
sklearn. cluster	KMeans	无监督	K 均值聚类算法
	DBSCAN	无监督	基于密度的聚类算法
sklearn. linear_model	LinearRegression	有监督	线性回归算法
sklearn. neighbors	KNeighborsClassifier	有监督	K 近邻分类算法(KNN)
sklearn. tree	DecisionTreeClassifier	有监督	决策树分类算法

说明:机器学习和数据挖掘是经常一起提及的两个相关词语。机器学习是数据挖掘的一种重要工具。数据挖掘不仅要研究、拓展、应用一些机器学习方法,还要通过许多非机器学习技术来解决例如数据仓储等更为实际的问题。机器学习应用广泛,不仅可以用在数据挖掘领域,还可以应用到与数据挖掘不相关的其他领域,例如,增强学习与自动控制等。总体来说,数据挖掘是从应用目的角度定义的名词,而机器学习则是从方法过程角度定义的名词。

sklearn 库对所提供的各类算法进行了较好的封装，几乎所有算法都可以使用 fit()、predict()、score()等函数进行训练、预测和评价。每个算法对应一个模型，记为 model，sklearn 库为每个模型提供的常用接口如表 11-2 所示。

表 11-2　sklearn 库为模型提供的常用接口

接　　口	用　　途
model.fit()	训练数据，监督模型时 fit(X,Y)，非监督模型时 fit(X)
model.predict()	预测测试样本
model.predict_proba()	输出预测结果相对应的置信概率
model.score()	用于评价模型在新数据上拟合质量的评分
model.transform()	对特征进行转换

本章主要围绕聚类、分类、回归和主成分分析介绍 sklearn 库的一些基本使用。

11.2.1　sklearn 常用数据集

视频讲解

sklearn 库中自带了一些小型标准数据集，无须从别处下载任何文件即可进行加载使用，以便用户快速掌握 sklearn 库中各种算法的使用方法。以下代码分别加载了 sklearn.datasets 中两个经典数据集：iris 数据集和 digits 数据集。

```
from sklearn import datasets
iris = datasets.load_iris()
print(iris.data.shape)
#print(iris.items())
digits = datasets.load_digits()
#print(digits.items())              #.items()列出 digits 数据集中所有属性
print(digits.images.shape)
```

iris 中文指鸢尾植物，数据集中包含三种品种的鸢尾花。iris 鸢尾花数据集内包含的三类分别为山鸢尾、变色鸢尾和维吉尼亚鸢尾，如图 11-3 所示。

Iris Setosa (山鸢尾)　　　　Iris Versicolour (变色鸢尾)　　　　Iris Virginica (维吉尼亚鸢尾)

图 11-3　三个品种的鸢尾花

iris 数据集中共 150 条记录，每类鸢尾花各 50 条记录数据。该数据集是将一个 dict 类型的数据存入 iris 中。因此可以使用 iris.items()、iris.keys()、iris.values()查看其中的数据。查看 iris.keys()，得到返回结果为

```
dict_keys(['data', 'target', 'frame', 'target_names', 'DESCR', 'feature_names', 'filename'])
```

其中,iris.data 得到一个矩阵数组,共 4 列,该数据集共采样了 150 条记录,可通过查看这个矩阵的形状 iris.data.shape,得到返回结果:

```
(150, 4)
```

由 iris.feature_names 可得列表['sepal length(cm)', 'sepal width(cm)', 'petal length(cm)', 'petal width(cm)'],即可知 iris.data 中的 4 列数据分别代表鸢尾花数据的萼片长度(sepallength)、萼片宽度(sepalwidth)、花瓣长度(petallength)、花瓣宽度(petalwidth),以上 4 个特征的单位都是厘米(cm)。

iris.target 是一个数组,存储了 data 中每条记录所属的鸢尾花种类,该数组元素的值分别为 0、1、2,因此共有三类鸢尾植物。由 iris.target_names 可得 array(['setosa', 'versicolor', 'virginica'], dtype='<U10'),代表了 target 中元素值分别对应的三种鸢尾花种类。

sklearn 中的 digits 数据集存储了数字识别的数据,包含 1797 条记录,每条记录又是一个 8 行 8 列的矩阵,存储的是每幅数字图里的像素点信息,digits.images.shape 返回(1797,8,8),因为 sklearn 的输入数据必须是(n_samples, n_features)的形状,所以需要对 digits.image 做一个编号,把 8×8 的矩阵变成一个含有 64 个元素的向量,具体方法如下。

```
import pylab as pl
data = digits.images.reshape((digits.images.shape[0], -1))
```

data.shape 返回(1797, 64)

以上是 sklearn 最常用的两个数据集,更多数据集可参考 sklearn 官网。

11.2.2 聚类

视频讲解

聚类是一个无监督学习过程,它无须根据已有标注进行学习,而是基于样本数据间的相似性自动将数据聚集到多个簇中。sklearn 提供了多种聚类函数供不同聚类目的的使用,K-Means 是聚类中最为常用的算法之一,即基于欧氏距离的 K 均值聚类算法。该算法的目标是使得每个样本距离其所在簇类中心的距离,较其距其他簇类中心的距离更远。K-Means 基本用法如下。

```
from sklearn.cluster import KMeans
model = KMeans()                    #输入参数建立模型
model.fit(Data)                     #将数据集 Data 提供给模型进行聚类
```

此外,还有基于层次的聚类方法,该方法将数据对象组成一棵聚类树,采用自底向上或自顶向下方式遍历,最终形成聚类。例如,sklearn 中的 AgglomerativeClustering 方法是一种聚合式层次聚类方法,其层次过程方向是自底向上。它首先将样本集合中的每个对象作为一个初始簇,然后将距离最近的两个簇合并组成新的簇,再将这个新簇与剩余簇中最近的合并,这种合并过程需要反复进行,直到所有的对象最终被聚到一个簇中。

AgglomerativeClustering 使用方法如下。

```
from sklearn.cluster import AgglomerativeClustering
model = AgglomerativeClustering()          #输入参数建立模型
model.fit(Data)                            #将数据集 Data 提供给模型进行聚类
```

DBSCAN 是一个基于密度的聚类算法。它不是基于距离而是基于密度进行分类,其目标是寻找被低密度区域分离的高密度区域,简单地说,它将分布密集的样本点聚类出来,而将样本点稀疏的区域作为分隔区域。这种方法对噪声点的容忍性非常好,应用广泛。

DBSCAN 使用方法如下。

```
from sklearn.cluster import DBSCAN
model = DBSCAN()                    #输入参数建立模型
model.fit(Data)                     # 将数据集 Data 提供给模型进行聚类
```

关于聚类,建议读者掌握 K-Means 方法。

【例 11-1】　10 个点的聚类。假设有 10 个点(1,2)(2,5)(3,4)(4,5)(5,8)(10,13)(11,10)(12,11)(13,15)(15,14),请将它们分成两类,并绘制聚类效果。采用 K-Means 方法代码如下。

```
#Cluster10Points.py
from sklearn.cluster import KMeans
import numpy as np
import matplotlib.pyplot as plt
dataSet = np.array([[1,2],[2,5],[3,4],[4,5],[5,8], [10,13],[11,10],[12,11],[13,15],[15,
14]])
km = KMeans(n_clusters = 2)
km.fit(dataSet)
plt.figure(facecolor = 'w')
plt.axis([0,16,0,16])
mark = ['or', 'ob']                 #指定两种颜色——红色 red,蓝色 blue
for i in range(dataSet.shape[0]):
    plt.plot(dataSet[i, 0], dataSet[i, 1], mark[km.labels_[i]])
plt.show()
```

运行后的聚类结果如图 11-4 所示,类 A 和类 B 中的点以不同颜色区分,结果如下。

类 A：(1,2)(2,5)(3,4)(4,5)(5,8)。

类 B：(10,13)(11,10)(12,11)(13,15)(15,14)。

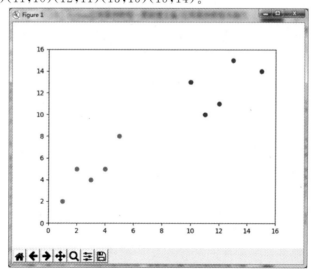

图 11-4　例 11-1 聚类结果

11.2.3　分类

很多应用需要一个能够智能分类的工具。类似人的思维过程,为了能够让程序学会分类,需要让程序学习一定带有标签的数据,建立数据和分类结果的关联,然后可以应用程序学到的"知识"分类未带标签数据的类别结果。与聚类不同,分类需要利用标签数据,分类问题是有监督学习问题。

常用的分类算法之一是 K 近邻算法,该算法也是最简单的机器学习分类算法,对大多数问题都非常有效。K 近邻算法的主要思想是:如果一个样本在特征空间中最相似(即特征空间中最邻近)的 K 个样本大多数属于某一个类别,则该样本也属于这个类别。K 近邻算法在 sklearn 库中的基本用法如下。

```
from sklearn.neighbors import KNeighborsClassifier
model = KNeighborsClassifier()          # 建立分类器模型
model.fit(Data,y)                       # 为模型提供学习数据 Data 和数据对应的标签结果 y
```

此外,决策树算法也是用于分类的经典算法之一,常用于特征含有类别信息的分类或回归问题,这种方法非常适合多分类情况。决策树算法的基本用法如下。

```
from sklearn.neighbors import DecisionTreeClassifier
model = DecisionTreeClassifier()        # 建立分类器模型
model.fit(Data,y)                       # 为模型提供学习数据 Data 和数据对应的标签结果 y
```

【例 11-2】　基于聚类结果的坐标点分类器。例 11-1 中将 10 个点分成了两类 A 和 B。现在有一个新的点(6,9),在分类结果 A 和 B 的基础上,新的点属于哪一类呢?采用 K 近邻算法的分类代码如下,分类结果如图 11-5 所示。

```
# m11.2Classifier.py
from sklearn.neighbors import KNeighborsClassifier
from sklearn.cluster import KMeans
import numpy as np
import matplotlib.pyplot as plt
dataSet = np.array([[1,2],[2,5],[3,4],[4,5],[5,8],[10,13],[11,10],[12,11],[13,15],[15,
14]])
km = KMeans(n_clusters = 2)
km.fit(dataSet)
labels = km.labels_                     # 使用 K-Means 聚类结果进行分类
knn = KNeighborsClassifier()
knn.fit(dataSet,labels)                 # 学习分类结果
data_new = np.array([[6,9]])
label_new = knn.predict(data_new)       # 对点(6,9)进行分类
plt.figure(facecolor = 'w')
plt.axis([0,16,0,16])
mark = ['or', 'ob']
for i in range(dataSet.shape[0]):
    plt.plot(dataSet[i, 0], dataSet[i, 1], mark[labels[i]])
plt.plot(data_new[0,0], data_new[0,1], mark[label_new[0]],markersize = 17)   # 画新的点
plt.show()
```

从图 11-5 可以看到,点(6, 9)被分为 A 类。在本例中采用了聚类结果作为表注进行分

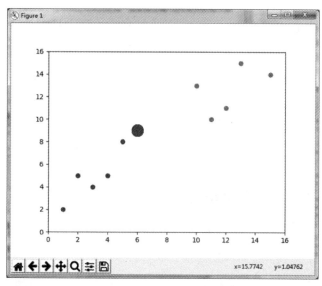

图 11-5　例 11-2 分类结果

类学习。然而,分类本身并不一定使用聚类结果,聚类结果只是给出了数据点和类别的一种对应关系。只要分类器学习了某种对应关系,它就能够进行分类。

11.2.4　回归

视频讲解

回归是一个统计预测模型,用以描述和评估因变量与一个或多个自变量之间的关系,即自变量 X 与因变量 y 的关系。

最简单的回归模型是线性回归。线性回归的思想是根据数据点形成一个回归函数 y= f(X),函数的参数由数据点通过解方程获得。线性回归在 sklearn 库中的基本用法如下。

```
from sklearn.linear_model import LinearRegression
model = LinearRegression()          ♯建立回归模型
model.fit(X,y)                      ♯建立回归模型, X 是自变量, y 是因变量
predicted = model.predict(X_new)    ♯对新样本进行预测
```

在实际应用中存在很多二分类问题,可以使用 Logistic 回归解决此类问题。在 Logistic 回归中,回归函数的 y 值只有两个可能,也称为二元回归。可以使用 sklearn 库中 LogisticRegression() 函数接收数据并进行预测。Logistic 回归在 sklearn 库中的基本用法如下。

```
from sklearn.linear_model import LogisticRegression
model = LogisticRegression()        ♯建立回归模型
model.fit(X,y)                      ♯建立回归模型, X 是自变量, y 是因变量
predicted = model.predict(X_new)    ♯对新样本进行预测
```

【例 11-3】　坐标点的预测器。已知 10 个点,此时获得信息,将在横坐标 7 的位置出现一个新的点,却不知道纵坐标。请预测最有可能的纵坐标值。这是典型的预测问题,可以通过回归来实现。下面给出基于线性回归模型的预测器代码,预测结果如图 11-6 所示,预测点采用菱形标出。

```
# Regression.py
from sklearn import linear_model
import numpy as np
import matplotlib.pyplot as plt
dataSet = np.array([[1,2],[2,5],[3,4],[4,5],[5,8], [10,13],[11,10],[12,11],[13,15],[15,
14]])
X = dataSet[:,0].reshape(-1,1)
y = dataSet[:,1]
linear = linear_model.LinearRegression()
linear.fit(X,y)                         #根据横纵坐标构造回归函数
X_new = np.array([[7]])
plt.figure(facecolor = 'w')
plt.axis([0,16,0,16])
plt.scatter(X, y, color = 'black')      #绘制所有点
plt.plot(X, linear.predict(X), color = 'blue',linewidth = 3)
plt.plot(X_new , linear.predict(X_new ), 'Dr', markersize = 17)
plt.show()
```

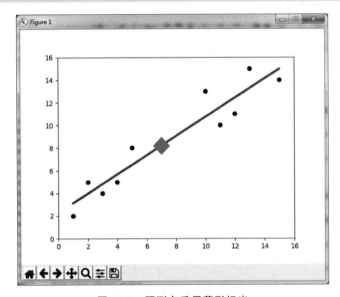

图 11-6   预测点采用菱形标出

11.2.5   主成分分析

主成分分析(Principal Component Analysis,PCA)是一种通过统计学方式进行特征降维的方法。PCA 是通过正交变换将一组可能存在相关性的变量转换为一组线性不相关的变量,转换后的这组变量叫主成分。

PCA 常用于对高维特征进行降维处理,是一个线性变换,这个变换把原始数据映射到一个新的坐标系统中,同时要保留原有数据中的大部分信息,即保持投影数据的方差最大化。PCA 变换在找到第一主成分后,在剩余部分中寻找与第一个主方向垂直的,且投影方差最大的坐标系,即第二主成分,直到剩余方差足够小或无可再分,这就是主成分分析。在 sklearn 库中可使用 decomposition 模块的 PCA 对象进行主成分分析,基本用法如下。

```
from sklearn.decomposition import PCA
Model = PCA()                          #输入参数建立模型
model.fit(Data)                        #将数据集 Data 提供给模型进行拟合
Model.transform(Data)                  #将数据集 Data 提供给模型进行降维
```

【例 11-4】 将二维坐标系中的 10 个坐标点进行降维到一维数据。假设有 10 个点：$(1,2)(2,5)(3,4)(4,5)(5,8)(10,13)(11,10)(12,11)(13,15)(15,14)$，请采用 PCA 方法将它们降维到一维数据，代码如下。

```
#PCA10Points.py
import pandas as pd
from sklearn.decomposition import PCA
import matplotlib.pyplot as plt
import seaborn as sns
plt.rcParams['font.sans - serif'] = 'SimHei'
plt.rcParams['axes.unicode_minus'] = False
df = pd.DataFrame([[1, 2],[2, 5],[3, 4],[4, 5],[5, 8],
                   [10, 13],[11, 10],[12, 11],[13, 15],[15, 14]], columns = ['X', 'Y'])
plt.title('原始数据坐标图')
sns.scatterplot(data = df, x = 'X', y = 'Y')
plt.show()
pca = PCA(n_components = 2)             #要保留的维度为 2
pca.fit(df)
print(f'可解释方差比例：{pca.explained_variance_ratio_}')

pca = PCA(n_components = 1)             #要保留的维度为 1
pca.fit(df)
df_new = pca.transform(df)
print('PCA 降维后的数据：')
print(df_new)
```

运行结果如图 11-7 所示。

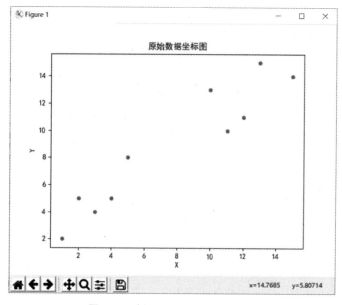

图 11-7　例 11-4 原始数据坐标图

```
可解释方差比例: [0.97409711 0.02590289]
PCA 降维后的数据:
[[ 9.38326578]
 [ 6.64495742]
 [ 6.55995269]
 [ 5.14829615]
 [ 2.40998779]
 [ - 4.64829493]
 [ - 3.40664784]
 [ - 4.81830439]
 [ - 8.21993865]
 [ - 9.05327401]]
```

由运行结果可知,此二维坐标系中的 10 个坐标点,在使用 PCA 进行两个维度上的投影后,其特征维度的方差比例大约为 97.4% 和 2.6%,投影后第一个特征占据了绝大部分的主成分比例。由此,可将此数据降维到一维。

11.2.6 鸢尾花相关的分类、预测及降维

视频讲解

在了解聚类、分类和回归方法的基础上,对 IRIS 数据集还可以进一步操作。IRIS 数据集中每个数据有 4 个属性特征:萼片长度、萼片宽度、花瓣长度、花瓣宽度。可以利用这些特征训练一个分类模型,用来对不同品种的鸢尾花进行分类。

1. 鸢尾花分类

分类模型中最常用的是 K 近邻算法,简称 KNN 算法。该算法首先需要学习,所以,将 IRIS 数据集随机分成 140 个数据的训练集和 10 个数据的测试集,并对预测准确率进行计算。由于 IRIS 数据集包括人工识别的标签,所以 140 个数据学习将比较准确。对于实际应用,可以采集一个小规模数据集并人工分类,再利用分类结果识别大数据集内容。

```python
# IrisClassifier.py
from sklearn import datasets
from sklearn.neighbors import KNeighborsClassifier
import numpy as np
def loadIris():
    iris = datasets.load_iris()                    # 从 datasets 中导入数据
    Data = iris.data                               # 每个鸢尾花 4 个数据
    Label = iris.target                            # 每个鸢尾花所属品种
    np.random.seed(0)                              # 设随机种子
    indices = np.random.permutation(len(Data))
    DataTrain = Data[indices[:140]]                # 训练数据 140 个
    LabelTrain = Label[indices[:140]]
    DataTest = Data[indices[-10:]]                 # 测试数据 10 个
    LabelTest = Label[indices[-10:]]
    return DataTrain, LabelTrain, DataTest, LabelTest
def calPrecision(prediction, truth):
    numSamples = len(prediction)
    numCorrect = 0
    for k in range(0, numSamples):
        if prediction[k] == truth[k]:
            numCorrect += 1
```

```
        precision = float(numCorrect) / float(numSamples)
        return precision
def main():
    iris_data_train, iris_label_train, iris_data_test\
    ,iris_label_test = loadIris()
    knn = KNeighborsClassifier()            #将分类器实例化并赋给变量 knn
    knn.fit(iris_data_train, iris_label_train)#调用 fit()函数将训练数据导入分类器进行训练
    predict_label = knn.predict(iris_data_test)
    print('测试集中鸢尾花的预测类别：　{}'.format(predict_label))
    print('测试集中鸢尾花的真实类别：　{}'.format(iris_label_test))
    precision = calPrecision(predict_label,iris_label_test)
    print('KNN 分类器的精确度：　{} %'.format(precision * 100))
main()
```

为了计算预测的准确度，定义一个函数 calPrecision()，通过比较测试集数据的预测结果和 IRIS 中记录的真实分类情况的差异，对 KNN 分类器的准确度进行评价。依次对两个列表中相同位置的值进行比较，统计正确预测的次数。最后将正确次数除以总预测数，得到预测准确度。

运行结果如下。

```
测试集中鸢尾花的预测类别：　[1 2 1 0 0 0 2 1 2 0]
测试集中鸢尾花的真实类别：　[1 1 1 0 0 0 2 1 2 0]
KNN 分类器的精确度：　90.0%
```

2. 鸢尾花萼片宽度预测

IRIS 数据集已经给出了三种鸢尾花的花瓣数据，如果将目光投向外太空，外星鸢尾花的萼片长度，希望预测它的萼片宽度，该怎么做呢？这就需要用到回归模型。

假设外星鸢尾花都是 setosa(山鸢尾)类型，首先使用地球上 IRIS 数据集中所有 setosa 花型数据进行训练，得到线性回归模型。然后输入外星鸢尾花的萼片长度，使用线性回归拟合得到外星萼片宽度预测值。

实例代码直接使用了 sklearn 库的线性回归函数 LinearRegression，对 IRIS 模型中已知的 50 个 setosa 品种鸢尾花进行数据处理，得到回归模型。然后根据用户输入的外星鸢尾花萼片长度，预测对应的萼片宽度。

```
# IrisPredict.py
from sklearn import datasets
from sklearn import linear_model
import matplotlib.pyplot as plt
import matplotlib
matplotlib.rcParams['font.family'] = 'SimHei'
matplotlib.rcParams['font.sans-serif'] = ['SimHei']
def loadIris():
    iris = datasets.load_iris()            #加载 IRIS 数据集
    iris_X = iris.data[:50, 0].reshape(-1, 1)
    iris_y = iris.data[:50, 1]
    return iris_X, iris_y                #返回萼片长度 iris_X 和萼片宽度 iris_y
def showLR(regr, iris_X, iris_y):
    plt.figure(facecolor = 'w')
```

```
            plt.scatter(iris_X, iris_y, color = 'black')    ♯将训练数据以散点图的形式绘制在图像中
            plt.plot(iris_X,regr.predict(iris_X),color = 'blue',linewidth = 3)
            ♯同时绘制已经训练好的回归函数
            plt.title('鸢尾花的线性预测')
            plt.xlabel('鸢尾花长度')
            plt.ylabel('鸢尾花宽度')
            plt.show()
    def main():
        X,y = loadIris()
        liner = linear_model.LinearRegression()    ♯根据回归函数构造回归模型
        liner.fit(X,y)                              ♯对数据进行训练
        showLR(liner, X, y)                         ♯将训练数据以散点图的形式绘制在图像中
        x = input("请输入萼片长度(单位 cm): ")
        x = np.array(float(x)).reshape(1, - 1)
        print("预测的萼片宽度是{:.2} cm".format(liner.predict(x)[0]))    ♯两位小数
    main()
```

实例效果如图 11-8 所示。

```
请输入萼片长度(单位 cm): 1
预测的萼片宽度是 0.23 cm
```

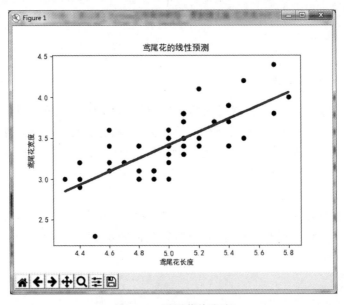

图 11-8   预测萼片宽度

3. 鸢尾花数据降维

前述对鸢尾花数据集的分类和预测的基础都是全部的四维数据,也可以先利用 PCA 对 iris 鸢尾花数据进行降维,然后在降维后的数据上再进行分类和回归。

实例代码直接使用了 sklearn 库的主成分分析函数 PCA,对 iris 数据集中的已有四维特征进行拟合,得到 PCA 主成分模型。然后以经 PCA 映射后的新特征为坐标,绘制出鸢尾花数据的散点图,如图 11-9 所示。

```python
# IrisPCA.py
from sklearn.datasets import load_iris
from sklearn.decomposition import PCA
import pandas as pd
import matplotlib.pyplot as plt
import seaborn as sns
plt.rcParams['font.sans-serif'] = 'SimHei'
plt.rcParams['axes.unicode_minus'] = False
iris = load_iris()                          # 加载 iris 数据集
X = iris.data                               # 获取 iris 的四维数据特征
y = iris.target                             # 获取 iris 分类标签
print(f'原始 iris 数据的特征维度：{X.shape}')

pca = PCA(n_components=0.95)                 # 创建 PCA 对象,保留 95% 的累积方差比
pca.fit(X, y)
print(f'PCA 映射后的数据特征方差比例：{pca.explained_variance_ratio_}')
print(f'PCA 映射后的数据特征方差比例和：{pca.explained_variance_ratio_.sum()}')

iris_pca = pca.transform(X)                  # 降维后的新特征
print(f'降维后的 iris 数据的特征维度：{iris_pca.shape}')
# 以新特征绘制鸢尾花散点图
plt.title('鸢尾花数据 PCA 主成分分析示例图')
sns.scatterplot(x=iris_pca[:, 0], y=iris_pca[:, 1], hue=y, style=y, palette='bright')
plt.xlabel('PCA 映射后的主成分 1')
plt.ylabel('PCA 映射后的主成分 2')
plt.show()
```

运行结果如下。

```
原始 iris 数据的特征维度：(150, 4)
PCA 映射后的数据特征方差比例：[0.92461872 0.05306648]
PCA 映射后的数据特征方差比例和：0.977685206318795
降维后的 iris 数据的特征维度：(150, 2)
```

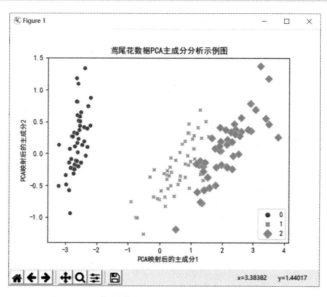

图 11-9　鸢尾花数据 PCA 主成分分析示例图

🔑 实验十一　sklearn 机器学习应用

一、实验目的

通过本实验,掌握 sklearn 库中数据集的加载和使用,机器学习算法各接口调用方法。深入理解各机器学习算法的实现原理及参数、超参数优化设置,学习在程序设计中运用各算法解决实际问题,从而进一步体会 sklearn 库的规范、便捷与高效。

二、实验要求

(1) 掌握 sklearn 中数据集、算法库的加载与调用。

(2) 可以根据实际任务判断适合使用哪些机器学习模型,掌握各模型的调用方法及参数设置。

(3) 能够通过程序实现对所选择模型的实例化,完成对模型的训练与预测。

三、实验内容与步骤

本实验将分别使用决策树的分类算法及回归算法类实现一个红酒分类任务和一个房价预测任务。决策树(Decision Tree),顾名思义是一种树结构,是一种既可以完成分类又可以实现回归的有监督学习模型。人类的许多决策过程通常是一个自顶向下的二叉树或多叉树,树的每个内部节点表示一个基于某数据样本属性的判断,每个分支则代表一个判断的结果;分类树最后的每个叶子节点代表了一个分类标签,而回归树的叶子节点则是遍历完整个树后的一个预测结果。任何一个从"根"出发的数据输入,总会到达且唯一到达一个叶子节点,这就是决策树的工作原理。

(1) 使用决策树分类算法对 sklearn 中内置的红酒数据集进行分类预测,要求:

① 导入相关库文件。

② 加载并认识数据集。

③ 划分训练集、测试集。

④ 训练决策树分类模型,进行分类预测。

⑤ 评估分类模型准确度。

⑥ 决策树算法可视化。

```
# 导入相关库文件
from sklearn.datasets import load_wine
from sklearn.tree import DecisionTreeClassifier, plot_tree
from sklearn.model_selection import train_test_split
import matplotlib.pyplot as plt

def model(X, y, crit = 'gini', spli = 'best', max_d = None, min_samp_leaf = 1):
    """根据不同参数,训练决策树分类模型"""
    clf = DecisionTreeClassifier(criterion = crit, splitter = spli, max_depth = max_d, min_
samples_leaf = min_samp_leaf, random_state = 1024)
```

```
    clf.fit(X, y)
    return clf

if __name__ == '__main__':
    # 加载并认识数据集
    wine = load_wine()
    print(f'数据集特征大小: {wine.data.shape}')
    print(f'数据集分类标注: \n{wine.target}')
    print(f'数据集特征名称: \n{wine.feature_names}')
    print(f'数据集分类名称: \n{wine.target_names}')

    # 划分训练集、测试集
    X = wine.data
    y = wine.target
    X_train, X_test, y_train, y_test = train_test_split(X, y, test_size = 0.2, random_state =
1024)
    print(f'训练集记录数: {X_train.shape[0]}')
    print(f'测试集记录数: {X_test.shape[0]}')

    # 调用函数训练模型进行分类预测
    mdl = model(X_train, y_train, crit = 'entropy')
    y_pred = mdl.predict(X_test)

    # 评估模型分类准确度
    print(f'测试集预测分类: {y_pred}')
    print(f'测试集实际分类: {y_test}')
    print(f'模型分类正确率: {mdl.score(X_test, y_test)}')

    # 决策树模型可视化
    plt.figure(figsize = (20, 10))
    plot_tree(mdl, feature_names = wine.feature_names, class_names = wine.target_names,
filled = True)
    plt.show()
```

思考：请尝试为模型设置不同的参数，比较分类效果。

（2）使用决策树回归算法对波士顿房价进行预测。

```
from sklearn.datasets import load_boston
from sklearn.tree import DecisionTreeRegressor
from sklearn.model_selection import train_test_split
from sklearn import metrics
import pandas as pd
import warnings
import matplotlib.pyplot as plt
import seaborn as sns
plt.style.use('seaborn - whitegrid')
plt.rcParams['font.sans - serif'] = ['Kaiti', 'Arial']
warnings.filterwarnings('ignore')

# 加载并认识数据集
boston = load_boston()
print(f'波士顿房价数据集特征大小: {boston.data.shape}')
print(f'波士顿房价数据集房价数据量: {boston.target.shape[0]}')
print(f'波士顿房价数据集特征名称: {boston.feature_names}')
```

```
print(f'波士顿房价数据集信息描述: \n{boston.DESCR}')

# 划分数据集、训练集
X = boston.data
y = boston.target
X_train, X_test, y_train, y_test = train_test_split(X, y, train_size = 0.7, random_state =
1024)
print(f'训练集记录数: {X_train.shape[0]}')
print(f'测试集记录数: {X_test.shape[0]}')

# 构建模型、训练、预测
mdl = DecisionTreeRegressor(max_depth = 4, random_state = 1024)
mdl.fit(X_train, y_train)
y_pred = mdl.predict(X_test)

# 模型预测可视化
d = {'真实值': y_test, '预测值': y_pred}
df_price = pd.DataFrame(data = d)

plt.figure(figsize = (16, 9))
plt.title('波士顿房价预测值与真实值对比图')
sns.lineplot(data = df_price, markers = True, palette = 'bright')
plt.ylabel('房价')
plt.xlabel('索引')
plt.show()

# 模型评估
print('决策树回归模型评估结果: ')
print(f'回归得分 r2(越接近 1 越好): {metrics.r2_score(y_test, y_pred)}')
print(f'绝对均值误差 MAE(越小越好): {metrics.mean_absolute_error(y_test, y_pred)}')

# 特征重要性可视化
df_feature_importance = pd.DataFrame(mdl.feature_importances_ * 100, index = boston.
feature_names, columns = ['importance'])
df_feature_importance.sort_values(by = 'importance', ascending = False, inplace = True)

plt.figure(figsize = (9, 6))
plt.title('波士顿房价决策树回归预测特征重要性对比图')
sns.barplot(data = df_feature_importance, x = df_feature_importance.index, y = df_feature_
importance.importance)
plt.xlabel('特征名称')
plt.ylabel('特征重要性')
plt.show()
```

思考: 如何优化该决策回归树?

习题

1. 假设有如下 8 个点: $(3,1)(3,2)(4,1)(4,2)(1,3)(1,4)(2,3)(2,4)$,使用 K-Means 算法对其进行聚类。假设初始聚类中心点分别为$(0,4)$和$(3,3)$,则最终的聚类中心点分别为(_____,_____)和(_____,_____)。

2. 试在空白处补充一个函数,用于获取 data 中每条数据的聚类标签。

```
data = loadData()
km = KMeans(n_clusters = 3)
label = km._____(data)
```

3. 试通过 sklearn 中提供的其他分类模型,对 iris 数据集进行分类及评估。

4. 参考鸢尾花萼片宽度预测,试根据鸢尾花的花瓣长度对花瓣宽度进行预测。

5. 试通过线性回归模型对波士顿房价数据集中的房价进行预测。

第*12*章

数据可视化

CHAPTER *12*

　　Matplotlib 是 Python 的二维/三维绘图库，它提供了一整套和 MATLAB 相似的命令 API，十分适合交互式地进行绘图和可视化。我们处理数学运算、绘制图表，或者在图像上绘制点、直线和曲线时，Matplotlib 是个很好的类库，具有比 PIL 更强大的绘图功能。除 Matplotlib 以外，Python 可视化库还包括 seaborn、Pyecharts 等。在做数据分析时，经常需要对数据进行可视化操作，以便更直观地了解和分析数据。本章将通过这些库提供的函数实现数据可视化和数据分析。

视频讲解

12.1　Matplotlib 绘图可视化

Matplotlib 旨在用 Python 实现 MATLAB 的功能,是 Python 下最出色的绘图库,功能很完善,同时也继承了 Python 简单明了的风格,可以很方便地设计和输出二维以及三维的数据,并提供了常规的笛卡儿坐标、极坐标、球坐标、三维坐标等。Matplotlib 输出的图片质量也达到了科技论文中的印刷质量,日常的基本绘图更不在话下。

Matplotlib 实际上是一套面向对象的绘图库,它所绘制的图表中的每个绘图元素,如线条 Line2D、文字 Text、刻度等都有一个对象与之对应。为了方便快速绘图,Matplotlib 通过 pyplot 模块提供了一套和 MATLAB 类似的绘图 API,将众多绘图对象所构成的复杂结构隐藏在这套 API 内部。我们只需要调用 pyplot 模块所提供的函数就可以实现快速绘图以及设置图表的各种细节。pyplot 模块虽然用法简单,但不适合在较大的应用程序中使用。

安装 Matplotlib 之前先要安装 NumPy。Matplotlib 是开源工具,可以从其官网免费下载。该链接中包含非常详尽的使用说明和教程。

12.1.1　Matplotlib.pyplot 模块——快速绘图

视频讲解

Matplotlib 的 pyplot 子库提供了和 MATLAB 类似的绘图 API,方便用户快速绘制二维图表。Matplotlib 还提供了一个名为 pylab 的模块,其中包括许多 NumPy 和 pyplot 模块中常用的函数,方便用户快速进行计算和绘图,十分适合在 IPython 交互式环境中使用。

先看一个简单的绘制正弦三角函数 y=sin(x)的例子。

```
# plot a sine wave from 0 to 4pi
import matplotlib.pyplot as plt
from numpy import *                          # 也可以使用 from pylab import *
plt.figure(figsize = (8,4))                  # 创建一个绘图对象,大小为 800 * 400
x_values = arange(0.0, math.pi * 4, 0.01)    # 步长 0.01,初始值 0.0,终值 4π
y_values = sin(x_values)
plt.plot(x_values, y_values, 'b--', linewidth = 1.0, label = 'sin(x)')  # 进行绘图
plt.xlabel('x')                              # 设置 X 轴的文字
plt.ylabel('sin(x)')                         # 设置 Y 轴的文字
plt.ylim(-1, 1)                              # 设置 Y 轴的范围
plt.title('Simple plot')                     # 设置图表的标题
plt.legend()                                 # 显示图例(legend)
plt.grid(True)                               # 显示网格
plt.savefig("sin.png")                       # 保存文件到图片文件 sin.png
plt.show()                                   # 显示图形
```

效果如图 12-1 所示。

1. 调用 figure 创建一个绘图对象

```
plt.figure(figsize = (8,4))
```

调用 figure 创建一个绘图对象,也可以不创建绘图对象直接调用 plot 函数绘图,Matplotlib 会自动创建一个绘图对象。

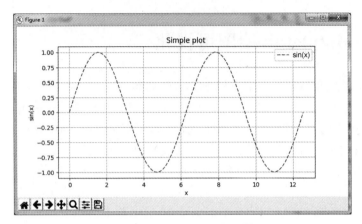

图 12-1　绘制正弦三角函数

如果需要同时绘制多幅图表,可以给 figure 传递一个整数参数指定图表的序号,如果所指定序号的绘图对象已经存在,将不创建新的对象,而只是让它成为当前绘图对象。

figsize 参数:指定绘图对象的宽度和高度,单位为英寸;dpi 参数指定绘图对象的分辨率,即每英寸多少个像素,默认值为 100。因此,本例中所创建的图表窗口的宽度为 $8 \times 100 =$ 800px,高度为 $4 \times 100 = 400px$。

执行 plt. show()命令后,在显示图表的窗口工具栏中单击"保存"按钮,保存为 PNG 格式的图像,该图像的大小是 $800 \times 400px$。dpi 参数的值可以通过如下语句进行查看。

```
>>> import matplotlib
>>> matplotlib.rcParams["figure.dpi"]        #每英寸多少个像素
100
```

2. 通过调用 plot 函数在当前的绘图对象中进行绘图

创建 Figure 对象之后,接下来调用 plot()在当前的 Figure 对象中绘图。实际上,plot()是在 Axes(子图)对象上绘图,如果当前的 Figure 对象中没有 Axes 对象,将会为之创建一个几乎充满整个图表的 Axes 对象,并且使此 Axes 对象成为当前的 Axes 对象。

```
x_values = arange(0.0, math.pi * 4, 0.01)
y_values = sin(x_values)
plt.plot(x_values, y_values, 'b-- ',linewidth = 1.0,label = "sin(x)")
```

(1) 第 3 句将 x,y 数组传递给 plot()函数。

(2) 通过第三个参数"b--"指定曲线的颜色和线型,这个参数称为格式化参数,它能够通过一些易记的符号快速指定曲线的样式。其中,b 表示蓝色,"--"表示线型为虚线。常用作图参数如下。

颜色(color,简写为 c):

```
蓝色: 'b' (blue)
绿色: 'g' (green)
红色: 'r' (red)
蓝绿色(墨绿色): 'c' (cyan)
```

```
红紫色(洋红): 'm'(magenta)
黄色: 'y'(yellow)
黑色: 'k'(black)
白色: 'w'(white)
灰度表示: 例如 0.75 ([0,1]内任意浮点数)
RGB 表示法: 例如'♯2F4F4F' 或 (0.18, 0.31, 0.31)
```

线型(linestyles,简写为 ls):

```
实线: '-'
虚线: '--'
虚点线: '-.'
点线: ':'
点: '.'
星形: '*'
```

线宽(linewidth): 浮点数(float)。

pyplot 的 plot 函数与 MATLAB 很相似,也可以在后面增加属性值,可以用 help 查看说明。

```
>>> import matplotlib.pyplot as plt
>>> help(plt.plot)
```

例如,用'r*'即红色星形来画图,如图 12-2 所示。

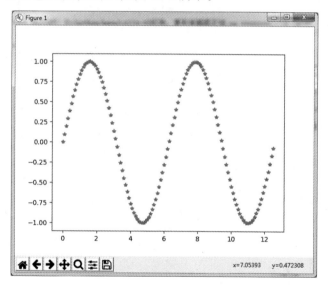

图 12-2　用红色星形绘制正弦三角函数

```
import math
import matplotlib.pyplot as plt
y_values = []
x_values = []
num = 0.0
#collect both num and the sine of num in a list
while num < math.pi * 4:
```

```
        y_values.append(math.sin(num))
        x_values.append(num)
        num += 0.1
    plt.plot(x_values,y_values,'r*')
    plt.show()
```

（3）也可以用关键字参数指定各种属性。label：给所绘制的曲线一个名字，此名字在图例（legend）中显示。只要在字符串前后添加"＄"符号，Matplotlib 就会使用其内嵌的 LaTeX 引擎绘制的数学公式。color：指定曲线的颜色。linewidth：指定曲线的宽度。

例如：plt.plot(x_values, y_values, color='r*', linewidth=1.0) ♯红色,线条宽度为 1。

3. 设置绘图对象的各个属性

xlabel、ylabel：分别设置 X、Y 轴的标题文字。

title：设置图的标题。

xlim、ylim：分别设置 X、Y 轴的显示范围。

legend()：显示图例，即图中表示每条曲线的标签（label）和样式的矩形区域。

例如：

```
plt.xlabel('x')                          ♯ 设置 X 轴的文字
plt.ylabel('sin(x)')                     ♯ 设置 Y 轴的文字
plt.ylim(-1, 1)                          ♯ 设置 Y 轴的范围
plt.title('Simple plot')                 ♯ 设置图表的标题
plt.legend()                             ♯ 显示图例(legend)
```

pyplot 模块提供了一组读取和显示相关的函数，用于在绘图区域中增加显示内容及读入数据，如表 12-1 所示，这些函数需要与其他函数搭配使用，此处读者有所了解即可。

表 12-1   plt 库的读取和显示函数

函　　数	功　　能
plt.legend()	在绘图区域中放置绘图标签（也称图注或者图例）
plt.show()	显示创建的绘图对象
plt.matshow()	在窗口显示数组矩阵
plt.imshow()	在 Axes（子图）上显示图像
plt.imsave()	保存数组为图像文件
plt.imread()	从图像文件中读取数组

4. 清空 plt 绘制的内容

```
plt.cla()                                ♯ 清空 plt 绘制的内容
plt.close(0)                             ♯ 关闭 0 号图
plt.close('all')                         ♯ 关闭所有图
```

5. 图形保存和输出设置

可以调用 plt.savefig()将当前的 Figure 对象保存成图像文件，图像格式由图像文件的扩展名决定。下面的程序将当前的图表保存为"sin.png"，并且通过 dpi 参数指定图像的分

辨率为 120,因此输出图像的宽度为 $8 \times 120 = 960 px$。

```
plt.savefig("sin.png",dpi = 120)
```

Matplotlib 中绘制完成图形之后通过 show()展示出来,还可以通过图形界面中的工具栏对其进行设置和保存。图形界面下方工具栏中的按钮(Config Subplots)还可以设置图形上下左右的边距。

6. 绘制多子图

可以使用 subplot()快速绘制包含多个子图的图表,它的调用形式如下。

```
subplot(numRows, numCols, plotNum)
```

subplot 将整个绘图区域等分为 numRows 行×numCols 列个子区域,然后按照从左到右、从上到下的顺序对每个子区域进行编号,左上的子区域的编号为 1。plotNum 指定使用第几个子区域。

如果 numRows、numCols 和 plotNum 这三个数都小于 10,则可以把它们缩写为一个整数,例如,subplot(324)和 subplot(3,2,4)是相同的。意味着图表被分隔成 3×2(3 行 2 列)的网格子区域,在第 4 个子区域绘制。

subplot 会在参数 plotNum 指定的区域中创建一个轴对象。如果新创建的轴和之前创建的轴重叠,则之前的轴将被删除。

通过 axisbg 参数(新版本 2.0 为 facecolor 参数)给每个轴设置不同的背景颜色。例如,下面的程序创建 3 行 2 列共 6 个子图,并通过 facecolor 参数给每个子图设置不同的背景色。

```
for idx, color in enumerate("rgbyck"):          # 红、绿、蓝、黄、蓝绿色、黑色
    plt.subplot(321 + idx, facecolor = color)   # axisbg = color
plt.show()
```

运行效果如图 12-3 所示。

subplot()返回它所创建的 Axes 对象,可以将它用变量保存起来,然后用 sca()交替让它们成为当前 Axes 对象,并调用 plot()在其中绘图。

7. 调节轴之间的间距和轴与边框之间的距离

当绘图对象中有多个轴的时候,可以通过工具栏中的 Configure Subplots 按钮,交互式地调节轴之间的间距和轴与边框之间的距离。

如果希望在程序中调节的话,可以调用 subplots_adjust 函数,它有 left、right、bottom、top、wspace、hspace 等几个关键字参数,这些参数的值都是 0~1 的小数,它们是以绘图区域的宽高为 1 进行正规化之后的坐标或者长度。

8. 绘制多幅图表

如果需要同时绘制多幅图表,可以给 figure()传递一个整数参数指定 Figure 对象的序号,如果序号所指定的 Figure 对象已经存在,将不创建新的对象,而只是让它成为当前的

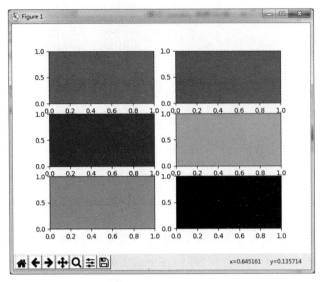

图 12-3   每个轴设置不同的背景颜色

Figure 对象。下面的程序演示了如何依次在不同图表的不同子图中绘制曲线。

```python
import numpy as np
import matplotlib.pyplot as plt
plt.figure(1)                              #创建图表 1
plt.figure(2)                              #创建图表 2
ax1 = plt.subplot(211)                     #在图表 2 中创建子图 1
ax2 = plt.subplot(212)                     #在图表 2 中创建子图 2
x = np.linspace(0, 3, 100)
for i in x:
    plt.figure(1)                          #选择图表 1
    plt.plot(x, np.exp(i * x/3))
    plt.sca(ax1)                           #选择图表 2 的子图 1
    plt.plot(x, np.sin(i * x))
    plt.sca(ax2)                           #选择图表 2 的子图 2
    plt.plot(x, np.cos(i * x))
    plt.show()
```

在循环中，先调用 figure(1)让图表 1 成为当前图表，并在其中绘图。然后调用 sca(ax1) 和 sca(ax2)分别让子图 ax1 和 ax2 成为当前子图，并在其中绘图。当它们成为当前子图时，包含它们的图表 2 也自动成为当前图表，因此不需要调用 figure(2)。依次在图表 1 和图表 2 的两个子图之间切换，逐步在其中添加新的曲线。运行效果如图 12-4 所示。

9. 在图表中显示中文

Matplotlib 的默认配置文件中所使用的字体无法正确显示中文。为了让图表能正确显示中文，在 .py 文件头部加上如下内容：

```python
plt.rcParams['font.sans-serif'] = ['SimHei']      #指定默认字体
plt.rcParams['axes.unicode_minus'] = False        #解决保存图像时负号'-'显示为方块的问题
```

其中，'SimHei'表示黑体字。常用中文字体及其英文表示如下。

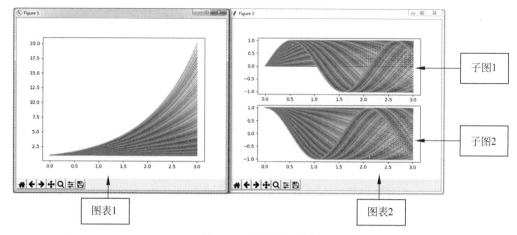

图 12-4　绘制多幅图表

宋体 SimSun，黑体 SimHei，楷体 KaiTi，微软雅黑 Microsoft YaHei，隶书 LiSu，仿宋 FangSong，幼圆
YouYuan，华文宋体 STSong，华文黑体 STHeiti，苹果丽中黑 Apple LiGothic Medium

12.1.2　绘制条形图、饼图、散点图

Matplotlib 是一个 Python 的绘图库，使用其绘制出来的图形效果和 MATLAB 下绘制
的图形类似。pyplot 模块提供了大量用于绘制"基础图表"的常用函数，如表 12-2 所示。

视频讲解

表 12-2　plt 库中绘制基础图表函数

函　　数	功　　能
plt.plot(x,y,label,color,width)	根据 x、y 数组绘制点、直线或曲线
plt.boxplot(data,notch,position)	绘制一个箱形图（Box-plot）
plt.bar(left,height,width,bottom)	绘制一个条形图
plt.barh(bottom,width,height,left)	绘制一个横向条形图
plt.polar(theta,r)	绘制极坐标图
plt.pie(data,explode)	绘制饼图
plt.psd(x,NFFT=256,pad_to,Fs)	绘制功率谱密度图
plt.specgram(x,NFFT=256,pad_to,F)	绘制谱图
plt.cohere(x,y,NFFT=256,Fs)	绘制 X-Y 的相关性函数
plt.scatter(x,y)	绘制散点图（x,y 是长度相同的序列）
plt.step(x,y,where)	绘制步阶图
plt.hist(x,bins,normed)	绘制直方图
plt.contour(X,Y,Z,N)	绘制等值线
plt.vlines(x,ymin,ymax)	绘制垂直线
plt.stem(x,y,linefmt,markerfmt,basefmt)	绘制曲线每个点到水平轴线的垂线
plt.plot_date()	绘制数据日期
plt.plothle()	绘制数据后写入文件

plt 库提供了三个区域填充函数,对绘图区域填充颜色,如表 12-3 所示。

表 12-3   plt 库的区域填充函数

函　　　数	功　　　能
fill(x,y,c,color)	填充多边形
fill_between(x,y1,y2,where,color)	填充两条曲线围成的多边形
fill_betweenx(y,x1,x2,where,hold)	填充两条水平线之间的区域

下面通过一些简单的代码介绍如何使用 Python 绘图。

1. 直方图

直方图(Histogram)又称质量分布图。是一种统计报告图,由一系列高度不等的纵向条纹或线段表示数据分布的情况。一般用横轴表示数据类型,纵轴表示分布情况。直方图的绘制通过 pyplot 中的 hist()来实现。

```
pyplot.hist(x, bins = 10, color = None, range = None, rwidth = None, normed = False, orientation = u'vertical', ** kwargs)
```

hist 的主要参数如下。

x:这个参数是 arrays,指定每个 bin(箱子)分布在 x 的位置。

bins:这个参数指定 bin(箱子)的个数,也就是总共有几条的条状图。

normed:是否对 y 轴数据进行标准化(如果为 True,则是在本区间的点在所有的点中所占的概率)。normed 参数现在已经不用了,替换成 density,density = True 表示概率分布。

color:指定条状图(箱子)的颜色。

下例中 Python 产生 20 000 个正态分布随机数,用概率分布直方图显示。运行效果如图 12-5 所示。

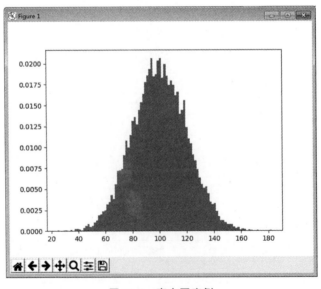

图 12-5   直方图实例

```
#概率分布直方图,本例是标准正态分布
import matplotlib.pyplot as plt
import numpy as np
mu = 100                                                #设置均值,中心所在点
sigma = 20                                              #用于将每个点都扩大相应的倍数
#x 中的点分布在 mu 旁边,以 mu 为中点
x = mu + sigma * np.random.randn(20000)                 #随机样本数量 20000
#bins 设置分组的个数 100(显示有 100 个直方)
#plt.hist(x,bins = 100,color = 'green',normed = True)   #旧版本语法
plt.hist(x,bins = 100,color = 'green',density = True, stacked = True)
plt.show()
```

2. 条形图

条形(Bar)统计图是用一个单位长度表示一定的数量,根据数量的多少画成长短不同的直条,然后把这些直条按一定的顺序排列起来。从条形统计图中很容易看出各种数量的多少。条形图的绘制通过 pyplot 中的 bar()或者是 barh()来实现。bar()默认是绘制竖直方向的条形图,也可以通过设置 orientation = "horizontal"参数来绘制水平方向的条形图。barh()就是绘制水平方向的条形图。

```
import matplotlib.pyplot as plt
import numpy as np
y = [20,10,30,25,15,34,22,11]
x = np.arange(8)                                        #0 --- 7
plt.bar(x = x, height = y, color = 'green', width = 0.5) #通过设置 x 来设置并列显示
plt.show()
```

运行效果如图 12-6 所示。也可以绘制层叠的条形图,效果如图 12-7 所示。

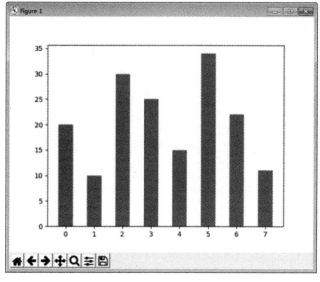

图 12-6　条形图实例

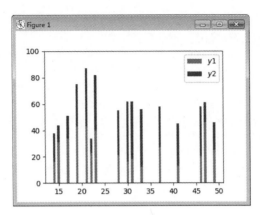

图 12-7　层叠的条形图实例

```
import numpy as np
import matplotlib.pyplot as plt
x = np.random.randint(10, 50, 20)
y1 = np.random.randint(10, 50, 20)
y2 = np.random.randint(10, 50, 20)
plt.ylim(0, 100)                                    #设置 y 轴的显示范围
plt.bar(x = x, height = y1, width = 0.5, color = "red", label = " $ y1 $ ")
#设置一个底部,底部就是 y1 的显示结果,y2 在上面继续累加即可.
plt.bar(x = x, height = y2, bottom = y1, width = 0.5, color = "blue", label = " $ y2 $ ")
plt.legend()
plt.show()
```

3. 散点图

散点图(Scatter Diagram),在回归分析中是指数据点在直角坐标系平面上的分布图。一般用两组数据构成多个坐标点,考查坐标点的分布,判断两变量之间是否存在某种关联或总结坐标点的分布模式。使用 pyplot 中的 scatter()绘制散点图。

```
import matplotlib.pyplot as plt
import numpy as np
#产生 100~200 的 10 个随机整数
x = np.random.randint(100, 200, 10)
y = np.random.randint(100, 130, 10)
#x 指 x 轴,y 指 y 轴
#s 设置数据点显示的大小(面积),c 设置显示的颜色
#marker 设置显示的形状,"o"是圆,"v"是向下三角形,"^"是向上三角形,所有的类型见网址
#http://matplotlib.org/api/markers_api.html?highlight = marker #module - matplotlib.markers
#alpha 设置点的透明度
plt.scatter(x, y, s = 100, c = "r", marker = "v", alpha = 0.5)       #绘制图形
plt.show()                                                          #显示图形
```

散点图实例效果如图 12-8 所示。

4. 饼图

饼图(Sector Graph,又名 Pie Graph)显示一个数据系列中各项的大小与各项总和的比例,饼图中的数据点显示为整个饼图的百分比。使用 pyplot 中的 pie()绘制饼图。

```
import numpy as np
import matplotlib.pyplot as plt
labels = ["一季度","二季度","三季度","四季度"]
facts = [25, 40, 20, 15]
explode = [0, 0.03, 0, 0.03]
#设置显示的是一个正圆,长宽比为1:1
plt.axes(aspect = 1)
#x为数据,根据数据在所有数据中所占的比例显示结果
#labels设置每个数据的标签
#autopct设置每一块所占的百分比
#explode设置某一块或者很多块突出显示出来,由上面定义的explode数组决定
#shadow设置阴影,这样显示的效果更好
plt.pie(x = facts, labels = labels, autopct = "%.0f%%", explode = explode, shadow =
True)
plt.rcParams['font.sans-serif'] = ['SimHei']          #指定默认字体
plt.show()
```

饼图实例效果如图 12-9 所示。

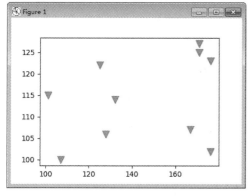

图 12-8　散点图

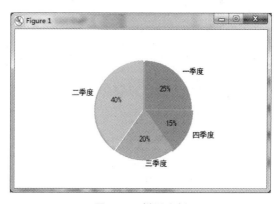

图 12-9　饼图实例

12.1.3　交互式标注

视频讲解

有时用户需要和某些应用交互,例如,在一幅图像中标记一些点,或者标注一些训练数据。matplotlib.pyplot 库中的 ginput()函数就可以实现交互式标注。下面是一个简短的例子。

```
#交互式标注
from PIL import Image
from numpy import *
import matplotlib.pyplot as plt
im = array(Image.open('d:\\test.jpg'))
plt.imshow(im)                          #显示 test.jpg 图像
print('Please click 3 points')
x = plt.ginput(3)                       #等待用户单击三次
print('you clicked:',x )
plt.show()
```

上面的程序首先绘制一幅图像,然后等待用户在绘图窗口的图像区域单击三次。程序将这些单击的坐标(x,y)自动保存在 x 列表里。

🔑 12.2　seaborn 绘图可视化

　　seaborn 是一个在 Python 中制作有吸引力和丰富信息的统计图形的库。seaborn 是基于 Matplotlib 的 Python 可视化库。它为绘制有吸引力的统计图形提供了一个高级接口，从而使得作图更加容易，在大多数情况下使用 seaborn 就能作出很具有吸引力的图。seaborn 是针对统计绘图的，能满足数据分析 90％的绘图需求，应该把 seaborn 视为 Matplotlib 的补充。读者可以去 seaborn 官网浏览学习。

视频讲解

12.2.1　seaborn 安装和内置数据集

　　seaborn 库的安装是在 cmd 命令行中运行如下命令。

```
pip install seaborn
```

　　如下导入：

```
import seaborn as sns 或者 import seaborn
```

　　seaborn 中有内置的数据集，可以通过 load_dataset 命令从在线存储库加载数据集。

```
import matplotlib.pyplot as plt
import seaborn as sns
import numpy as np
import pandas as pd
names = sns.get_dataset_names()
```

　　seaborn 查看数据和加载数据都需要访问外网，可能会受到限制无法访问。
　　通过 sns.load_dataset()方法指定数据集名称可以加载数据，如下所示为加载"tips"数据集。

```
df = sns.load_dataset("tips")              # seaborn 官方数据
df.head(2)
```

　　加载出来的"tips"数据以 Pandas 中 DataFrame 对象实例保存。
　　这里用如下代码准备一组数据，方便展示使用。

```
import pandas as pd
import numpy as np
import matplotlib.pyplot as plt
import seaborn as sns
pd.set_option('display.unicode.east_asian_width', True)
df1 = pd.DataFrame(
    {'数据序号': [1, 2, 3, 4, 5, 6, 7, 8, 9, 10, 11, 12],
        '厂商编号': ['001', '001', '001', '002', '002', '002', '003', '003', '003', '004', '004', '004'],
        '产品类型': ['AAA', 'BBB', 'CCC', 'AAA', 'BBB', 'CCC', 'AAA', 'BBB', 'CCC', 'AAA', 'BBB', 'CCC'],
        'A 属性值': [40, 70, 60, 75, 90, 82, 73, 99, 125, 105, 137, 120],
        'B 属性值': [24, 36, 52, 32, 49, 68, 77, 90, 74, 88, 98, 99],
```

```
            'C 属性值': [30, 36, 55, 46, 68, 77, 72, 89, 99, 90, 115, 101]
      }
)
print(df1)
```

运行结果：

	数据序号	厂商编号	产品类型	A 属性值	B 属性值	C 属性值
0	1	001	AAA	40	24	30
1	2	001	BBB	70	36	36
2	3	001	CCC	60	52	55
3	4	002	AAA	75	32	46
4	5	002	BBB	90	49	68
5	6	002	CCC	82	68	77
6	7	003	AAA	73	77	72
7	8	003	BBB	99	90	89
8	9	003	CCC	125	74	99
9	10	004	AAA	105	88	90
10	11	004	BBB	137	98	115
11	12	004	CCC	120	99	101

12.2.2　seaborn 背景与边框

1. 设置背景风格

设置风格使用的是 set_style()方法，且这里内置的风格，是用背景色表示名字的，但是实际内容不限于背景色。

```
sns.set_style()
```

可以选择的背景风格有：whitegrid 白色网格、darkgrid 灰色网格、white 白色背景、dark 灰色背景和 ticks 四周带刻度线的白色背景。例如：

```
sns.set()                  ＃使用 set 单独设置画图样式和风格，如未写任何参数即使用默认样式
sns.set_style("darkgrid")  ＃灰色网格
sns.set_style("white")     ＃白色网格
sns.set_style("ticks")     ＃四周带刻度线的白色背景
```

其中，sns.set()表示使用自定义样式，如果没有传入参数，则默认为灰色网格背景风格。如果没有 set()也没有 set_style()，则为白色背景。

seaborn 库是基于 Matplotlib 库而封装的，其封装好的风格可以更加方便我们的绘图工作。而 Matplotlib 库常用的语句，在使用 seaborn 库时也依然有效。关于设置其他风格相关的属性如字体等，这里有一个细节需要注意的是，这些代码必须写在 sns.set_style()的后方才有效。如将字体设置为黑体(避免中文乱码)的代码：

```
plt.rcParams["font.sans - serif"] = ["SimHei"]
```

如果 sns.set_style()在字体设置后设置风格，则设置好的字体会被风格覆盖，从而产生

警告,其他属性同理。

2. 边框控制

despine()方法控制边框显示。

```
sns.despine()                          #移除顶部和右部边框,只保留左边框和下边框
sns.despine(offset = 10, trim = True)
sns.despine(left = True)               #移除左边框
#移除指定边框(以只保留底部边框为例)
sns.despine(fig = None, ax = None, top = True, right = True, left = True, bottom = False, offset
= None, trim = False)
```

12.2.3 seaborn 绘制散点图

使用 seaborn 库绘制散点图,可以使用 replot()方法,也可以使用 scatterplot()方法。

```
seaborn.replot(x = None, y = None, data = None, hue = None, size = None,
               sizes = None, size_order = None, size_norm = None,
               markers = None, dashes = None, style_order = None,
               legend = 'brief', kind = 'scatter', height = 5,
               aspect = 1, facet_kws = None, ** kwargs)
```

replot()方法必需的参数是 x、y 和 data,其他参数均为可选。参数 x、y 是数据中变量的名称,data 参数是 DataFrame 类型的。可选参数 kind 默认是'scatter',表示绘制散点图。可选参数 hue 表示在该维度上用颜色区分进行分组。

下面举例说明 replot()方法的使用。

(1) 对 A 属性值和数据序号绘制散点图,采用红色散点和灰色网格,如图 12-10(a)所示。

```
import pandas as pd
import numpy as np
import matplotlib.pyplot as plt
import seaborn as sns
df1 = pd.DataFrame(
    {'数据序号': [1, 2, 3, 4, 5, 6, 7, 8, 9, 10, 11, 12],
    …
    })                                 #df1 为 12.2.1 节准备数据
sns.set_style('darkgrid')
plt.rcParams['font.sans - serif'] = ['SimHei']
sns.relplot(x = '数据序号', y = 'A 属性值', data = df1, color = 'red')
plt.show()                             #调用 show()方法显示图形
```

(2) 对 A 属性值和数据序号绘制散点图,散点根据产品类型的不同显示不同的颜色,白色网格,如图 12-10(b)所示。

```
sns.set_style('whitegrid')                #白色网格
plt.rcParams['font.sans - serif'] = ['SimHei']
sns.relplot(x = '数据序号', y = 'A 属性值', hue = '产品类型', data = df1)
plt.show()
```

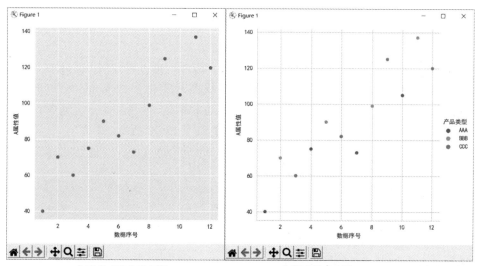

(a) 红色散点和灰色网格　　　　(b) 根据产品类型的不同显示不同的颜色

图 12-10　replot()方法绘制散点图

（3）将 A 属性、B 属性、C 属性三个字段的值用不同的样式绘制在同一张图上（绘制散点图），x 轴数据是[0,2,4,6,8,…]，ticks 风格（4 个方向的框线都要），字体使用楷体。效果如图 12-11 所示。

```
sns.set_style('ticks')                    #4 个方向的框线都要
plt.rcParams['font. sans - serif'] = ['STKAITI']
df2 = df1.copy()
df2.index = list(range(0, len(df2) * 2, 2))
dfs = [df2['A 属性值'], df2['B 属性值'], df2['C 属性值']]
sns.scatterplot(data = dfs)
plt.show()
```

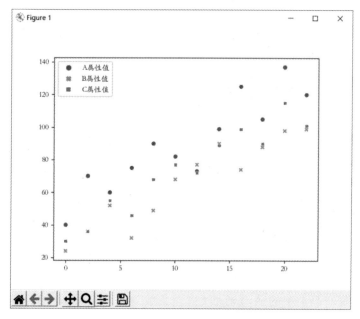

图 12-11　scatterplot()方法绘制散点图

12.2.4 seaborn 绘制折线图

使用 seaborn 库绘制折线图,可以使用 relplot()方法,也可以使用 lineplot()方法。relplot()方法默认绘制的是散点图,绘制折线图只需把参数 kind 改为'line'。使用 lineplot()方法绘制折线图参数与 sns.relplot()基本相同。

(1) 绘制 A 属性值与数据序号的折线图,效果如图 12-12 所示。

```
sns.set_style('ticks')
plt.rcParams['font.sans-serif'] = ['STKAITI']    #字体为楷体
sns.relplot(x = '数据序号', y = 'A属性值', data = df1, color = 'purple', kind = 'line')
#以下三行调整标题、两轴标签的字体大小
plt.title('绘制折线图', fontsize = 18)
plt.xlabel('num', fontsize = 18)
plt.ylabel('A属性值', fontsize = 16)
#设置坐标系与画布边缘的距离
plt.subplots_adjust(left = 0.15, right = 0.9, bottom = 0.1, top = 0.9)
plt.show()
```

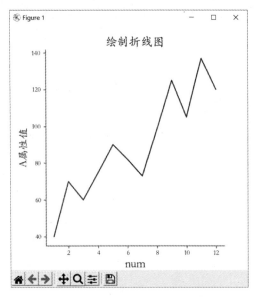

图 12-12   replot()方法绘制折线图

也可以使用 lineplot()方法绘制折线图,其细节与 replot()方法基本相同,示例代码如下。

```
sns.set_style('darkgrid')
plt.rcParams['font.sans-serif'] = ['STKAITI']
sns.lineplot(x = '数据序号', y = 'A属性值', data = df1, color = 'purple')
plt.title('绘制折线图', fontsize = 18)
plt.xlabel('num', fontsize = 18)
plt.ylabel('A属性值', fontsize = 16)
plt.subplots_adjust(left = 0.15, right = 0.9, bottom = 0.1, top = 0.9)
plt.show()
```

(2) 绘制不同产品类型的 A 属性折线(三条线一张图),whitegrid 风格,字体为楷体。效果如图 12-13 所示。

```
sns.set_style('whitegrid')
plt.rcParams['font.sans - serif'] = ['STKAITI']
sns.relplot(x = '数据序号', y = 'A 属性值', hue = '产品类型', data = df1, kind = 'line')
plt.title('绘制折线图', fontsize = 18)
plt.xlabel('num', fontsize = 18)
plt.ylabel('A 属性值', fontsize = 16)
plt.subplots_adjust(left = 0.15, right = 0.9, bottom = 0.1, top = 0.9)
plt.show()
```

（3）将 A 属性、B 属性、C 属性三个字段的值用不同的样式绘制在同一张图上（绘制折线图），x 轴数据是[0,2,4,6,8,…]，darkgrid 风格，字体使用楷体，并加入 x 轴标签、y 轴标签和标题，边缘距离合适。效果如图 12-14 所示。

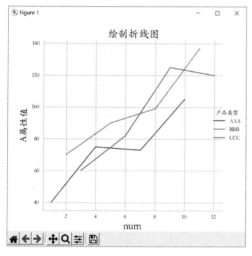

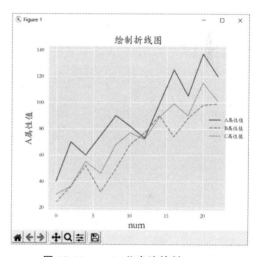

图 12-13　replot()方法绘制不同产品类型的 A 属性折线

图 12-14　replot()方法绘制 A、B、C 属性的折线

```
sns.set_style('darkgrid')
plt.rcParams['font.sans - serif'] = ['STKAITI']
df2 = df1.copy()
df2.index = list(range(0, len(df2) * 2, 2))
dfs = [df2['A 属性值'], df2['B 属性值'], df2['C 属性值']]
sns.relplot(data = dfs, kind = 'line')
plt.title('绘制折线图', fontsize = 18)
plt.xlabel('num', fontsize = 18)
plt.ylabel('A 属性值', fontsize = 16)
plt.subplots_adjust(left = 0.15, right = 0.9, bottom = 0.1, top = 0.9)
plt.show()
```

12.2.5　seaborn 绘制直方图

对于单变量的数据来说，采用直方图或核密度曲线是个不错的选择，对于双变量来说，可采用散点图、二维直方图、核密度估计图形等。绘制直方图使用的是 displot()方法。

下面介绍 displot()方法的使用，具体如下。

视频讲解

1. 绘制单变量分布

可以采用最简单的直方图描述单变量的分布情况。seaborn 中提供了 displot()方法，它默认绘制的是一个带有核密度估计曲线的直方图。displot()函数的语法格式如下。

```
seaborn.displot(data = None, x = None, y = None, hue = None, row = None, col = None, weights =
None, kind = 'hist', rug = False, rug_kws = None, log_scale = None, legend = True, palette = None,
hue_order = None, hue_norm = None, color = None, col_wrap = None, row_order = None, col_order =
None, height = 5, aspect = 1, facet_kws = None, ** kwargs)
```

上述函数中常用的参数的含义如下。

data：表示要绘制的数据，可以是 Series、一维数组或列表。

x,y：指定 x 轴和 y 轴位置的变量。

bins：用于控制条形的数量。

kde：接收布尔类型，表示是否绘制高斯核密度估计曲线。

rug：接收布尔类型，表示是否在支持的轴方向上绘制 rugplot。如果为 True 则用边缘记号显示观测的小细条。

kind：取值有"hist""kde""ecdf"，表示可视化数据的方法。默认取"hist"表示直方图。

下面是 data 和 bins 参数的使用方法。

```
sns.set_style('darkgrid')
plt.rcParams['font.sans - serif'] = ['STKAITI']
sns.displot(data = df1[['C 属性值']], bins = 6, rug = True, kde = True)
plt.title('直方图', fontsize = 18)
plt.xlabel('C 属性值', fontsize = 18)
plt.ylabel('数量', fontsize = 16)
plt.subplots_adjust(left = 0.15, right = 0.9, bottom = 0.1, top = 0.9)
plt.show()
```

bins=6 表示分成 6 个区间绘图，rug＝True 表示在 x 轴上显示观测的小细条，kde＝True 表示显示核密度曲线。效果如图 12-15 所示。

下面随机生成 300 个正态分布数据，并绘制直方图，显示核密度曲线。效果如图 12-16 所示。

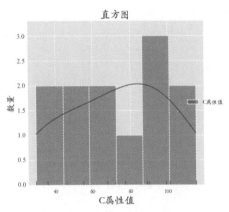

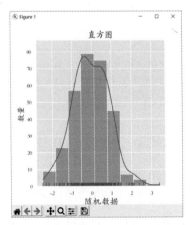

图 12-15　displot()方法绘制直方图和核密度曲线图　　图 12-16　绘制随机生成的正态分布数据

```
sns.set_style('darkgrid')
plt.rcParams['font.sans-serif'] = ['STKAITI']
np.random.seed(13)
Y = np.random.randn(300)
sns.displot(Y, bins=9, rug=True, kde=True)
plt.title('直方图', fontsize=18)
plt.xlabel('随机数据', fontsize=18)
plt.ylabel('数量', fontsize=16)
plt.subplots_adjust(left=0.15, right=0.9, bottom=0.1, top=0.9)
plt.show()
```

2．绘制多变量分布

两个变量的二元分布可视化也很有用。在 seaborn 中最简单的方法是使用 jointplot() 方法，该方法可以创建一个如散点图、二维直方图、核密度估计等，以显示两个变量之间的双变量关系及每个变量在单独坐标轴上的单变量分布。

jointplot() 方法的语法格式如下。

```
serborn.jointplot(x, y, data=None, kind='scatter', stat_func=, color=None, size=6, ratio=5,
space=0.2, dropna=True, xlim=None, ylim=None, joint_kws=None, marginal_kws=None, annot_
kws=None, **kwargs)
```

上述方法中常用参数的含义如下。

kind：表示绘制图形的类型。类型有 scatter（散点图）、reg、resid、kde（核密度曲线）、hex（二维直方图）。默认为 'scatter'。

stat_func：用于计算有关关系的统计量并标注图。

color：表示绘图元素的颜色。

size：用于设置图的大小（正方形）。

ratio：表示中心图与侧边图的比例。该参数的值越大，则中心图的占比会越大。

space：用于设置中心图与侧边图的间隔大小。

xlim，ylim：表示 x、y 轴的范围。

下面通过代码演示绘制散点图、二维直方图、核密度估计曲线。

（1）绘制散点图，效果如图 12-17 所示。

```
import numpy as np
import seaborn as sns
import pandas as pd
import matplotlib.pyplot as plt
dataframe = pd.DataFrame({"x":np.random.randn(500),
                          "y":np.random.randn(500)})
sns.jointplot(x="x", y="y", data=dataframe)
plt.show()
```

（2）绘制二维直方图，效果如图 12-18 所示。

```
import numpy as np
import seaborn as sns
import pandas as pd
```

```
import matplotlib.pyplot as plt
dataframe = pd.DataFrame({"x":np.random.randn(500),
                          "y":np.random.randn(500)})
sns.jointplot(x = "x",y = "y",data = dataframe,kind = 'hex')
plt.show()
```

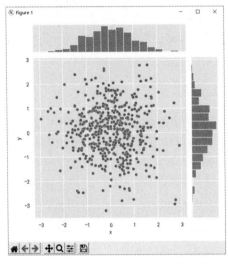

图 12-17   jointplot()方法绘制散点图

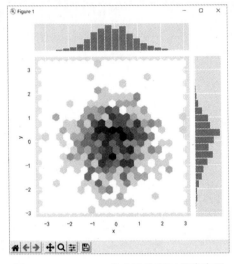

图 12-18   jointplot()方法绘制二维直方图

（3）绘制核密度估计曲线图形，效果如图 12-19 所示。

```
import numpy as np
import seaborn as sns
import pandas as pd
import matplotlib.pyplot as plt
dataframe = pd.DataFrame({"x":np.random.randn(500),
                          "y":np.random.randn(500)})
sns.jointplot(x = "x",y = "y",data = dataframe,kind = 'kde')
plt.show()
```

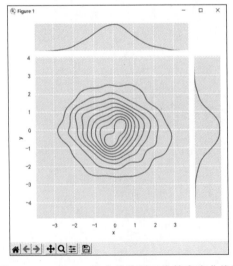

图 12-19   jointplot()方法绘制二维核密度曲线图

12.2.6　seaborn 绘制条形图

绘制条形图使用的是 barplot()方法。barplot()方法的语法格式如下。

```
seaborn.barplot(x = None, y = None, hue = None, data = None, order = None, hue_order = None,
    estimator = < function mean >,ci = 95, n_boot = 1000, units = None, orient = None,
    color = None, palette = None, saturation = 0.75,
    errcolor = '.26', errwidth = None, capsize = None, dodge = True, ax = None, ** kwargs)
```

主要参数：

x、y、hue：data 中用于表示绘制图表的 x 轴数据、y 轴数据和分类字段。

data：用于绘图的数据集，可以使用 DataFrame、数组等。

下面以产品类型字段数据作为 x 轴数据，A 属性值数据作为 y 轴数据。按照厂商编号字段的不同进行分类。具体代码如下。

```
sns.set_style('darkgrid')
plt.rcParams['font.sans - serif'] = ['STKAITI']
sns.barplot(x = '产品类型', y = 'A 属性值', hue = '厂商编号', data = df1)
plt.title('条形图', fontsize = 18)
plt.xlabel('产品类型', fontsize = 18)
plt.ylabel('数量', fontsize = 16)
plt.subplots_adjust(left = 0.15, right = 0.9, bottom = 0.15, top = 0.9)
plt.show()
```

运行效果如图 12-20 所示。

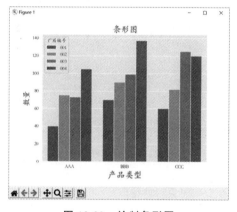

图 12-20　绘制条形图

12.2.7　seaborn 绘制线性回归模型

绘制线性回归模型使用的是 lmplot()方法。lmplot()方法的语法格式如下。

```
lmplot(x, y, data, hue = None, col = None, row = None, palette = None, col_wrap = None, size = 5,
aspect = 1, markers = 'o', sharex = True, sharey = True, hue_order = None, col_order = None, row_
order = None, legend = True, legend_out = True, x_estimator = None, x_bins = None, x_ci = 'ci',
scatter = True, fit_reg = True, ci = 95, n_boot = 1000, units = None, order = 1, logistic = False,
lowess = False, robust = False, logx = False, x_partial = None, y_partial = None, truncate =
False, x_jitter = None, y_jitter = None, scatter_kws = None, line_kws = None)
```

主要的参数为 x，y，data，分别表示 x 轴数据、y 轴数据和数据集数据。除此之外，同上述所讲，还可以通过 hue 指定分类的字段；通过 col 指定列分类字段，以绘制横向多重子图；通过 row 指定行分类字段，以绘制纵向多重子图；通过 col_wrap 控制每行子图的数量；通过 size 可以控制子图的高度；通过 markers 可以控制点的形状。

下面对 A 属性值和 B 属性值做线性回归，代码如下。

```
sns.set_style('darkgrid')
plt.rcParams['font.sans - serif'] = ['STKAITI']
sns.lmplot(x = 'A 属性值', y = 'B 属性值', data = df1)
plt.title('线性回归模型', fontsize = 18)
plt.xlabel('A 属性值', fontsize = 18)
plt.ylabel('B 属性值', fontsize = 16)
plt.subplots_adjust(left = 0.15, right = 0.9, bottom = 0.15, top = 0.9)
plt.show()
```

运行效果如图 12-21 所示。

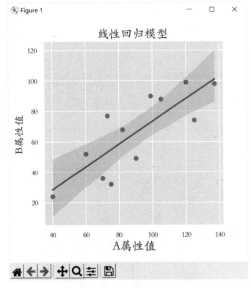

图 12-21　绘制线性回归模型

视频讲解

12.2.8　seaborn 绘制箱线图

箱线图又称盒须图、盒式图，是一种用作显示一组数据分散情况的统计图。它能显示出一组数据的最大值、最小值、中位数及上下四分位数。

1. 极差、四分位数和四分位数极差

设 $x_1, x_2, \cdots, x_n$ 为某数值属性 X 上的观测集合。该集合的极差是最大值与最小值之差。

分位数是取自数据分布的每隔一定间隔上的点，把数据划分成基本上大小相等的连贯集合。给定数据分布的第 k 个 q-分位数是值 x，使得小于 x 的数据值最多为 k/q，而大于 x 的数据值最多为 (q−k)/q，其中，k 是整数，使得 0 < k < q。我们有 q−1 个 q-分位数。

2-分位数(二分位数)是一个数据点,它把数据分布划分成高低两半。2-分位数对应于中位数。

4-分位数(四分位数)是三个数据点,它们把数据分布划分成 4 个相等的部分,使得每部分表示数据分布的四分之一。其中每部分包含 25％的数据。如图 12-22 所示,中间的四分位数 Q_2 就是中位数,通常在 25％位置上的 Q_1 称为下四分位数,处在 75％位置上的 Q_3 称为上四分位数。

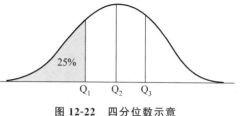

图 12-22　四分位数示意

100-分位数通常称作百分位数,它们把数据分布划分成 100 个大小相等的连贯集。

4-分位数中的四分位数极差(IQR)定义为 IQR＝Q_3－Q_1,它给出被数据的中间一半所覆盖的范围。

2. 五数概括与箱线图

因为 Q_1、中位数和 Q_3 不包含数据的端点信息,分布形状更完整的概括可以通过同时提供最高和最低数据值得到,这称作五数概括。分布的五数概括由中位数(Q_2)、四分位数(Q_1、Q_3)、最小观测值和最大观测值组成。

箱线图如图 12-23 所示,是一种流行的分布的直观表示。箱线图体现了五数概括。

(1) 盒的端点一般在四分位数上,使得盒的长度是四分位数极差 IQR。

(2) 中位数用盒内的线标记。

(3) 盒外的两条线(称作胡须)延伸到最小和最大观测值。

seaborn 绘制箱线图使用的是 boxplot()方法。boxplot()的语法格式如下。

```
seaborn.boxplot(x = None, y = None, hue = None, data = None, order = None, hue_order = None,
orient = None, color = None, palette = None, saturation = 0.75, width = 0.8, dodge = True,
fliersize = 5, linewidth = None, whis = 1.5, notch = False, ax = None, ** kwargs)
```

基本的参数有 x,y,data。除此之外,还可以有 hue 表示分类字段,width 可以调节箱体的宽度,notch 表示中间箱体是否显示缺口,默认为 False 不显示。orient 用于控制图像是水平还是竖直显示,取值为"v"或者"h",此参数一般当不传入 x、y,只传入 data 的时候使用。

鉴于前边的数据量不太够且不便于展示,这里再生成一组数据:

```
import numpy as np
import seaborn as sns
import pandas as pd
import matplotlib.pyplot as plt
np.random.seed(13)
# np.random.randint(low, high = None, size = None)
Y = np.random.randint(20, 150, 360)          # 随机生成 360 个元素的一维数组
df2 = pd.DataFrame(
{'厂商编号': ['001', '001', '001', '002', '002', '002', '003', '003', '003', '004', '004', '004'] * 30,
'产品类型': ['AAA', 'BBB', 'CCC', 'AAA', 'BBB', 'CCC', 'AAA', 'BBB', 'CCC', 'AAA', 'BBB', 'CCC'] * 30,
'XXX 属性值': Y}
)
```

生成好后，开始绘制箱线图。

```
plt.rcParams['font.sans - serif'] = ['STKAITI']
sns.boxplot(x = '产品类型', y = 'XXX 属性值', data = df2)
plt.show()
```

效果如图 12-23 所示。

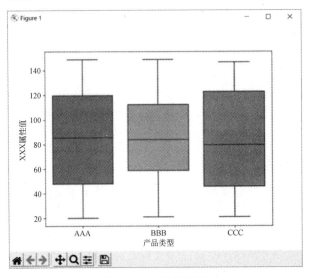

图 12-23　绘制箱线图

交换 x、y 轴数据后：

```
plt.rcParams['font.sans - serif'] = ['STKAITI']
sns.boxplot(y = '产品类型', x = 'XXX 属性值', data = df2)
plt.show()
```

效果如图 12-24 所示。可以看到箱线图的方向也随之改变。

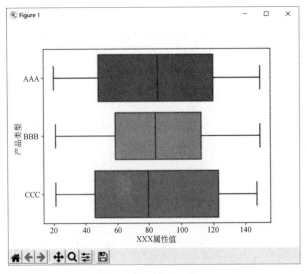

图 12-24　改变方向绘制箱线图

将厂商编号作为分类字段：

```
plt.rcParams['font.sans - serif'] = ['STKAITI']
sns.boxplot(x = '产品类型', y = 'XXX 属性值', data = df2, hue = '厂商编号')
plt.show()
```

效果如图 12-25 所示。

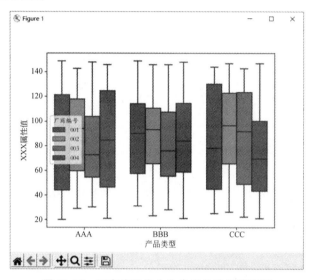

图 12-25　厂商编号作为分类字段绘制箱线图

12.3　Pandas 数据分析应用案例——天气分析和展示

视频讲解

　　本案例使用 Python 中 requests 和 BeautifulSoup 库对中国天气网当天和未来 7 天的数据进行爬取，保存为 CSV 文件，之后用 Matplotlib、NumPy、Pandas 对数据进行可视化处理和分析，得到温湿度变化曲线、空气质量图、风向雷达图等结果，为获得未来天气信息提供了有效方法。

12.3.1　爬取数据

　　首先查看中国天气网的网址 http://www. weather. com. cn/weather/101180101. shtml，这里访问郑州本地的天气网址，如果想爬取不同的地区，只需修改最后的 101180101 地区编号即可，前面的 weather 代表是 7 天的网页，weather1d 代表当天，weather15d 代表未来 14 天。

　　这里主要访问 7 天的中国天气网。Python 爬取网页数据 requests 库和 urllib 库的原理相似且使用方法基本一致，都是根据 HTTP 操作各种消息和页面。一般情况使用 requests 库比 urllib 库更简单些。这里采用 requests. get()方法请求网页，如果成功访问，则得到网页的所有字符串文本。

　　以下是使用 requests 库获取网页的字符串文本请求过程的代码。

```
# 导入相关库
import requests
from bs4 import BeautifulSoup
import pandas as pd
import matplotlib.pyplot as plt
import numpy as np
def get_data(url): # getHTMLtext
    """请求获得网页内容"""
    try:
        r = requests.get(url, timeout = 30)
        r.raise_for_status()
        r.encoding = r.apparent_encoding
        print("成功访问")
        return r.text
    except:
        print("访问错误")
        return" "
```

接着采用 BeautifulSoup 库对刚刚获取的字符串进行天气数据提取。首先要对网页进行页面标签结构（见图 12-26）分析，找到需要获取天气数据的所在标签。

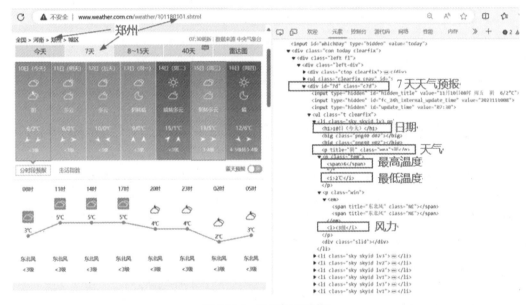

图 12-26　网页标签结构

可以发现 7 天的数据信息在 div 标签中并且 id="7d"，每天的日期、天气、温度、风级等信息都在一个 ul 的 li 标签中，所以程序可以使用 BeautifulSoup 对获取的网页字符串文本进行查找 div 标签 id="7d"，找出它包含的所有的 ul 的 li 标签，之后提取标签中相应的天气数据值保存到列表中。

这里要注意一个细节就是有时日期没有最高气温，对于没有数据的情况要进行判断和处理。另外，对于一些数据保存的格式也要提前进行处理，如温度后面的摄氏度符号、日期数字的提取、风级文字的提取，这需要用到字符查找及字符串切片处理。

```
URL = 'http://www.weather.com.cn/weather/101180101.shtml'
# 调用函数获取网页源代码
html_code = get_data(URL)
soup = BeautifulSoup(html_code, "html.parser")

div = soup.find("div", id = "7d")
# 获取 div 标签,下面这种方式也可以
# div = soup.find('div', attrs = {'id': '7d', 'class': 'c7d'})
ul = div.find("ul")                          # ul
lis = ul.find_all("li")                      # 找到所有的 li,每天天气情况对应一个 li

li_today = lis[0]                            # 首天 li 标签
weather = []
weather_all = []
# 添加 7 天的天气数据
for li in lis:
    date = li.find('h1').text                              # 日期
    wea = li.find('p', class_ = "wea").text                # 天气
    tem_h = li.find('p', class_ = "tem").find("span").text # 最高温度
    tem_l = li.find('p', class_ = "tem").find("i").text    # 最低温度
    spans = li.find('p', attrs = {"class": "win"}).find("span")  # 找到 span 标签
    win1 = spans.get('title')                              # 风向
    win2 = li.find('p', attrs = {"class": "win"}).find("i").text # 风力
    weather = [date, wea, tem_h, tem_l, win1 , win2]       # 每天天气组合成一个列表
    weather_all.append(weather)                            # 每天信息加入二维列表中
print(weather_all)
```

12.3.2　Pandas 处理分析数据

这里将从网页数据中提取的每天数据('日期','天气','最高温度','最低温度','风向','风力')以列表形式存入 weather_all,再把 weather_all 二维列表数据转换为数据框(DataFrame),同时导出到 CSV 文件存储。

```
df_weather = pd.DataFrame(weather_all,columns = ['日期','天气','最高温度','最低温度','风向','风力'])
# print(df_weather)                         # 查看二维表
df_weather.to_csv('天气.csv',encoding = 'gbk',index = False)  # 存储为 CSV 格式
for m in weather_all:
    print(m)
```

12.3.3　数据可视化展示

使用 Matplotlib 绘图进行最高和最低温度可视化展示,通过对比可以明显看出近期温度变化情况。

```
# 设置正常显示中文
plt.rcParams['font.sans-serif'] = ['Microsoft YaHei']
plt.rcParams['axes.unicode_minus'] = False
# 创建画布
plt.figure(figsize = (10,10))                # 设置画布大小
```

```
df = pd.DataFrame(df_weather[['日期','最高温度','最低温度']],columns = ['日期','最高温度','最
低温度'])
df['最低温度'] = df['最低温度'].map(lambda x: str(x)[:-1])        #删除最低温度后的"℃"符号
f = df.loc[:,'日期']
g = df.loc[:,'最高温度'].map(lambda x: int(x))                   #转换成数字
g2 = df.loc[:,'最低温度'].map(lambda x: int(x))                  #转换成数字

my_y_ticks = np.arange(-5, 20, 1)
plt.yticks(my_y_ticks)                                          #纵坐标上的刻度(ticks)方式
plt.tick_params(axis = 'y',colors = 'blue')
#添加 label 设置图例名称
plt.plot(f,g,label = '最高温度')                                #最高温度折线图
plt.plot(f,g2,label = '最低温度')                               #最低温度折线图
plt.title("郑州天气")
plt.grid()
plt.legend()
plt.show()
```

最终运行效果如图 12-27 所示。

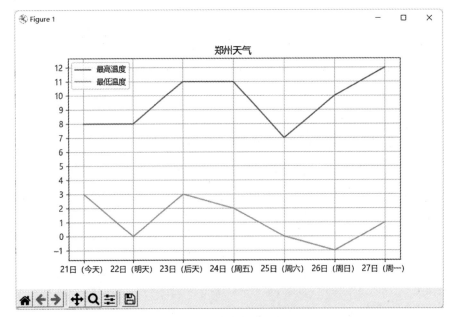

图 12-27　天气数据示意图

读者可以获取两个城市的天气情况,对温度情况进行对比展示。

下面统计未来 7 天的风向和平均风力,并且采用极坐标形式,将圆周分为 8 个部分,代表 8 个方向,采用雷达图展示。

```
#构造数据
#values = df_weather['风力']                                   #由于风力数据需要复杂处理
values = [3.2, 2.1, 0, 2.8,1.3, 3, 6 ,4]                       #这里采用假设平均风力数据
#feature = df_weather['风向']
feature = ['东风', '东北风', '北风', '西北风', '西风', '西南风', '南风', '东南风']

N = len(values)
```

```
♯设置雷达图的角度,用于平分切开一个圆面
angles = np.linspace(0, 2 * np.pi, N, endpoint = False)
♯为了使雷达图一圈封闭起来,需要下面的步骤
values = np.concatenate((values, [values[0]]))
angles = np.concatenate((angles, [angles[0]]))
feature = np.concatenate((feature,[feature[0]]))        ♯对 labels 进行封闭
♯绘图
fig = plt.figure()
ax = fig.add_subplot(111, polar = True)                 ♯这里一定要设置为极坐标格式
ax.plot(angles, values, 'o - ', linewidth = 2)          ♯绘制折线图
ax.fill(angles, values, alpha = 0.25)                   ♯填充颜色
ax.set_thetagrids(angles * 180 / np.pi, feature)        ♯添加每个特征的标签

ax.set_ylim(0, 8)                                       ♯设置雷达图的范围
plt.title('风力属性')                                    ♯添加标题
ax.grid(True)                                           ♯添加网格线
plt.show()                                              ♯显示图形 plt.show()
```

最终运行效果如图 12-28 所示。

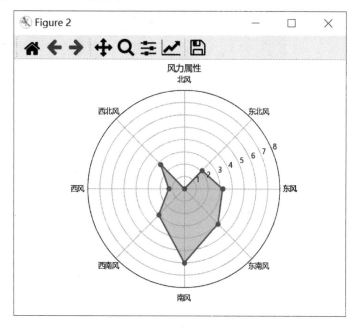

图 12-28　天气数据示意图

　　分析可以发现未来 7 天南风、东南风是主要风向,风级最高达到了 6 级,发现未来没有北风。

12.4　可视化应用——学生成绩分布柱状图展示

视频讲解

　　学生成绩存储在 Excel 文件(见表 12-4)中,本程序从 Excel 文件读取学生成绩,统计各个分数段(90 分及以上,80～89 分,70～79 分,60～69 分,60 分以下)学生人数,并用柱状图(见图 12-29)展示学生成绩分布,同时计算出最高分、最低分、平均成绩等分析指标。

表 12-4　成绩.xlsx 文件

学 号	姓 名	物 理	编 程	数 学	英 语
199901	张 海	100	100	95	72
199902	赵大强	95	94	94	88
199903	李志宽	94	76	93	91
199904	吉建军	89	78	96	100
...					

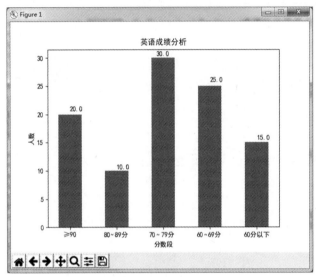

图 12-29　学生成绩分布柱状图

12.4.1　程序设计的思路

本程序涉及从 Excel 文件读取学生成绩，这里使用第三方的 xlrd 和 xlwt 两个模块用来读和写 Excel 文件，学生成绩获取后存储到二维列表这样的数据结构中。学生成绩分布柱状图展示可采用 Python 下最出色的绘图库 Matplotlib，它可以轻松实现柱状图、饼图等可视化图形。

12.4.2　程序设计的步骤

1. 读取学生成绩 Excel 文件

```
import xlrd
wb = xlrd.open_workbook('marks.xlsx')       #打开文件
sheetNames = wb.sheet_names()               #查看包含的工作表
#获得工作表的两种方法
sh = wb.sheet_by_index(0)
sh = wb.sheet_by_name('Sheet1')             #通过名称''Sheet1''获取对应的 Sheet
#第一行的值,课程名
```

```
courseList = sh.row_values(0)
print(courseList[2:])                          #打印出所有课程名
course = input("请输入需要展示的课程名:")
m = courseList.index(course)
#第 m 列的值
columnValueList = sh.col_values(m) #['math', 95.0, 94.0, 93.0, 96.0]
print(columnValueList)                        #展示的指定课程的分数
scoreList = columnValueList[1:]
print('最高分:',max(scoreList))
print('最低分:',min(scoreList))
print('平均分:',sum(scoreList)/len(scoreList) )
```

运行结果如下。

```
请输入需要展示的课程名:英语
['english', 72.0, 88.0, 91.0, 100.0, 56.0, 75.0, 23.0, 72.0, 88.0, 56.0, 88.0, 78.0, 88.0,
 99.0, 88.0, 88.0, 88.0, 66.0, 88.0, 78.0, 88.0, 77.0, 77.0, 77.0, 88.0, 77.0, 77.0]
最高分:100.0
最低分:23.0
平均分:78.92592592592592
```

2. 柱状图展示学生成绩分布

```
import matplotlib.pyplot as plt
import numpy as np
y = [0,0,0,0,0]                                      #存放各分数段人数
for score in scoreList:
    if score >= 90:
        y[0] += 1
    elif score >= 80:
        y[1] += 1
    elif score >= 70:
        y[2] += 1
    elif score >= 60:
        y[3] += 1
    else:
        y[4] += 1
x1 = ['>= 90', '80~89 分', '70~79 分', '60~69 分', '60 分以下']
plt.xlabel("分数段")
plt.ylabel("人数")
plt.rcParams['font.sans-serif'] = ['SimHei']              #指定默认字体
rects = plt.bar(x = x1, height = y, color = 'green', width = 0.5)    #绘制柱状图
plt.title(课程名 + "成绩分析")                              #设置图表标题
for rect in rects:                                        #显示每个条形图对应数字
    height = rect.get_height()
    plt.text(rect.get_x() + rect.get_width()/2.0, 1.03 * height, "% s" % float(height))
plt.show()
```

运行效果如图 12-30 所示。

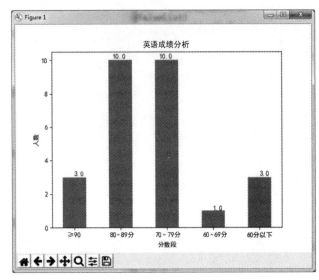

图 12-30 学生成绩分布柱状图

视频讲解

实验十二 数据可视化

一、实验目的

通过本实验，了解数据可视化的常用绘图工具的使用方法，以及在不同的应用场景中选择哪种方式能更好地展示并分析数据。重点掌握 Matplotlib、seaborn、PyeCharts 三种绘图库的应用。

二、实验要求

（1）掌握 Matplotlib 中 pyplot 模块的绘制流程，各种直线、曲线、条形图、饼图、散点图以及多子图的绘制方法。

（2）掌握 seaborn 绘制散点图、折线图、直方图、条形图等图形的方法。

三、实验内容与步骤

（1）绘制两个子图的曲线图，子图曲线分别为正弦和余弦函数（自变量区间为 $[0,6\pi]$），效果如图 12-31 所示。

```python
import numpy as np
import matplotlib.pyplot as plt
plt.figure(figsize = (8,4))
ax1 = plt.subplot(2,1,1)            #在图表中创建子图 1
ax2 = plt.subplot(2,1,2)            #在图表中创建子图 2
x = np.arange(0, 6 * np.pi, 0.1)    #x 坐标序列
plt.sca(ax1)                        #选择图表的子图 1
plt.grid(True)
```

```
plt.plot(x,np.sin(x),'r-.',linewidth = 2.0,label = '$ sin(x) $')
plt.legend()
plt.sca(ax2)                                        #选择图表的子图 2
plt.grid(True)
plt.plot(x,np.cos(x),'b.',label = '$ cos(x) $')
plt.legend()
plt.rcParams['axes.unicode_minus'] = False          #解决保存图像时负号'-'显示为方块的问题
plt.show()
```

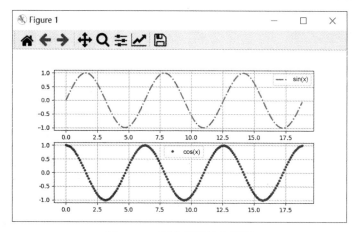

图 12-31　两个子图的曲线图

（2）在平面坐标(0,0)～(1,1)的矩形区域随机产生 100 个点,并绘制散点图,效果如图 12-32 所示。

```
import matplotlib.pyplot as plt
import numpy as np
#产生 0～1 的 50 个随机数
x = np.random.random(50)
y = np.random.random(50)
colors = np.random.random(50)
sizes = 800 * np.random.random(50)
#x 指 x 轴,y 指 y 轴
#s 设置数据点显示的大小(面积),c 设置显示的颜色
#marker 设置显示的形状, "o"是圆,"v"是向下三角形,"^"是向上三角形
#alpha 设置点的透明度
plt.scatter(x, y,c = colors, s = sizes,marker = "o", alpha = 0.5)    #绘制图形
plt.show()                                                          #显示图形
```

（3）某公司销售部对两个销售组的销售业绩进行对比,有 5 个产品[产品 1,产品 2,产品 3,产品 4,产品 5],销售一组完成的数据为[35,72,58,65,87],销售二组完成的数据为[55,49,98,82,61],请绘制条形图(柱形图)进行对比,效果如图 12-33 所示。

```
import matplotlib.pyplot as plt
import numpy as np
labels = ['产品 1', '产品 2', '产品 3', '产品 4','产品 5']
class1_avg = [35, 72, 58, 65, 87]                   #销售一组销量
class2_avg = [55, 49, 98, 82, 61]                   #销售二组销量
plt.rcParams['font.sans-serif'] = ['SimHei']        #指定默认字体
x = np.arange(len(labels))                          #柱的索引
```

```
width = 0.35                                    # 柱的宽度
rects1 = plt.bar(x - width/2, class1_avg, width, label = '销售一组')
rects2 = plt.bar(x + width/2, class2_avg, width, label = '销售二组')
plt.ylabel('销量')
plt.title('销量分析')
plt.xticks(x,labels)                           # 设置 x 轴刻度标签
plt.legend()                                   # 显示图例(legend)
plt.show()
```

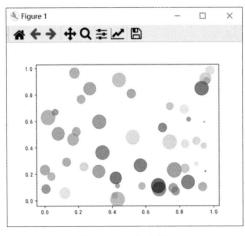

图 12-32　散点图　　　　　　图 12-33　两个销售组销量分析条形图

（4）假设有一个成绩单文件 score.xlsx，如表 12-5 所示。要求输出每月考试数学和英语两门课程的平均成绩，并绘制每门课程的折线图，如图 12-34 所示。

表 12-5　成绩.xlsx

日　　期	学　　号	数　　学	英　　语
2020-1	199901	78	95
2020-1	199902	89	82
2020-1	199903	65	71
…	…	…	…
2020-2	199901	81	80
2020-2	199902	52	98
2020-2	199903	66	75
…	…	…	…
…	…	…	…
2020-6	199901	95	88
2020-6	199902	85	89
2020-6	199903	91	61
…	…	…	…

代码如下。

```
import pandas as pd
import matplotlib.pyplot as plt
import seaborn as sns
```

```
sns.set_style('darkgrid')
df = pd.read_excel("score.xlsx")
plt.rcParams['font.sans－serif'] = ['STKAITI']        ＃字体为楷体
grouped = df.groupby('date')                          ＃根据 date 分组
sc_means = grouped[['数学', '英语']].mean().round(1)   ＃求每组中每门课程的平均分,
                                                      ＃保留 1 位小数

print(sc_means)
sns.relplot(data = sc_means,kind = 'line')
plt.title('成绩分析', fontsize = 16)
plt.xlabel('日期', fontsize = 16)
plt.ylabel('成绩', fontsize = 16)
＃在折线图的每个数据点显示数据值
for x in sc_means.index:
    for y in [sc_means.math[x],sc_means.english[x]]:
        plt.text(x,y,'%.1f'% y,ha = 'center',va = 'center',fontsize = 10,color = 'black')
＃设置坐标系与画布边缘的距离
plt.subplots_adjust(left = 0.15, right = 0.9, bottom = 0.1, top = 0.9)
plt.show()
```

运行结果如下。

```
数学   英语
date
2020-1   77.3      82.7
2020-2   66.3      84.3
2020-3   86.7      81.0
2020-4   77.0      64.0
2020-5   79.7      84.0
2020-6   90.3      79.3
```

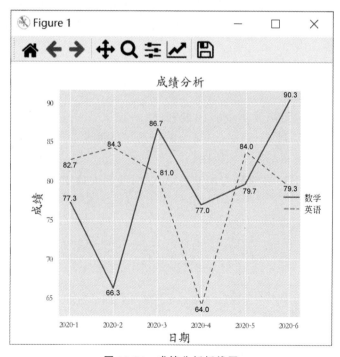

图 12-34　成绩分析折线图

四、编程并上机调试

1. 使用 plot()函数绘制 $y=x^2-6x+5$($x\in[0,6]$)曲线,如图 12-35 所示。

2. 一个班的成绩优秀、良好、中、及格、不及格的学生人数分别为 15、33、42、21、7,据此绘制饼图,并设置图例。

3. 绘制中国城市生产总值排名前 8 城市的条形图,可使用垂直方向条形图来展示它们的生产总值水平,要求在 x 轴上显示城市名称。

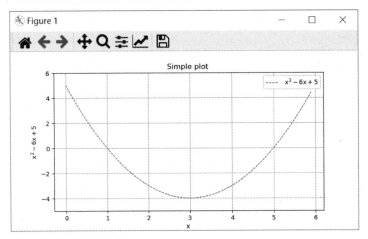

图 12-35 曲线效果图

4. 参照实验十中表 10-4 和表 10-5,完成以下两个图表。

(1) 统计不同地区(region)的水果销量,并绘制条形图。

(2) 统计 2015—2017 年每月水果的销售额,并绘制销售额走势的折线图。

🔑 习题

1. 编写绘制余弦三角函数 $y=\cos 2x$ 的程序。

2. 使用 plot 函数绘制 $y=x^2+4x+3$($x\in[-8,8]$)曲线。

3. 实现学生成绩分布折线图和饼图。

4. 查找资料获取近 10 年全国参加高考总人数,绘制人数变化趋势的条形图。

第 *13* 章

案例实战——销售业客户价值数据分析

CHAPTER *13*

13.1　销售业客户价值分析意义

随着时代的发展，无论是电商平台还是线下零售企业，传统的销售模式已不再适应市场需求，未来销售行业的发展方向将以客户的需求为导向。需求导向的重点是消费者，聚焦正确的客户，提供合适的商品，以最低成本实现触达，实现个性化推荐和交叉销售，实现精准化运营。

精准化运营的前提是客户关系管理，而客户关系管理的核心是客户分类。根据经济学帕累托原理，企业中 20％的客户贡献了收入的 80％，因此在资源有限的情况下，对不同类型的客户进行价值分类，尽量获取、留存优质客户，差异化定价，定制化营销策略，才能最大限度地提升企业效益。

13.2　程序设计思路

1. 数据获取

本案例使用了 Kaggle 平台中提供的数据集，该数据集为某零售商店 2016 年商品销售详细数据，这些数据是由商品销售点通过"扫描"单个商品的条形码获得的，数据包含所销售商品的数量、特点、价值以及价格的详细信息。

2. 消费数据分析

（1）获取数据后，首先对数据集进行认识性分析，充分了解数据，如有异常数据，需对数据进行清洗。

（2）清洗完成后，首先从时空维度对数据进行分析，因本数据集不涉及空间数据，因此仅从时间维度进行分析，观察销售淡、旺季规律。

（3）从商品维度进行销售分析，找到销量 TOP 10、销售金额 TOP 10，如果数据集中包含利润数据，也可找到盈利的 TOP 10。

（4）从客户维度进行消费分析，了解每月客户新增，对客户首购行为和最近一次购物行为进行规律分析，根据销售数量和销售金额分析每位客户的消费规律，进行消费分布分析、购物次数分析等。

（5）使用 RFM 模型及 K-Means 模型对客户进行分层分析，区分不同价值客户群，制定不同的营销策略和方案。

13.3　程序设计的步骤

1. 数据集下载

在 Kaggle 平台中下载 scanner_data.csv 数据集。

2. 导入所需第三方库

导入本案例所需第三方数据库,包括 Pandas、NumPy、Matplotlib 的 pyplot 库,seaborn 库,并为后续统计图中能够正确显示中文及符号进行相关设置。

```
import pandas as pd
import numpy as np
import matplotlib.pyplot as plt
import seaborn as sns
import datetime
from sklearn.cluster import KMeans
plt.rcParams['font.sans - serif'] = 'SimHei'    #设置可视化图中允许中文正常显示,字体为"黑体"
plt.rcParams['axes.unicode_minus'] = False    #设置可视化图中允许负号正常显示
```

3. 数据探索

1) 数据读取

```
df = pd.read_csv('scanner_data.csv', index_col = 0)    #读取数据,指定第一列为 Index
```

2) 数据描述

```
print(df.shape)                                #显示 DataFrame 维度信息
df.info()                                      #显示 DataFrame 摘要信息
df.head()                                      #显示前 5 行数据信息
```

运行此段代码,结果如图 13-1 所示,显示该数据集共有 131 706 行 7 列数据,其中有 2 列 float 类型数据、2 列 int 类型数据和 3 列 object 类型数据,各数据均为非空。

```
(131 706, 7)
<class 'pandas.core.frame.DataFrame'>
Int64Index: 131 706 entries, 1 to 131 706
Data columns (total 7 columns):
 #   Column          Non-Null Count     Dtype
---  ------          --------------     -----
 0   Date            131 706 non-null   object
 1   Customer_ID     131 706 non-null   int64
 2   Transaction_ID  131 706 non-null   int64
 3   SKU_Category     131 706 non-null   object
 4   SKU             131 706 non-null   object
 5   Quantity        131 706 non-null   float64
 6   Sales_Amount    131 706 non-null   float64
dtypes: float64(2), int64(2), object(3)
memory usage: 8.0+ MB
```

	Date	Customer_ID	Transaction_ID	SKU_Category	SKU	Quantity	Sales_Amount
1	02/01/2016	2547	1	X52	0EM7L	1.0	3.13
2	02/01/2016	822	2	2ML	68BRQ	1.0	5.46
3	02/01/2016	3686	3	0H2	CZUZX	1.0	6.35
4	02/01/2016	3719	4	0H2	549KK	1.0	5.59
5	02/01/2016	9200	5	0H2	K8EHH	1.0	6.88

图 13-1　scanner_data 摘要及前 5 行数据

数据集所含属性详情如表 13-1 所示。

表 13-1 数据集属性详情说明

属 性 名	属 性 类 型	说 明
Date	object	交易日期
Customer_ID	int	客户 ID
Transaction_ID	int	交易 ID
SKU_Category	object	SKU 分类号
SKU	object	商品入库编码(Stock Keeping Unit,SKU),每种不同属性的商品均对应唯一的 SKU
Quantity	float	销售数量
Sales_Amount	float	销售金额(单价×数量)

4. 数据清洗

1)重复值检测

```
df.duplicated().sum()                     #重复值检测
```

结果显示为 0,即该数据集无重复记录。

2)缺失值检测

```
df.isnull().sum()                         #缺失值检测
```

在前述数据描述中,通过 df.info()已经可以查看到该数据集各列均为非缺失值,此处运行结果如图 13-2 所示,可进一步验证各属性数据缺失值个数均为 0。

3)异常值检测

可使用箱线图对数值型数据进行异常值检测,如在该数据集中对 Quantity 及 Sales_Amount 绘制箱线图如图 13-3 所示。

```
Date             0
Customer_ID      0
Transaction_ID   0
SKU_Category     0
SKU              0
Quantity         0
Sales_Amount     0
dtype: int64
```

图 13-2 scanner_data 缺失值检测

```
#异常值检测
plt.figure(figsize = (16, 6))
plt.subplot(1, 2, 1)                      #1行2列子图中子图1
sns.boxplot(x = df.Quantity)              #为 Quantity 绘制箱线图

plt.subplot(1, 2, 2)                      #1行2列子图中子图2
sns.boxplot(x = df.Sales_Amount)          #为 Sales_Amount 绘制箱线图
plt.show()
```

由图 13-3 可知,Quantity 及 Sales_Amount 的箱线图分布中在数值较大处均有较多异常点,但因这两个属性分别是销售数量及销售金额,因此,此异常点对应的为购买数量较大的客户群体,为重要客户数据而并非错误数据,无须对此数据进行处理。可使用 describe()方法对这两组数据进行进一步的分布分析,结果如图 13-4 所示。销售数量 Quantity 的 75%分位数为 1,最大值 max 为 400,意味着大部分客户的商品购买数量均不超过 1,也存在购买数量较大的客户群体。销售金额 Sales_Amount 的均值为 11.98,50%分位数为 6.92,75%分位数为 12.33,意味着消费金额高于均值的客户群体约为 25%。

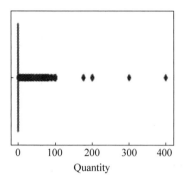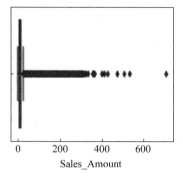

图 13-3　Quantity，Sales_Amount 异常值检测

```
df[['Quantity', 'Sales_Amount']].describe()      #数值型数据描述
```

	Quantity	Sales_Amount
count	131706.000000	131706.000000
mean	1.485311	11.981524
std	3.872667	19.359699
min	0.010000	0.020000
25%	1.000000	4.230000
50%	1.000000	6.920000
75%	1.000000	12.330000
max	400.000000	707.730000

图 13-4　Quantity，Sales_Amount 分布数据

5. 数据预处理

由前述探索性分析可知，销售日期 Date 为 Object 类型数据，为了便于对时间数据进行序列分析，可将其转换为日期型数据。数据集中客户 ID 为 int 类型，可将其转换为 str 类型。

```
df['Date'] = pd.to_datetime(df.Date, format = '%d/%m/%Y')     #将 Date 转换为 datetime 类型
df['Customer_ID'] = df.Customer_ID.astype('str')              #将 Customer_ID 转换为 str 类型
df.info()
```

将销售日期 Date 设置为索引序列，便于对数据进行按周、按月等进行销售分析，结果如图 13-5 所示。

```
df.set_index('Date', inplace = True)        #设置 Date 为索引
df.head()
```

Date	Customer_ID	Transaction_ID	SKU_Category	SKU	Quantity	Sales_Amount
2016-01-02	2547	1	X52	0EM7L	1.0	3.13
2016-01-02	822	2	2ML	68BRQ	1.0	5.46
2016-01-02	3686	3	0H2	CZUZX	1.0	6.35
2016-01-02	3719	4	0H2	549KK	1.0	5.59
2016-01-02	9200	5	0H2	K8EHH	1.0	6.88

图 13-5　设置 Date 为索引后的数据示例

6. 时间维度销售数据分析与可视化

1) 销售金额分析

对销售金额分别按日、周、月、季度进行汇总求和,绘制折线图以更好地展示分组聚合后的数据,如图 13-6 所示。由图可知,每天的销售金额波动较大,无明显规律可循;按周进行采样后,销售金额则相对稳定;按月汇总的销售金额,除 7、8、9、12 月份降幅较大外,其余月份整体呈上升趋势;按季度观察,则第 1、3 季度销售金额较低,第 2、4 季度销售金额较高。以上数据仅根据数据集所提供的 2016 年的销售数据所得结果,如果要对比各年度的销售金

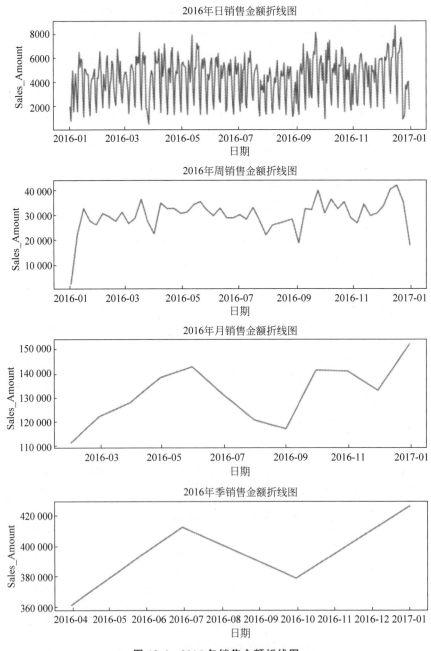

图 13-6　2016 年销售金额折线图

额数据,还需进一步根据年度数据进行同比、环比分析。

```python
fig, ax = plt.subplots(2, 2, figsize = (16, 6))
plt.tight_layout(pad = 4)

ax[0, 0].set_title('2016 年日销售金额折线图')
sales_day = df.groupby('Date')[['Sales_Amount']].sum()
sns.lineplot(x = sales_day.index, y = sales_day.Sales_Amount, ax = ax[0, 0])

ax[0, 1].set_title('2016 年周销售金额折线图')
sales_week = df.resample('W')[['Sales_Amount']].sum()
sns.lineplot(x = sales_week.index, y = sales_week.Sales_Amount, ax = ax[0, 1])

ax[1, 0].set_title('2016 年月销售金额折线图')
sales_month = df.resample('M')[['Sales_Amount']].sum()
sns.lineplot(x = sales_month.index, y = sales_month.Sales_Amount, ax = ax[1, 0])

ax[1, 1].set_title('2016 年季销售金额折线图')
sales_qurater = df.resample('Q')[['Sales_Amount']].sum()
sns.lineplot(x = sales_qurater.index, y = sales_qurater.Sales_Amount, ax = ax[1, 1])
plt.show()
```

2) 每月销售数据分析

分别对每月销售数量、客户数、交易次数、销售金额进行可视化分析,当然也可以按日、年等进行更多相似分析。

```python
fig, ax = plt.subplots(1, 4, figsize = (16, 3))
ax[0].set_title('2016 年每月销售数量折线图')
df.resample('M').sum()[['Quantity']].plot(ax = ax[0])

ax[1].set_title('2016 年每月客户数量折线图')
df.resample('M')[['Customer_ID']].nunique().plot(ax = ax[1])

ax[2].set_title('2016 年每月交易次数折线图')
df.resample('M')[['Transaction_ID']].nunique().plot(ax = ax[2])

ax[3].set_title('2016 年每月销售金额折线图')
df.resample('M')[['Sales_Amount']].sum().plot(ax = ax[3])
plt.show()
```

由如图 13-7 所示运行结果可观察到,在 7 月、8 月无论是销售数量、销售金额、客户数量还是交易次数均有显著降低,而在 5 月、12 月则各数据值均达最高,推测该销售门店受月份影响明显。可进一步核查是否由外部因素引起,如该门店是否开在学校附近,从而受寒暑假影响。如排除外部因素,可在 7 月、8 月进行一定营销活动刺激消费获取更高利润。

7. 商品维度销售数据分析与可视化

可视化展示年度销售数量 TOP 10 及年度销售金额 TOP 10 商品,从而找出最受欢迎的商品,运行结果如图 13-8 所示。

```python
fig, ax = plt.subplots(1, 2, figsize = (16, 6))
ax[0].set_title('2016 年度销量冠军商品 TOP 10')
```

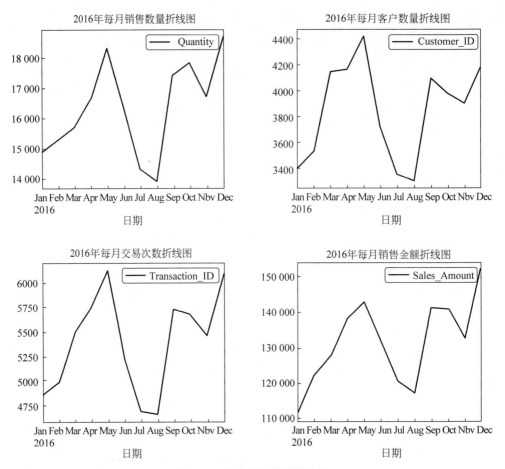

图 13-7   月度销售数据折线图

```
quantity_SKU = df[['SKU', 'Quantity']].groupby('SKU').sum().sort_values(by = 'Quantity',
ascending = False).head(10)
sns.barplot(x = quantity_SKU.index, y = quantity_SKU.Quantity, ax = ax[0])
for x, y in enumerate(quantity_SKU.Quantity):
    ax[0].text(x, y + 5, y, ha = 'center', va = 'bottom')              ♯增加数据标注

ax[1].set_title('2016 年度销售金额冠军商品 TOP 10')
sales_amount_SKU = df[['SKU', 'Sales_Amount']].groupby('SKU').sum().sort_values(by = 'Sales_
Amount', ascending = False).head(10)
sns.barplot(x = sales_amount_SKU.index, y = sales_amount_SKU.Sales_Amount, ax = ax[1])
for x, y in enumerate(sales_amount_SKU.Sales_Amount):
    ax[1].text(x, y + 5, '%.2f' % y, ha = 'center', va = 'bottom')    ♯增加数据标注
plt.show()
```

8. 客户维度销售数据分析与可视化

1) 每月新增客户数分析

获客数是销售行业客户增长的重要指标之一,本数据集仅有 2016 年的销售数据,因此定义每月新出现的客户(根据 Customer_ID)为每月新增客户数,在实际应用中该数据分析价值不大,读者可根据实际数据进行新客户的定义。本例中根据客户 ID 出现的最早日期作

2016年度销量冠军商品TOP 10

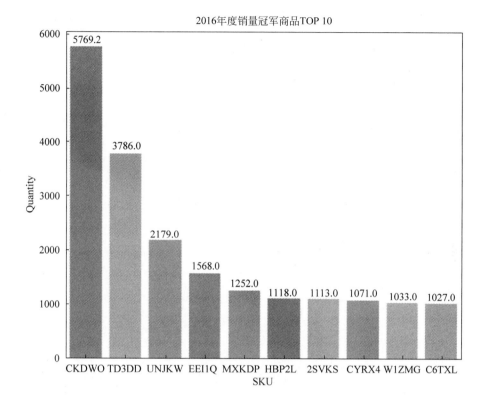

2016年度销售金额冠军商品TOP 10

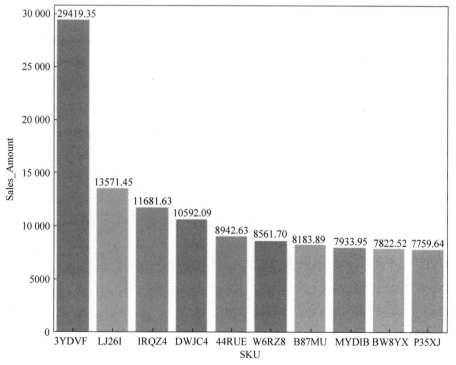

图 13-8　2016 年度销售冠军商品 TOP 10

为首购日期,从而统计出每月的新增客户数,运行结果如图 13-9 所示。由折线图可发现新增客户呈逐月下降趋势,因此一方面要采取一定策略提升获客数量,另一方面要尽量留存高价值客户,提高客户忠诚度并进行精准营销以达到企业长远发展的目的。

```
new_customer = df.reset_index().groupby('Customer_ID')[['Date']].min()
new_customer['Month'] = new_customer.Date.dt.month     #增加月份列
#统计每月新增客户数,并按月份排序
new_customer_month = new_customer[['Month']].value_counts().sort_index()
plt.title('2016 年每月新增客户数折线图')
sns.lineplot(x = range(1, 13), y = new_customer_month)
plt.show()
```

图 13-9　2016 年每月新增客户数折线图

2）客户最近一次购物时间分析

可视化展示客户最后一次购物的月份,并与首购(每月新增客户)数据进行对比,如图 13-10 所示。

```
last_shopping = df.reset_index().groupby('Customer_ID')[['Date']].max()
last_shopping['Month'] = last_shopping.Date.dt.month
last_shopping_month = last_shopping[['Month']].value_counts().sort_index()
                              #统计每月最后一次购物客户数,并按月份排序

plt.title('2016 年首购及最近消费分布折线图')
sns.lineplot(x = range(1, 13), y = new_customer_month, label = '首购')
sns.lineplot(x = range(1, 13), y = last_shopping_month, label = '最近消费')
plt.show()
```

3）客户消费数据分析

根据本数据集中属性,可先对每位客户的购物数量及购物金额进行统计,并计算出每位客户购买商品单价的均值,对此进行描述性统计分析,运行结果如图 13-11 所示。客户的购物数量均值为 8.646,而中位数为 3,说明该分布明显右偏,存在少量客户购物数量远大于均值,可看到某客户的购物数量为 814.9,为最大购物数量客户;同样,客户的购物金额均值为 69.747,而中位数为 23.85,分布明显右偏,存在少量客户购物金额远超过均值,可看到某客户的购物金额为 3985.94,为最高消费客户;可对客户购买商品单价均值进行类似分析,大部分客户的购物商品单价均值保持在 10 以内。

2016年首购及最近消费分布折线图

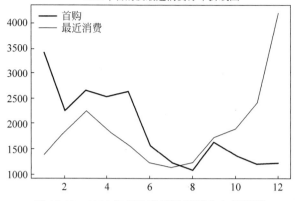

图 13-10　2016 年首购及最近消费分布折线图

	Quantity	Sales_Amount	unit_price_mean
count	22625.000000	22625.000000	22625.000000
mean	8.646384	69.747563	9.166923
std	20.984511	152.307769	9.378134
min	0.330000	0.140000	0.040900
25%	2.000000	10.170000	4.906667
50%	3.000000	23.850000	6.969167
75%	8.000000	63.070000	10.264118
max	814.900000	3985.940000	242.750000

图 13-11　客户购物数量、金额等描述统计数据

```
customer_quantity_salesAmount = df.reset_index().groupby('Customer_ID')[['Quantity', 'Sales
_Amount']].sum()                            #每位客户的购物数量和购物金额
customer_quantity_salesAmount['unit_price_mean'] = customer_quantity_salesAmount.Sales_
Amount / customer_quantity_salesAmount.Quantity   #增加客户购买商品"单价的均值"列
customer_quantity_salesAmount.describe()
```

对客户购物数量及购物金额进行分布分析,可绘制其联合散点图,并分别绘制购物数量及购物金额的频率分布图。考虑到这两组数据均包含极值异常点,因此在绘制分布图时,保留不包含极值的 99% 的数据,可视化代码如下,结果如图 13-12 所示,客户购物数量与购物金额呈一定的相关性,大部分客户表现出较少的购物数量、较低的购物金额。

```
fig, ax = plt.subplots(1, 3, figsize = (16, 3))
ax[0].set_title('客户购物数量和购物金额分布图')
sns.scatterplot (x = customer_quantity_salesAmount.Quantity, y = customer_quantity_
salesAmount.Sales_Amount, ax = ax[0])
ax[0].grid()

ax[1].set_title('客户购物数量分布图')
#选择 99% 的不包含极值的数据进行绘制
customer_quantity_salesAmount.query('Quantity <= 8.64 + 3 * 20.98').Quantity.plot.hist(ax =
ax[1])

ax[2].set_title('客户购物金额分布图')
customer_quantity_salesAmount.query('Sales_Amount <= 69.75 + 3 * 152.31').Sales_Amount.
plot.hist(ax = ax[2])                       #选择 99% 的不包含极值的数据进行绘制
plt.show()
```

4) 客户购物次数分析

可对每位客户的购物次数进行分析,了解某客户是仅消费一次的客户,还是多次消费的回头客。对客户购物次数进行如下描述性分析,结果如图 13-13 所示。

```
transaction_per_customer = df.reset_index().groupby('Customer_ID')[['Transaction_ID']].
count()
transaction_per_customer.describe()
```

客户购物次数均值为 5.821,而中位数为 3,存在较大极值,某客户的购物次数为 228

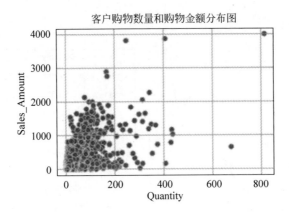

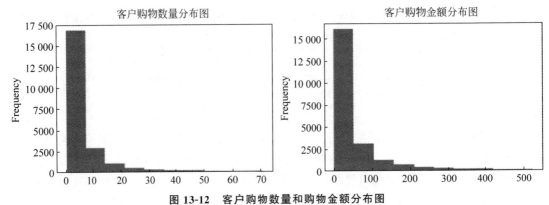

图 13-12　客户购物数量和购物金额分布图

	Transaction_ID
count	22625.000000
mean	5.821260
std	9.887028
min	1.000000
25%	1.000000
50%	3.000000
75%	6.000000
max	228.000000

图 13-13　客户购物次数统计数据

次,为最高购物次数客户,可绘制如图 13-14 所示各客户购物次数的分布图,由图可知,超过 20 000 名客户购物次数较少,可视化代码如下。

```
plt.title('客户购物次数分布图')
transaction_per_customer.Transaction_ID.plot.hist(bins = 20)
plt.grid()
plt.show()
```

可对客户进行进一步购物次数占比分析,运行结果如图 13-15 所示。有 27.85% 的客户仅购物一次,即有 72.15% 的客户有再次购物行为,其中,购物次数在 10 次以内的客户占总客户的 58.92%。

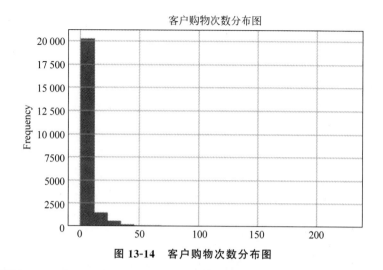

图 13-14　客户购物次数分布图

```
shopping_prop = transaction_per_customer.Transaction_ID.value_counts(bins = [0, 1, 10, 50,
100, 228], normalize = True).sort_index()
print('购物次数占比:', shopping_prop, sep = '\n')
print('购物次数累积占比:', shopping_prop.cumsum(), sep = '\n')
```

```
购物次数占比
(-0.001, 1.0]      0.278497
(1.0, 10.0]        0.589215
(10.0, 50.0]       0.123757
(50.0, 100.0]      0.007293
(100.0, 228.0]     0.001238
Name: Transaction_ID, dtype: float64
购物次数累积占比
(-0.001, 1.0]      0.278497
(1.0, 10.0]        0.867713
(10.0, 50.0]       0.991470
(50.0, 100.0]      0.998762
(100.0, 228.0]     1.000000
Name: Transaction_ID, dtype: float64
```

图 13-15　客户购物次数分布图

9. 客户分层分析

在销售行业中,对商家而言,每个客户因其购买能力及对商品的实际需求不同而具有不同的客户价值,建立客户价值模型可有助于对客户进行分层,以便进行个性化营销策略,获取更大收益。RFM 模型是衡量客户价值的经典模型,该模型通过客户的近期购买行为、购物总体频率及购物总金额来描述客户价值。

R(Recency):最近一次购物时间与观测结束时间间隔。R 值越大,表示最后一次购物时间距现在越久。

F(Frequency):购物频率。F 值越大,表示客户在观测期内的购物次数越多。

M(Monetary):消费总金额。M 值越大,表示客户在观测期内的累积购物金额越高。

1) RFM 指标构建

由于本数据集中最后一次销售记录的时间在 2016 年 12 月,因此在本案例中构建 RFM 模型时,可将观测期的结束时间定为 2017 年 1 月 1 日。构建的指标数据如图 13-16 所示。

```
RFM_df = df.reset_index().groupby('Customer_ID')[['Date', 'Transaction_ID', 'Sales_Amount']].
agg({'Date': np.max,
'Transaction_ID': np.size,
'Sales_Amount': np.sum})
RFM_df.rename(columns = {'Date': 'Recency', 'Transaction_ID': 'Frequency', 'Sales_Amount':
'Monetary'}, inplace = True)
RFM_df['Recency'] = (datetime.datetime(2017, 1, 1) - RFM_df.Recency) / np.timedelta64(1, 'D')
RFM_df
```

2）模型数据标准化处理

由于所提取出的 RFM 指标数据的数据范围差别较大，为了消除不同数据量级对后续建模的影响，可先对数据进行标准化处理，标准化结果如图 13-17 所示。

```
def stdScaler(df):
    df = (df - df.mean()) / df.std()
    return df

RFM_df2 = stdScaler(RFM_df)
RFM_df2.head()
```

Customer_ID	Recency	Frequency	Monetary
1	345.0	2	16.29
10	324.0	1	110.31
100	364.0	2	13.13
1000	321.0	1	21.54
10000	229.0	3	22.28
...	...	...	...
9995	11.0	8	101.05
9996	77.0	9	82.98
9997	121.0	1	5.43
9998	172.0	2	8.99
9999	240.0	3	15.85

22625 rows × 3 columns

图 13-16　RFM 数据指标提取

Customer_ID	Recency	Frequency	Monetary
1	1.577788	−0.386492	−0.350984
10	1.396635	−0.487635	0.266319
100	1.741690	−0.386492	−0.371731
1000	1.370756	−0.487635	−0.316514
10000	0.577130	−0.285350	−0.311656

图 13-17　RFM 数据标准化示例

3）K-Means 客户聚类

本案例将采用 K-Means 算法对客户进行聚类分层，由于 K-Means 要求明确给出质心数，因此可先对数据进行预训练，以期找到最优的聚类质心数。

```
inertias = []
for k in range(1, 11):  #k 为聚类中心数
    kmeans = KMeans(n_clusters = k)
    kmeans.fit(RFM_df2)
    inertias.append(kmeans.inertia_)     #每个样本点到它们最近的簇中心的距离的平方的和,
                                         #又叫作"簇内平方和"

plt.plot(range(1, 11), inertias, marker = 'o')
plt.show()
```

运行结果如图 13-18 所示,根据手肘法规则,当 k=3 时,sse 的下降幅度出现较大转折,因此可将客户的聚类质心数设置为 3,重新建立 K-Means 聚类模型进行客户分层,聚类结果如图 13-19 所示。

```
kmeans_mdl = KMeans(n_clusters = 3, max_iter = 1000, random_state = 1024)
kmeans_mdl.fit(RFM_df2)
RFM_df2['Label'] = kmeans_mdl.labels_          # 为客户标注聚类标签
RFM_df2.head(10)
# 注:每次聚类结果的 Label 值可能不同
```

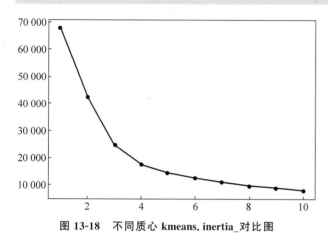

Customer_ID	Recency	Frequency	Monetary	Label
1	1.577788	-0.386492	-0.350984	0
10	1.396635	-0.487635	0.266319	0
100	1.741690	-0.386492	-0.371731	0
1000	1.370756	-0.487635	-0.316514	0
10000	0.577130	-0.285350	-0.311656	0
10001	-0.190617	0.018078	-0.226630	2
10002	-1.217156	0.827219	0.123385	2
10003	-1.363804	2.344359	1.739520	1
10004	-0.725452	1.939788	2.588787	1
10005	-0.527046	-0.386492	-0.374358	2

图 13-18 不同质心 kmeans.inertia_对比图   图 13-19 客户聚类结果示例

4）聚类结果分析

对上述客户聚类结果进行特征分析,可分别为各群体客户绘制 R、F、M 箱线图,观察细分特征,判断其所属客户价值。

```
fig, ax = plt.subplots(1, 3, figsize = (12, 3))

ax[0].set_title('各客户群 Recency 箱线图')
sns.boxplot(data = RFM_df2, x = 'Label', y = 'Recency', ax = ax[0])

ax[1].set_title('各客户群 Frequency 箱线图')
sns.boxplot(data = RFM_df2, x = 'Label', y = 'Frequency', ax = ax[1])

ax[2].set_title('各客户群 Monetary 箱线图')
sns.boxplot(data = RFM_df2, x = 'Label', y = 'Monetary', ax = ax[2])

plt.show()
```

运行结果如图 13-20 所示,其中,不同群体的 R、F、M 特征如下。

R：0 类客户最近一次购买距观测结束时间最远,2 类客户次之,1 类客户有着相对最近的消费时间。

F：0 类客户消费频率最低,2 类客户次之,1 类客户有着相对最高的消费频率。

M：0 类客户累积消费金额最低,2 类客户次之,1 类客户累积消费金额最高。

根据上述聚类结果及 RFM 数据的分布情况可知：

0 类客户,长时间无购物,购物频率低,累积消费金额低,属于低价值客户,可能已经流失,召回成本较高,当资源有限的情况下,可不进行促销推广。

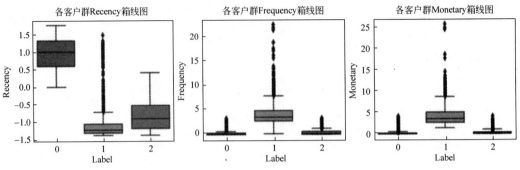

图 13-20　不同客户群体 RFM 对比图

2 类客户，最近购物时间较远，购物频率一般，累积消费金额也不高，属于一般保持客户。

1 类客户，最近时间有消费记录，购物频率较高，累积消费金额也最高，因此属于重要价值高发展客户，应优先为其分配资源，保证服务质量提高满意度，维持并提高此类客户的忠诚度。

继而对上述不同分层客户进行占比分析，绘制不同客户群体占比饼图，结果如图 13-21 所示。客户分层结果如图 13-22 所示。

```python
RFM_segment = RFM_df2[['Label']].astype('str')
RFM_segment['Label'] = RFM_segment.Label.map({'0': '低价值客户', '2': '一般保持客户', '1': '重
要价值客户'})

#绘制不同客户群体占比图
rfm0 = RFM_segment.reset_index().groupby('Label').count()
plt.title('不同客户群体占比饼图')
explodes = [ 0, 0, 0.1]                       #突出显示"重要价值客户"群体
plt.pie(rfm0.Customer_ID, explode = explodes,
        labels = rfm0.index,
        autopct = '%.2f%%', startangle = 60 )
plt.show()

RFM_segment.head(10)
```

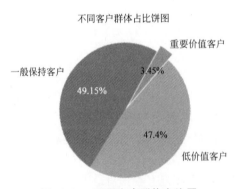

图 13-21　不同客户群体占比图

	Label
Customer_ID	
1	低价值客户
10	低价值客户
100	低价值客户
1000	低价值客户
10000	低价值客户
10001	一般保持客户
10002	一般保持客户
10003	重要价值客户
10004	重要价值客户
10005	重要价值客户

图 13-22　客户分层结果示例

由图 13-21 可知，商家的"重要价值客户"仅占 3.45%，占比最高的是"一般保持客户"，"低价值客户"与"一般保持客户"占比较为接近，这意味着商家需要在保持重要价值客户的同时，寻找其他成本消耗更低的方法去管理低价值客户。

参 考 文 献

[1] 刘浪.Python 基础教程[M].北京：人民邮电出版社,2015.

[2] 薛国伟.数据分析技术[M].北京：高等教育出版社,2019.

[3] 郑丹青.Python 数据分析基础教程[M].北京：人民邮电出版社,2019.

[4] 魏伟一,李晓红,高志玲.Python 数据分析与可视化[M].北京：清华大学出版社,2021.

[5] 余本国.Python 数据分析基础[M].北京：清华大学出版社,2017.

[6] 池瑞楠,张良均.Python 网络爬虫技术(微课版)[M].2 版.北京：人民邮电出版社,2023.

[7] 王振丽.Python 数据分析与可视化项目实战[M].北京：清华大学出版社,2023.

[8] 曾贤志.Python 数据分析实战：从 Excel 轻松入门 Pandas[M].北京：清华大学出版社,2022.

图书资源支持

感谢您一直以来对清华版图书的支持和爱护。为了配合本书的使用，本书提供配套的资源，有需求的读者请扫描下方的"书圈"微信公众号二维码，在图书专区下载，也可以拨打电话或发送电子邮件咨询。

如果您在使用本书的过程中遇到了什么问题，或者有相关图书出版计划，也请您发邮件告诉我们，以便我们更好地为您服务。

我们的联系方式：

清华大学出版社计算机与信息分社网站：https://www.shuimushuhui.com/

地　　址：北京市海淀区双清路学研大厦 A 座 714

邮　　编：100084

电　　话：010-83470236　010-83470237

客服邮箱：2301891038@qq.com

QQ：2301891038（请写明您的单位和姓名）

资源下载： 关注公众号"书圈"下载配套资源。

资源下载、样书申请

书 圈

图书案例

清华计算机学堂

观看课程直播